구름의 종류

(자료 : C. Donald Ahrens)

층운

층적운

난층운

적운

적운(넙적적운, 조각적운)

웅대적운

적란운

유방구름

렌즈구름

고층운

고적운

권운

권층운

권적운

기후와 인간생활

기후와 인간생활

지은이 | 강철성
펴낸이 | 김태문

제2판 1쇄 발행 | 2009년 8월 20일
등록 | 제10-162호(1987. 12. 4)

펴낸곳 | 다락방
주 소 | 120-865
　　　　　서울 서대문구 북아현동 1-495 세방그랜빌 2층
전 화 | 02-312-2029
팩 스 | 02-393-8399
www.darakbang.co.kr

:: 개정판 ::

기후와
인간생활

강철성 지음

다락방

개정판 서문

2003년도 이 책의 초판이 발간되었을 때, 부끄럽지만 '기후와 인간생활' 이라는 제명이 마음에 든다는 독자들의 이야기를 들었다. 그 내용이 전문서적으로는 조금 부족할지 몰라도 기후학에 대한 기초지식과 교양 수준에는 적합하다는 찬사였다. 그래서 이번 개정판에는 제1장에서 이론적 내용을 보강하기 위하여 기후 구분과 기후 변화 내용을 첨가하였다.

기후 구분의 목적은 단순하면서도 일반화된 형태의 효율적으로 정리된 정보를 제공하기 위한 것이다. 기후 구분은 다양한 구분 체계들이 개발되어 왔지만 본 책에서는 가장 잘 알려진 기후 구분 체계의 기본적인 원리만 제시하였다. 특히 최근에는 인체의 생리 기후를 연구하는 경향이 높아지고 있어 '기후 쾌적감에 의한 기후 구분' 을 소개하였다. 또한 한국의 기후 구분에서 지금까지 여러 학자들의 구분 방법과 지도를 소개한 것에 큰 의의가 있다고 생각한다.

다음으로 기후 변화에 대한 내용이다. 최근에는 우리나라 및 세계의 기후 변화에 대한 많은 논문이 쏟아지고 있어서, 가장 일반적인 내용을 쉽게 정리할 필요성을 느꼈다. 따라서 기후 변화 강화 요인과 환류작용 내용 중에서 최근 기후 변화의 중요한 원인의 하나가 되는 '인간 간섭 요인' 등을 소개하였다.

또한 지질 시대의 기후 변화, 후빙기의 기후 환경과 역사 시대의 기후 변화, 최근 500년 전후의 기후 변화를 시대순으로 기술하였다.

뿐만 아니라 초판에서 오자나 탈자 등을 수정하지 못해 몹시 안타까웠는데, 마침내 이번에 수정하고 첨가하였다. 책의 어느 부분이든지 많은 동학이나 독자들이 지적할 부분이나 제안이 있다면, 겸허하게 받아들여 다음의 개정판에 수용할 것을 다짐해 본다.

2009년 8월

개신골에서 필자

차례

IV. 기후와 예술 · 종교활동

V. 기후와 인체

VI. 기후와 문명 · 역사

I. 기후학의 이해

1. 기후와 날씨

기후(climate)와 날씨(weather)는 밀접한 관계가 있으나, 이 둘 사이에는 중요한 차이가 있다. 날씨는 기온, 바람, 강수, 습도, 구름 등의 지역적이고 단기간의 다양한 대기의 상태를 표현한다. 반면에 기후는 날씨의 총체적인 것을 내포하고 있다. 우리가 기후에 대해 이야기할 때는, 넓은 지역 또는 장기간에 걸쳐서 나타나는 대기의 종합 상태를 말한다. 그러므로 통계적인 평균 개념이 기후를 정의하는 데 그 중심이 된다.

날씨와 기후의 차이점을 보다 쉽게 설명하기 위해 예를 들어 보겠다.

"어제는 폭설이 내렸습니다. 오늘은 맑고 쌀쌀하며 바람이 불겠습니다.

내일은 구름이 끼겠고 따뜻하겠습니다."

이 모든 말들은 날씨의 다양한 측면을 표현하고 있다.

다음의 예는 기후에 대한 것이다.

"지구의 평균 온도는 15℃입니다. 사하라 사막에서는 언제나 기온이 높고 건조합니다. 제주도의 겨울은 개마고원보다 언제나 따뜻합니다. 아프리카의 사헬 지역[1]은 수년간 가뭄을 겪고 있습니다."

기후는 단지 날씨의 평균 이상의 의미를 갖는다. 기후를 특정 짓기 위해서는 기후의 가변성에 대한 정보가 필요하다. 예를 들면 기온의 범위(일교차, 연교차)나 극한적인 날씨의 가능성도 지역 기후의 중요한 부분을 차지하고 있다. 또 기후 자체도 변화한다. 빙하기에서 간빙기를 거치면서 나타난 극적인 기후 변화가 그 좋은 예이다. 다시 말하면 기후는 특정한 장소에서 장기간에 걸쳐서 나타나는 대기의 종합적인 평균 상태를 의미하며, 기상학과 마찬가지로 기초 자료를 이용하여 그 결과를 가지고 일기예보에 반영하고 산업, 농업, 교통, 건축, 생물, 의학 등에 응용할 수가 있다.

---

1 위도 14~20°N, 남북 폭이 300km, 동서 5,000km에 이르는 스텝 지역으로, 세네갈, 모리타니, 말리, 부르키나파소, 니제르, 차드, 수단, 에디오피아 등의 국가들이 속한다. 특히 1968~1974년에 큰가뭄이 들어 약 10만 명의 사람과 가축의 30~70%가 죽었다.

기후학[2]은 지표상 특정 지점의 특수한 기후 조건을 강조하는 지리학의 한 분야에 포함된다. 지표상에서의 변화는 육지, 해양, 대기 사이의 에너지(열, 수분, 운동량 등)의 상호 교환에 상당한 영향을 미친다. 또한 기후학과 기상학은 별개의 학문이 아니라 상호의존 관계이며, 이를 합하여 대기과학이라고 한다.

날씨는 여러 가지 기상 요소가 종합적으로 나타나는 매일 매일의 기상, 즉 어느 장소에서 단기간[3]에 걸친 대기의 변화 상태를 말한다. 날씨는 넓은 의미로 하늘 경관(skycape)이다. 그 이유는 자연 환경과 인문 환경을 다 포함하고 있는 경관은 날씨를 구성하는 하나의 요소가 되기 때문이다.[4]

2. 기후학의 연구방법

기후학을 연구하는 방법에는 여러 가지가 있을 수 있으나, 이 책에서는 편의상 다음의 3가지 방법만 다루기로 한다.

1) 종관기후학(synoptic climatology)

종관이란 말은 syn과 optic의 합성어이다. syn은 '동시에', optic은 '본다'를 의미하는 그리스어에서 유래되었다. 따라서 종관기후학은 여러 곳에서 같은 시각에 관측하여 얻어진 기상 자료를 이용하여 대기에서 나타나는 기후 현상을 종합적으로 연구한다. 이렇게 하는 이유는 같은 시간에 발생하는 여러 가지 대기의 복합 현상을 연구함으로써 개별 현상에 대한 유익한 정보를 얻을 수 있다고 보기 때문이다.

2 E. T. Stringer, *Foundations of Climatology*, 1972, pp. 1~15.
3 날씨(일기)는 보통 1시간~3일 정도, 장기간은 30년 평균값(이하 평년값)을 말한다. 일본에서는 그 중간에 천후란 개념을 사용하고 있는데 대체로 5일~3개월 정도라고 한다.
4 위의 책, p. 15.

종관기후학 연구[5]에서 중요한 것은 첫째, 특정 조건들이 일어난 기간의 기후 기록에서 여러 가지 시간 단위, 예를 들면 분(分), 시간(時間), 일(日), 또는 월(月), 년(年) 등에서 어떤 시간 단위를 선택하느냐 하는 것이고 둘째, 선택한 시간 단위에 대하여, 원래 발췌할 때에 이용된 기후 요소와는 다른 어떤 기후 요소를 선택하여 연구하느냐 하는 것이다. 끝으로 좀 특이한 형태로서, 복잡한 기상 현상이 지표면에서 어떻게 분포하는가에 대한 연구를 들 수 있다.

2) 동기후학(dynamic climatology)

동기후학은 대기의 운동에 의해 일어나는 대기의 변화 과정과 그 특성에 대한 연구방법이다. 예를 들면 저기압의 발달과 생애, 주기, 대기순환에 관한 바람의 특성 등에 관한 것으로, 대기의 상태를 예측하기 위해 기압, 밀도, 온도, 풍속 등의 여러 가지 변수를 이용하여 기후 현상을 연구한다. 따라서 대기 운동을 지배하는 유체역학[6] 및 열역학[7]등의 기상학적 기본 원리를 이해하여 대기 현상을 과학적으로 분석할 수가 있다.

3) 에너지 수지기후학(energy budget climatology)

에너지 수지기후학은 지구와 대기 시스템의 내부에서, 또는 외부와의 복사, 대류, 전도 및 잠열[8]에 의한 에너지 수송에 관해 연구하는 것이다. 이러한 연구는 관측된 어떤 기후 요소

---

5 홍성길, 『기초기후학』, 1981, p. 52.
6 유체(기체)가 평형 상태에 있을 때 유체에 작용하고 있는 힘의 균형에 관한 식. 예를 들면 연직 기압차에 의한 위로 향하는 힘(고도에 따라 기압이 감소하므로)과 아래로 향하는 중력이 평형 상태에 있다. 따라서 기압차에 의한 공기의 수직 이동은 잘 일어나지 않는다.
7 열역학 제1법칙(에너지 보존의 법칙)은 어떤 계에 가한 에너지는 소멸되지 않고 다른 에너지 혹은 열로 변화된다. 열역학 제2법칙은 열은 고온의 물체에서 저온의 물체로 이동한다. 제2법칙을 자동차에 적용시켜 보면, 휘발유가 연소하면 열에너지에서 기계적 에너지로 변하는데, 단지 연료의 20%만이 기계적 에너지로 전환되고, 나머지 80%가 환경에 방출된다.
8 지표면으로부터 대기로의 열 수송은 현열 수송과 잠열 수송으로 구분된다. 현열 수송은 전도와 대류에 의한 수송을 의미하며, 잠열 수송은 증발과 응결에 의한 수송이다. 물은 지표면으로부터 증발열을 얻어 수증기로 대기에 운반된다. 증발된 수증기는 대기 중에서 응결하는데, 이 때 수증기는 증발열과 동일한 열량을 대기 중에 방출한다.

의 값이 나타나는 이유를 밝히기 위한 것이다. 다음으로 만일 시스템 내에서 에너지나 열교환율에 어떤 변화가 일어난다면 지구상의 기후에 어떤 변화가 일어날 수 있는가를 연구한다. 예를 들면 엘니뇨 현상이 한반도의 기후에 어떤 영향을 미치는가를 연구하는 경우가 이에 해당된다.

3. 기후학의 역사

기후학은 장기간에 걸친 대기 상태를 연구하는 학문이다. 기후는 특정 장소에서 일어나는 일련의 날씨의 종합 상태이며, 종종 발생하는 이상 기상과도 관계된다. 대기의 역학적인 변화가 단기적으로 뿐만 아니라 장기적으로 영향을 미치는 기후 변화 및 때때로 극값을 갖기 때문에 어떤 면에서는 기상학이라고도 할 수 있다.

대기과학은 인구 증가에 따라 상당히 급속도로 발전해 왔다(표 I-1). 대기권에 대한 이해도 과학의 발달과 더불어 증가되었다.

대기를 과학적으로 분석하게 된 것은 17세기에 대기 상태를 측정하는 기구를 발명하면서 시작되었다. 연구자들은 그 기구들을 이용하여 대기에 관한 법칙을 정립시켰다. 갈릴레오(Galileo)는 1593년에 온도계의 전신이 된 기구를 만들었고, 토리첼리(Torricelli)는 1643년에 기압계를 만들었다. 1661년에는 보일(Boyle)이 기체의 압력과 부피 사이의 기본적 원리를 발견하였다.

18세기에 들어서서는 각종 기구가 개량되고 표준화되면서 지역별로 기후를 이해하는 데 필요한 더 많은 자료 수집과 설명이 가능하게 되었다. 19세기부터는 물리적 과정에 관한 기상 현상을 과학적으로 설명하게 되었다. 가장 오래되고 완전한 자료로 남아 있는 것은 온도와 강수량에 관한 것인데, 중부 잉글랜드를 325년 동안 관측한 자료부터 유럽과 미국의 여러 관측소에서 약 200년 동안 수집한 자료까지 있다. 오늘날의 관측망을 구성한 대부분의 관측소는 100년 미만의 자료를 축적하고 있다.

해상의 기상자료 축적은 1854년부터 시작되었으며, 국제 협약에 의해 해양, 연해 국가들은 상선과 군함을 통해 해상의 기상자료를 기록하는 프로그램을 실시하였다. 그럼에도 불구

표 Ⅰ-1 기후학의 발달사

연도	주요 사건
B.C 400	히포크라테스, '공기, 물, 장소'에서 대기가 건강에 미치는 영향을 논의
B.C 350	아리스토텔레스, 『기상학』 저술
1735	해들리, 무역풍과 지구자전의 영향에 관한 논문
1817	훔볼트, 북반구의 연평균 등온선 작성
1844	코리올리, '코리올리 힘(전향력)' 공식
1900	쾨펜, '기후 구분' 용어 처음 사용
1928	최초로 라디오존데 이용
1960	최초의 기상위성 타이로스 1호 발사
1987	30개국 이상, 프레온가스 생산을 제한하는 몬트리올협약 서명

하고 장기간에 걸친 해양 자료는 주요 해로에 국한되어 존재한다. 넓은 해양 지역에 대해서는 기상관측선 등을 통해 제한된 자료만 얻을 수 있다.

1800년대 초까지만 하여도 고공 대기 상태에 관한 자료는 대부분 산지에 있는 관측소에서 얻을 수 있었으나, 1885년에는 풍선기구를 이용하여 기류와 온도를 지속적으로 관측할 수 있었다. 제1차 세계대전 기간(1914~1918)에는 기구(氣球)나 연, 비행기를 이용하여 자료를 얻기도 하였다. 제2차 세계대전 중에도 고공 대기 상태에 관한 관심이 높아 몇몇 국가가 전 지구적인 관측망을 구축하게 되었다. 즉 라디오존데[9]라고 부르는 기구를 만들어 특정 시간에 대기 상태를 파악하기 위해 상층에 띄워졌다. 오늘날에는 1,000여 곳의 관측소에서 라디오존데를 이용하여 정기적으로 상층의 기온, 이슬점 온도, 풍향, 풍속을 측정하고 있다.

최근에는 기상자료를 얻는 데 위성 사진을 이용하고 있다. 원격탐사로 온도, 습도, 구름, 바람 등에 관한 다양한 자료를 수집할 수도 있다. 또한 기상위성은 바람과 적설의 분포와 변화를 연구하는 데 매우 중요하다.

---

9 상층의 기압, 기온, 습도를 자동적으로 측정하는 센서와 소형 무선발전기로 구성되어 헬륨을 넣은 기구(氣球)에 붙여서 띄운다.

4. 기후 규모

기후 연구에서 그 규모를 구분하는 것은 상당히 어려운 일이다. 그러나 대부분의 학자들은 보편적으로 인정하는 기후 규모를 구분하여 발표하였다.

(1) 요시노(Yoshino)의 구분

지구 전체를 대상으로 하는 지구 규모의 대기후(macro-climate), 한정된 좁은 범위의 소기후(local climate), 중간적 규모인 중기후(mesoclimate), 지면에 접한 대기층의 기후인 미기후(microclimate)로 구분하였다(표 I-2).

표 I-2 요시노의 기후 규모

기후	수평 길이 규모	수직적 범위	기상 현상의 예
대기후	200km~40,000km	1m~120km	계절풍, 동아시아의 우계
중기후	1km~200km	1m~6km	분지, 평야의 기후
소기후	10m~10km	10cm~1km	사면의 온난대
미기후	1cm~100m	1cm~10m	논, 온실의 기후

(자료 : 吉野正敏, 小氣候)

(2) 대기 순환[10]의 규모

대기 순환은 그 크기에 따라 미규모계, 중간 규모계, 종관 규모계, 지구 규모계로 구분된다.

① **미규모계** : 대기 순환 규모 중에 제일 작은 순환은 미규모계다. 무질서한 작은 소용돌이를 이루고 있는 난류, 또는 회오리 바람과 같이 100m~1cm 이하의 수평거리를 갖고 있는 작은 규모의 크기로 수분 또는 수초 사이에 사라지는 소용돌이다. 미규모의 연직 운동은 수평 운동의 규모와 같다.

---

10 열대 지방은 태양복사 에너지의 흡수량이 지구 복사로 방출하는 에너지보다 많다. 그럼에도 열대 지방의 기온은 계속 상승하지 않는다. 그 까닭은 대기나 해수가 열대 지방의 과잉 에너지를 극지방으로 옮기기 때문이다. 에너지 이동의 과정에서 일어나는 대기의 이동, 즉 바람을 대기의 순환이라 한다.

② **중간 규모계** : 수평 거리가 100km~100m 정도인 뇌우, 해륙풍 또는 산곡풍과 같은 국지 규모이며, 지속 시간은 수분, 수시간 또는 수일에 속하는 순환이다. 중간 규모의 연직 운동 속도는 평균 10m/s로 수평 속도와 비슷하다.

③ **종관 규모계** : 두 번째로 큰 대기의 순환은 종관 규모계다. 보통 일기도에 나타나는 1,000km~100km 수평 크기의 고기압과 저기압, 태풍 등이 이에 속한다. 그 크기가 대류 규모이고, 수일 또는 수주일동안 지속되며, 매일 매일의 날씨를 크게 좌우하는 순환이다. 종관 규모의 연직 운동 속도는 평균 1~2cm/s로 매우 느리다.

④ **지구 규모계** : 크기가 지구적이며, 10,000km~1,000km의 수평거리로 수주일, 월, 또는 년 단위의 지속 시간을 갖고 있다. 중위도 온대 지방의 편서풍 파동과 계절풍, 대기 대순환이 이에 속한다. 그리고 이 순환은 날씨의 계절적인 특성을 나타내는 데 중요한 역할을 하고 있다. 지구 규모의 연직 운동 속도는 종관 규모와 같은 평균 1~2cm/s 정도이다.

5. 기후 인자

기후 요소의 지리적 분포나 시간적 변화를 지배하는 요인을 기후 인자(climatic factor)라 한다. 위도, 해발고도, 지형, 해류의 분포, 해류, 지표면의 성질 등을 지리적 인자라고 하고, 고기압, 저기압, 기단, 전선 등을 동적(기상학적) 인자라고 한다.

1) 지리적 인자

(1) 위도

지구상에서 가장 높은 온도는 적도에서 나타나는 것이 아니라 북회귀선과 남회귀선 부근에서 나타난다. 이러한 현상에 대한 부분적 이유는 수직으로 내리쬐는 태양광선이 남·북위 23.5°사이를 이동하기 때문이다. 수직으로 들어오는 태양 빛은 적도 부근에서는 빠르게 움직이고, 남쪽 혹은 북쪽으로 진행할 때는 천천히 움직인다. 남·북위 6° 사이에서의 태양은 춘분과 추분 경에 30일 정도 수직으로 햇빛을 내리쬔다. 그리고 남·북위 17.5°와 23.5° 사이에서, 즉 하지나 동지 쯤에 86일 정도 수직 광선이 내리쬔다. 태양고도가 높을 때 내리쬐는 기간이 길어지는 것과 동시에 낮시간이 길어지는 것은 지표면의 열을 축적할 수 있게 해 준다. 또한 회귀선 부근에서의 맑은 하늘과 구름 낀 적도를 비교해 볼 때 회귀선 부근이 훨씬 가열이 잘된다.

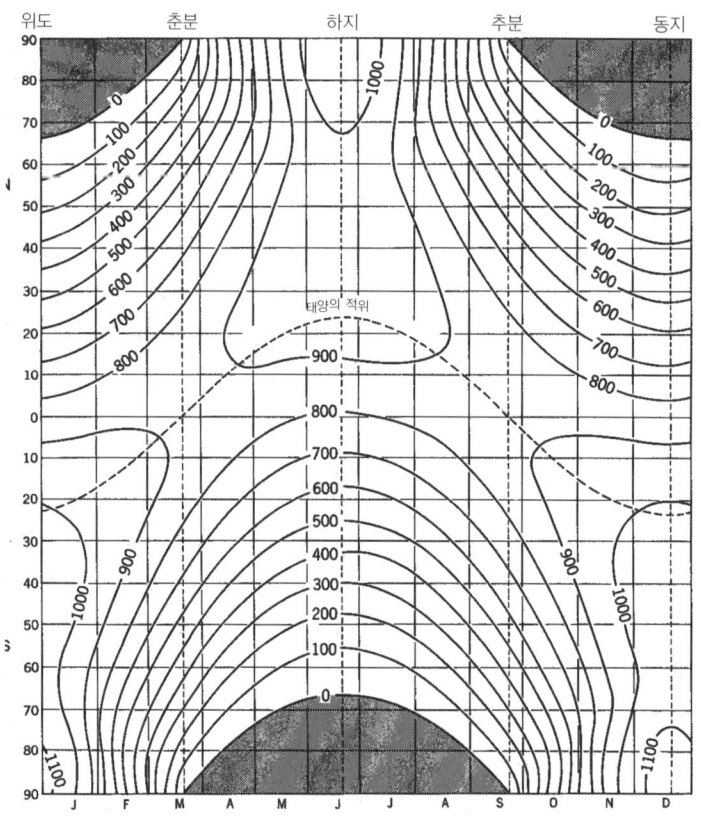

그림 I-1 대기가 없다고 볼 때 수평면에서 받을 태양복사량의 연변화(langley[11])/day) (자료 : 권혁재, 『자연지리학』)

11 1 langley는 1분간에 1㎠당 1cal의 열량 단위

(2) 해발고도

고도가 높아질수록 기압이 감소하며, 기온도 내려간다. 기압이 감소하는 이유는 그 위에 쌓인 공기의 무게가 점점 감소하기 때문이고, 기온도 고도가 1km 높아지면 약 5.5℃ 정도 낮아진다. 일반적으로 해면고도 부근의 평지보다는 높은 고도에서 온도의 일교차가 더 크다.

이와 같이 높이는 중요한 기후 인자이지만, 지구 전체로 볼 때는 일부 지역에만 해당된다. 즉 열대의 고산 지역이나 온대 고산 지역에서는 약간의 높이 차이에도 기후 차이가 나며, 식물이나 농작물 등의 수직적 분포가 달라진다. 또한 고도에 따라 강수량의 분포나 풍속에도 많은 차이가 난다.

(3) 지형

지형은 어떤 장소의 기후에 두 가지 방법으로 영향을 미친다. 첫째, 그 장소가 위치하는 곳의 위도, 고도 및 경사 방향 등에 따라 태양복사를 받는 양이 달라진다. 둘째, 장소는 큰 산지에 대한 상대적 위치와 그 산지가 달리는 방향에 의해 영향을 받는다.

경사도와 경사 방향은 지역의 기후 환경을 결정한다. 예를 들면 남향이 북향보다 햇빛을 많이 받는 것을 고려하여 우리가 거주하는 집의 방향을 결정하며, 산사면은 지표면에 대한 노출이나 은폐의 정도를 결정한다. 따라서 경사면과 방향은 주어진 위도에서의 일사량을 결정한다. 이것은 표 I-3에 잘 나타나 있다.

다음으로 산지가 국지 기후에 어떤 영향을 미치는가 살펴보자.

표 I-3 북위 45°에서의 북사면과 남사면의 일사

단위 \ 날짜	수평면	남사면(20°)		북사면(20°)	
	cal	cal	%	cal	%
6월 22일	577	590	102	495	86
3월 21일	315	408	129	191	61
12월 22일	68	131	193	2	3

(자료 : Leslie F. Musk, 날씨 체계)

첫째, 산지가 남북 방향이든, 동서 방향이든 산지와 해안 사이에 있는 지역은 지형적 강수[12]를 일으킨다. 이때 중위도에서 특히 해안선이 남북으로 놓여 있고, 산맥이 이와 평행하게 달리고 있다면 해안에서는 해륙풍의 영향이 더 커지고 구름과 강수량의 증가도 나타난다.

둘째, 해안에서 멀리 떨어져 있으면서 동서로 달리고 있는 산맥이 있다면, 여름에는 남과 북, 양 지역이 따뜻하나 겨울에는 산맥이 공기의 흐름을 차단하여 남과 북 지역의 기후 차이가 크게 나타난다.

이와 같이 산맥의 방향, 해안선의 방향, 지형적 위치 등에 대한 지형의 역할은 기온, 습도, 바람 등에도 영향을 미치며, 특히 강수량 분포에 큰 영향을 주고 있다.

(4) 수륙 분포

육지는 비열이 작고 열전도율이 낮기 때문에 육지가 태양으로부터 흡수한 열의 대부분은 낮 동안에 머물러 있다가 밤이 되면 다시 방출된다. 이와 반대로 해양은 액체로서 비열이 크고 대류에 의해 수면 위, 아래로 열을 쉽게 운반할 수 있기 때문에 해수면 근처의 온도를 크게 변화시키지 않고 계속 유지할 수 있다. 따라서 대류의 영향이 큰 대륙의 내부로 들어갈수록 대륙성 기후의 특색이 나타나고, 바다의 영향이 큰 해양이나 해안, 섬에서는 해양성 기후의 특색이 두드러진다.

(5) 해류

따뜻한 해류(난류)는 해안 지방의 기후를 온화하게, 찬 해류(한류)는 서늘하게 영향을 미친다. 우리나라의 서울과 영국의 런던을 비교해 볼 때, 서울보다 런던이 위도가 높지만 겨울에 더 따뜻한 것은 이 해역을 흐르는 북대서양 해류(멕시코 만류)의 영향이다. 멕시코 만류의 영향을 받는 노르웨이의 베르겐(Bergen, 60°N)은 연평균 기온이 7.2℃이나 같은 위도상

---

12 공기덩이가 산을 넘어갈 때, 바람이 불어 올라가는 쪽(풍상측) 산기슭의 공기 속에 있던 수증기가 대부분 비로 내린 후 반대편 사면(풍하측)에서 건조하고 기온이 높아지는 현상을 푄현상이라 하며, 이때 부는 바람을 푄바람이라 한다. 우리나라에서도 푄현상으로, 늦봄에서 초여름 사이에 영동 지방에서 영서, 경기 지방으로 불어 내려오는 바람을 높새바람이라 한다. 특히 높새바람은 풍향이 북동풍이므로 풍향을 고려하지 않은 채 높새바람이란 용어를 사용해서는 안 된다.

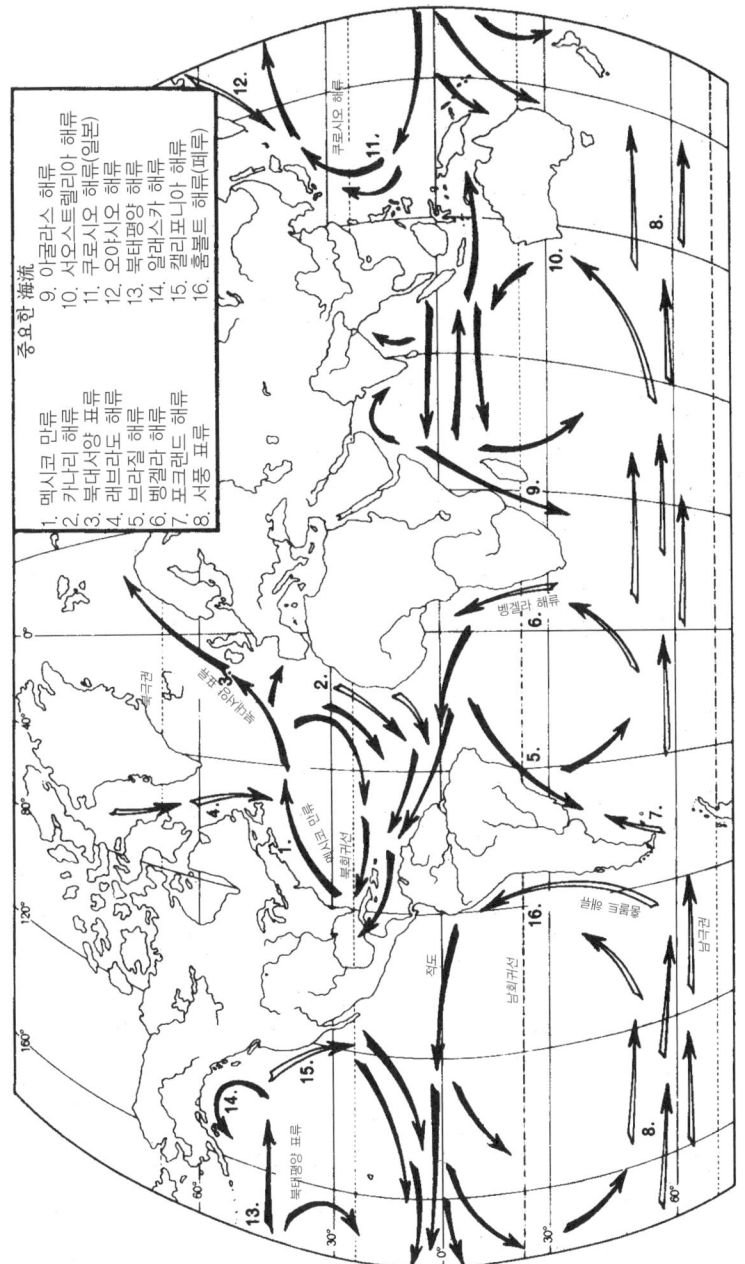

중요한 海流

1. 멕시코 만류
2. 카나리 해류
3. 북대서양 표류
4. 래브라도 해류
5. 브라질 해류
6. 벵겔라 해류
7. 포크랜드 표류
8. 서풍 표류
9. 아굴라스 해류
10. 서오스트렐리아 해류
11. 구로시오 해류(일본)
12. 오야시오 해류
13. 북태평양 해류
14. 알래스카 해류
15. 캘리포니아 해류
16. 훔볼트 해류(페루)

그림 I-2 기온 분포에 영향을 미치는 세계의 해류(자료 : 김연옥, 『기후학 개론』)

의 발트해 가까이 있는 레닌그라드(Leningrad)는 연평균 기온이 4.3℃에 불과하다.

난류와 반대로 한류는 기온을 저하시켜 서늘한 기후를 나타내는 현상으로 페루 한류의 영향을 받는 페루 해안이나, 쿠릴 한류의 영향을 받는 일본의 홋카이도나 동북 지방, 래브라도 한류가 흐르는 캐나다 동부 해안 지방에서 볼 수 있다.[13] 특히 한류는 해안 지방의 대기를 안정시켜 고기압을 형성하여 사막을 형성하기도 하는데 칠레의 아타카마 사막, 아프리카의 나미브 사막, 북아메리카의 모하비 사막 등이 그 예다.

(6) 지표면의 상태

지표면이 받은 태양에너지의 양은 지표면의 성질에 따라 달라지며, 특히 반사율에 따라 변한다. 반사율(albedo)[14]이 높은 지표면은 적은 양의 태양에너지를 흡수하기 때문에 전체적으로 이용 가능한 에너지가 적다. 예를 들면 극지방의 얼음은 비교적 그대로 남아 있는데, 그것은 극지방의 얼음에 입사한 태양 복사에너지가 80%나 반사되었기 때문이다.

비록 어떤 두 지표면의 반사율이 비슷하다 할지라도 결과적으로 나타나는 온도는 항상 같지가 않다. 이는 열용량(heat capacity)이 지표면에 따라 다르기 때문이다. 물질의 열용량

표 I-4 물질의 비열	
물질	비열(cal/G/℃)
물	1.0
얼음	0.5
공기	0.24
알루미늄	0.21
화강암	0.19
모래	0.19
철	0.11

(자료 : John. J. Hidore, Climatology)

표 I-5 물질의 열전도율	
물질	열전도율
공기	0.000054
눈	0.0011
물	0.0015
건조한 토양	0.0037
지각	0.004
얼음	0.005
알루미늄	0.49

(자료 : John. J. Hidore, Climatology)

13 김연옥, 『기후학 개론』, 정익사, 1991, pp. 86~87.
14 태양 복사에너지에 대한 반사율을 알베도라 한다. 적란운(Cb)의 알베도는 0.9이며, 새로 내린 눈(신적설)은 0.8~0.9, 녹는 눈은 0.4~0.6, 초지와 곡물 재배지는 0.18~0.25, 사막 0.25~0.30, 콘크리트 0.17~0.27, 도로 0.05~0.10 이다.

은 물질의 온도를 1℃ 높이는 데 필요한 열의 양을 말한다. 비열(specific heat)은 어떤 물질 1g의 온도를 1℃ 높이는 데 필요한 열의 양이다. 비열은 물질의 고유한 값이다. 표 I-4에서 보면, 물의 비열이 일반적으로 지표면의 대부분을 덮고 있는 암석류보다 5배나 크다는 것을 알 수 있다. 다시 말하면 물을 1℃ 높이는 데는 암석으로 덮여 있는 땅을 같은 온도로 높이는 데 비해 열량이 5배 필요하다는 것이다.

2) 기상학적 인자

(1) 고기압

고기압이란 주위보다 기압이 높은 상태를 말하며, 중심이 최대 기압을 나타낸다. 특성으로는 북반구에서는 시계 방향으로 발산하며, 등압선과 바람이 이루는 각은 육상이 약 25~35°, 해상이 약 15°를 이루며, 바람이 불어 나간다. 기압 경도[15]는 중심이 작고 풍속도 중심이 약하다. 고기압 역내의 일기는 공기덩이가 하강함에 따라 단열 압축[16]되어 공기덩이 내의 온도가 올라가면서 수증기가 증발되어 날씨가 맑아진다.

고기압 가장자리에서는 기압 경도가 점차 커지므로 바람이 강해지고 구름도 많아져 점차 날씨가 나빠진다. 특히 겨울철은 낮 동안에는 날씨가 온난하나 밤에는 냉각되어 서리나 안개가 끼는 경우가 많다. 여름철은 낮 동안에는 대류운이 형성되어 소나기가 내리는 경우도 있고, 밤에는 기온이 약간 떨어져 이슬이나 안개가 형성된다.

고기압의 분류

고기압은 열적 구조에 따라 온난 고기압과 한랭 고기압으로 나누고, 이동 상태에 따라 이동성 고기압과 정체성 고기압으로 나눈다. 또한 등압선 형식에 따라 대상(帶狀) 고기압, V상 고기압, 포상(泡狀) 고기압 등으로 구분한다.

---

15 기압 경도는 두 지점에서의 거리당 기압 차이로 나타낸다. 즉 수학적으로 $\Delta p / \Delta n$로 나타내며, 등압선 간격이 조밀할수록 기압 경도는 크다. 따라서 바람도 강하다.

16 기체가 외부로 열을 빼앗기지 않고 수축되는 현상으로, 일이 열로 변하기 때문에 온도가 올라간다. 또 단열 변화란 기체가 외부로부터 열을 얻거나 빼앗기지 않고, 온도가 변하는 현상이다.

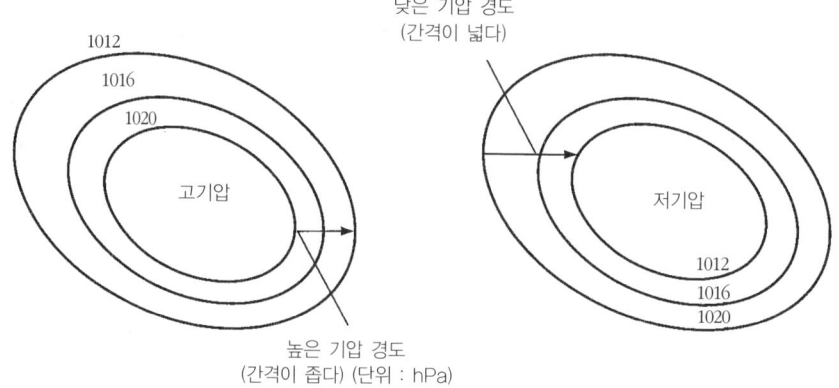

그림 I-3 고기압, 저기압 시스템 (자료 : John. J. Hidore, Climatology)

① 온난고기압(warm core high) : 중심이 주위보다 온난하여 상층에 고기압이 존재하며, 키가 큰 고기압이라 한다. 따라서 이동 속도가 느리며, 따뜻하고 건조한 날씨를 보인다. 북태평양 고기압이 대표적인 예이며, 우리나라의 여름철 날씨를 지배한다. 그 외에도 아조레스 고기압 등이 있다.

② 한랭고기압(cold core high) : 중심이 주위보다 차고, 겨울철에 대류의 복사 냉각으로 키가 작은 고기압이다. 따라서 이동 속도가 빠르며, 높이 2~3km에 역전층을 형성한다. 상층에 저기압이 존재하기 때문에 역내에 날씨가 나빠질 수도 있다. 시베리아 고기압이 대표적인 예이며, 우리나라의 겨울철 날씨를 지배한다.

③ 이동성 고기압 : 대류의 고기압 일부가 떨어져 나와 편서풍[17]의 영향으로 동쪽으로 이동하는 고기압을 말한다. 북반구의 이동성 고기압은 앞쪽에서는 북풍이 불며 날씨가 좋고, 뒤쪽은 남풍이 불며 날씨가 흐리다. 동부 아시아의 이동성 고기압은 봄과 가을에 중국 대륙에서 이동하여 우리나라 부근을 통과하는 경우가 많다.

---

17 위도 40°~60° 사이의 중위도 고압대에서 고위도 저압대로 부는 바람으로, 서쪽에서 동쪽으로 분다. 풍향은 전향력으로 인해 북반구에서는 남서풍, 남반구에서는 북서풍이 된다. 그리고 상층에서는 등고도선을 따라 바람이 평행하게 불므로 대기는 극을 중심으로 서에서 동으로, 남북으로 파동을 이루면서 흐르고 있다. 이 파동을 편서풍 파동이라 한다.

④ 정체성 고기압 : 시베리아 고기압과 북태평양 고기압은 세력의 확장은 있으나 거의 움직이지 않아 이들을 정체성 고기압이라 한다.

고기압의 이동

고기압은 일반적으로 저위도로 이동하려는 경향이 있다. 그 이유는 전향력[18]이 남쪽으로 작용하기 때문이다. 그리고 해양성 열대기단이나 대륙성 한대기단은 중심 위치가 거의 정체적이므로 계절적으로 이동하며, 초기의 이동 속도는 빠르나 후기에는 느리게 이동한다.

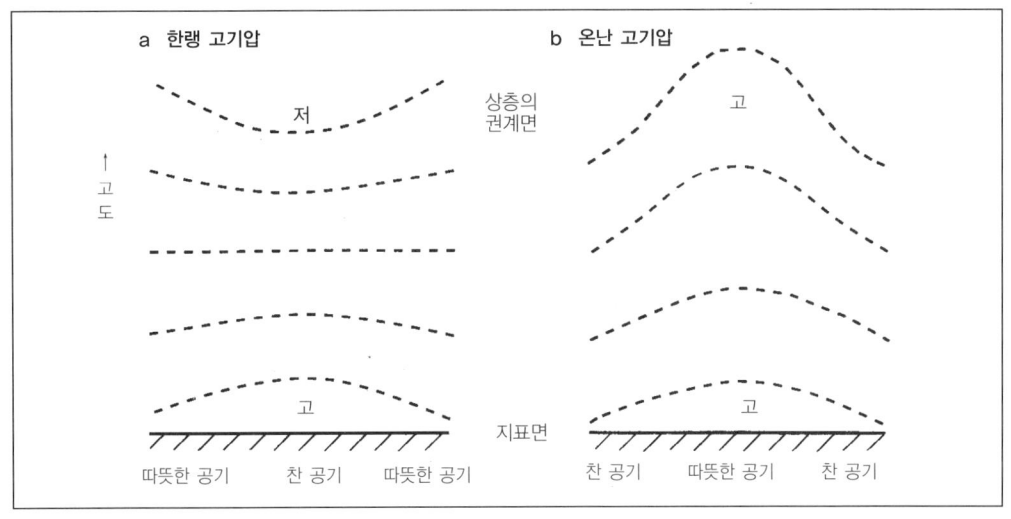

그림 I-4 온난 고기압과 한랭 고기압의 수직 기압 분포도

(2) 저기압

저기압이란 주위보다 기압이 낮은 기압을 말한다. 그 특성으로 북반구에서는 시계 반대 방향으로 불어온다. 주위에서 들어온 공기는 위로 올라가므로 상승 기류가 생긴다. 공기

18 이 힘은 실제로 존재하는 것이 아니고 지구가 자전하고 있기 때문에 일어나는 겉보기 힘이다. 이 힘은 지구상의 공기덩이가 움직일 때 언제나 움직이는 방향의 직각으로 작용하여 공기덩이 흐름의 방향을 바꾸도록 작용하므로 전향력이라 한다. 발견자의 이름을 따서 '코리올리의 힘'이라 하기도 한다.

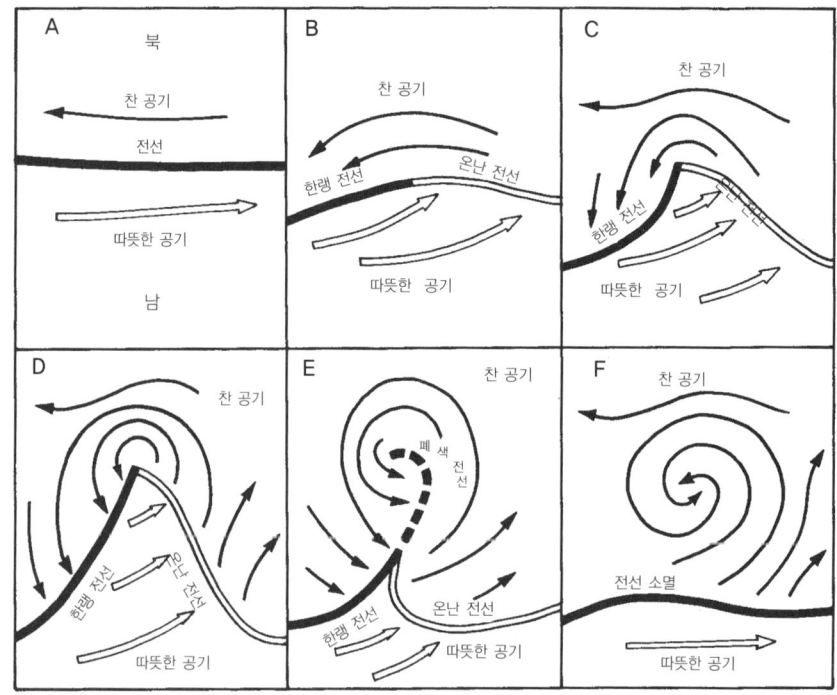

그림 I-5 온대저기압의 일생

가 위로 올라가면 단열 팽창하므로 온도가 하강하여 냉각 응결되어 구름 또는 강수가 일
어난다.

저기압의 일반적 분류

① **온대저기압** : 온대 또는 한대에서 발생하는 저기압을 보통 온대저기압이라 하는데
    겨울보다는 여름에 많이 발생한다. 온대저기압은 전선상에서 어떤 작용으로 요란이
    생기고, 이의 영향으로 전선상에 파동이 생겨 점차 발달하게 된다.

• 온대저기압의 일생 : 온대저기압의 발생은 첫째, 한대전선이 동서로 놓이고 바람시어
    (wind shear)[19]가 저기압 순환을 한다.

    둘째, 초기의 저기압으로 요란이 생겨 작은 파동이 생긴다. 점차로 불안정한 파동의

진폭이 증대하여 발달하게 된다.

셋째, 한랭전선이 온난전선보다 빨리 이동하여 온난 구역이 좁아지고, 파동의 진폭이 증대한다. 따뜻한 공기와 찬 공기의 차가 클수록 방출하는 에너지가 커서, 저기압이 발달한 후 1~2일이 청년기가 된다.

넷째, 폐색전선으로 되기 시작하여 점차 소멸하게 된다.

- 저기압 가족 : 한대전선[20]상에 생긴 온대저기압(파동저기압)이 발달하면서 북동으로 진행하며, 그 뒤에 또 저기압 파동이 생겨 한대전선상에 발달 정도가 다른 저기압이 발생하여 3~5개의 저기압 가족을 이룬다.

- 이동 및 경로 : 이동 속도 및 경로는 주위의 기압 배치, 기온 분포, 대기의 환류, 상층의 상태 등에 의하여 변한다. 온대저기압은 전선대의 서쪽에서 발생하여 한대전선대를 따라 고위도로 진행하여 찬 공기 중에 들어가 소멸한다.

- 우리나라 부근의 저기압 : 시베리아에서 발생한 저기압은 동진하여 오호츠크해 방면으로 진행하며, 화북 지방에서 발생한 저기압은 동진하여 한국 북부를 통과하여 동해로 빠지게 된다. 특히 양자강 유역에서 발생한 저기압은 동중국해를 거쳐 한국 남해를 통과하여 일본 남부로 빠진다. 또 화남 지방에서 발생한 저기압은 북동진하여 우리나라를 통과하는 경우가 많다. 대체로 겨울에는 시간당 40km, 여름에는 약 30km 속도로 이동한다. 뚜렷한 온난 구역(warm sector)의 등압선 방향으로 진행한다.

② **열대저기압(태풍)** : 중위도 고압대와 적도 사이(위도 5°~10°)의 열대 해상에서 표면 수온이 26℃ 이상일 때 발생한 저기압을 열대저기압이라 한다. 온대저기압은 전선을 수반하나, 열대저기압은 전선을 수반하지 않는 것이 특징이다.

---

19 고도가 증가함에 따라 바람의 방향이 바뀌는 것을 말한다. 주어진 방향에 대해 단위 거리당 바람 벡터(wind vector)의 양으로 나타낸다.

20 한대와 열대 기단 사이에 형성된 경계면을 한대전선대라 하며, 60° 부근에서 편서풍과 극동풍이 만나 생긴다. 우리나라 부근에서는 시베리아 기단과 북태평양 기단이 만나 형성하는 북태평양 한대전선이 있다. 겨울에는 이 한대전선이 일본 남쪽의 태평양상에 위치하나, 여름철에는 북상하여 일본 및 우리나라에 정체하며 장마전선을 만든다. 원래 이 장마전선 형성에 있어 남쪽 기단은 주로 북태평양 기단이나, 북쪽 기단은 시베리아 기단과 오호츠크해 기단의 영향을 모두 받는 것으로 알려지고 있다. 그러나 우리나라의 장마전선 형성에 기여하는 기단은 대체로 북태평양 기단과 오호츠크해 기단과의 관련이 깊다고 보고 있다.

- 발생설 : 첫째, 열대 해양에서 고온 다습한 스콜이 발생한 작은 저기압이 모여 태풍이 된다. 열대 수렴대의 전선 활동이 활발해지면 그 부근에 스콜이 왕성하게 생겨 태풍 발생이 쉬워진다. 이때 순환의 중심이 되는 핵을 필요로 하는데 편동풍대의 파동[21]이 핵이 된다.

  둘째, 열대 해양상의 표면 수온이 26~27℃ 이상일 때 발생하며, 태양 고도가 높을 때에 상승 기류 중의 수증기가 응결한다. 이때 잠열이 변형되어 태풍 발생의 원인이 된다.

- 태풍의 분류 : 발생지에 따라 동남아시아에서는 타이푼(Typhoon, 태풍), 서인도제도에서는 허리케인(Hurricane), 인도양에서는 사이클론(Cyclone), 오스트레일리아에서는 윌리윌리(Willy-Willy)라 부른다. 풍속에 따라 구분하면, 17m/s 미만일 때 열대성 저기압, 17~24m/s 일 때 열대성 폭풍우, 25-32m/s 일 때 강한 열대성 폭풍우, 33m/s 이상일 때에 태풍이라 한다.

- 구조 및 기상 현상 : 등압선은 거의 동심원에 가까우며, 전선을 동반하지 않는다. 기압 경도는 중심 부근에서 급격히 증가하며, 크기는 반경 200~800km에 이르고, 높이는 약 15km(100hPa) 고도에 달한다. 풍속이 최대인 곳은 중심에서 40~100km 부근이며, 이보다 중심에 가까우면 바람도 약하고 하늘이 맑다. 이 부분을 태풍의 눈이라 하는데 대개 20~50km 정도의 지름을 가진다.

- 태풍의 눈 : 태풍의 중심 부근에서는 기압 경도력과 원심력이 매우 크므로 전향력과 마찰력이 무시될 정도다. 따라서 중심에서 5~20km 되는 곳에서 기압 경도력과 원심력이 평형을 이루게 되어, 밖에서 들어온 기류가 더 들어가지 못하고 중심 둘레를 돌면서 상승하게 된다. 따라서 중심부에서는 하강 기류가 생겨 구름이 소멸되고 비가 그치게 된다.

---

21 열대 지방은 편동풍대에 속한다. 중위도의 편서풍이 남북으로 파동을 이루면서 서에서 동으로 흐르는 것과 같이, 편동풍 내의 공기도 약한 파동을 형성하면서 동에서 서로 이동한다. 파장은 3,000~4,000km이고, 진행 속도는 평균 5~10m/s 이다. 이 파의 남쪽에는 적도 저압대가 있고, 북쪽에는 중위도 고압대가 있어 파가 북쪽으로 돌출한 부분에 기압골을 만든다. 이 기압골이 있는 부분이 소용돌이가 제일 강하며, 이 기압골 부분에서 큰 소용돌이가 발달하여 열대저기압이 된다.

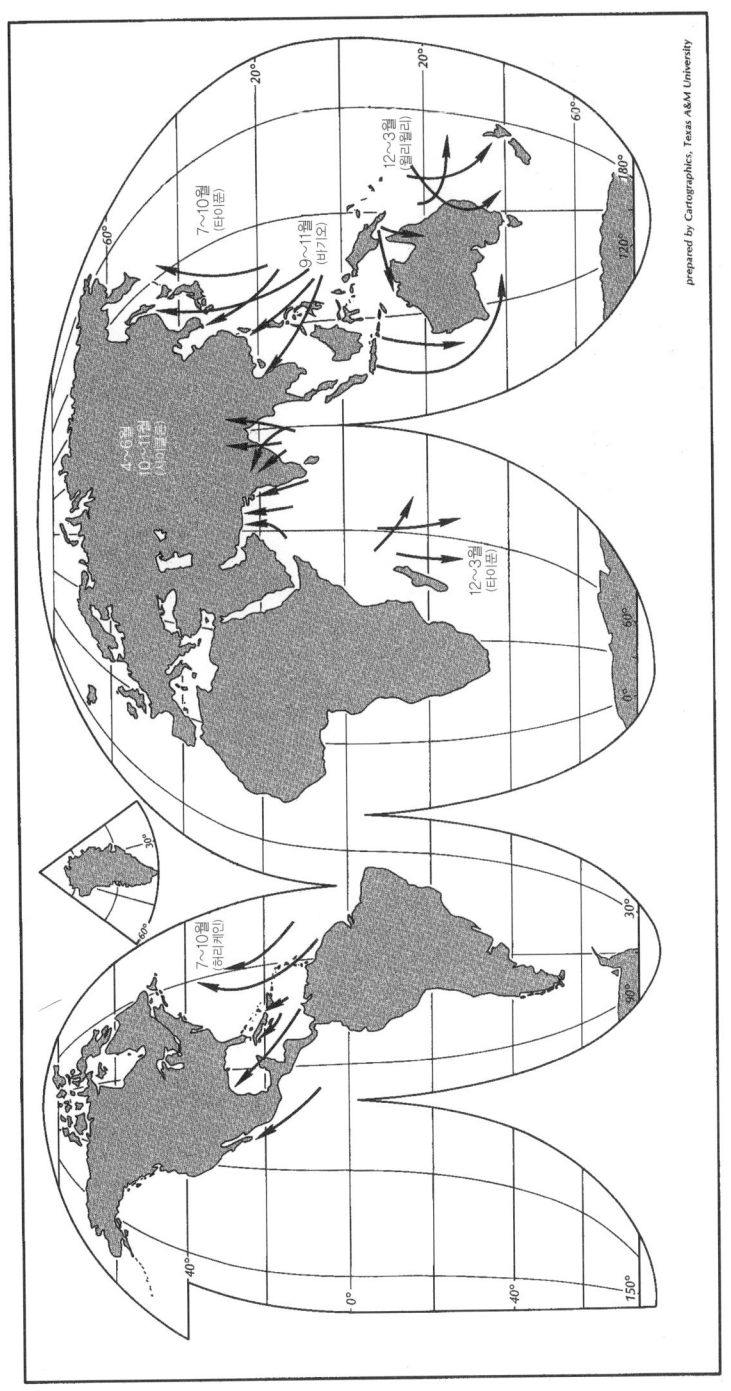

그림 I-6 열대저기압 발생 지역 (자료 : John J. Hidore, *climatology*)

prepared by Cartographics, Texas A&M University

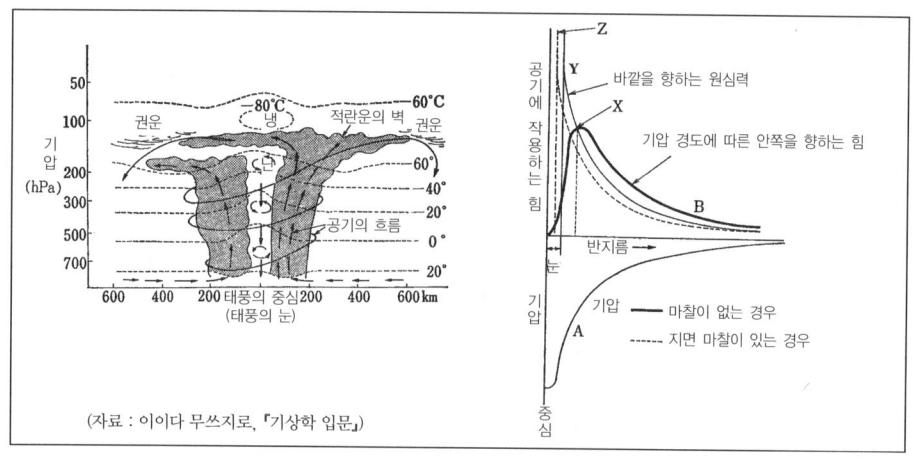

（자료 : 이이다 무쓰지로, 『기상학 입문』）

그림 I-7 태풍의 눈 (왼쪽)

그림 I-8 태풍 중심으로부터의 거리와 기압의 관계 (오른쪽)

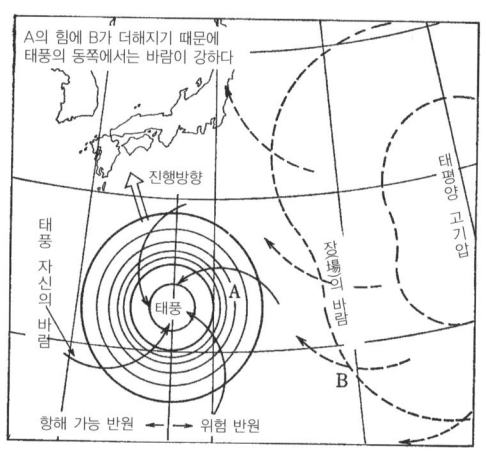

그림 I-9 안전반원과 위험반원   （자료 : 이이다 무쓰지로, 『기상학 입문』）

- 태풍의 진로 : 태풍은 초기에는 서쪽으로 진행하다가 전향력 때문에 북동쪽으로 휘어 포물선을 그리며 이동한다. 태풍의 이동 속도는 전향 전은 약 20km/h이지만 전향점 부근에서 느려지고, 전향점을 지나서 북동쪽으로 진행하면 급격히 가속되어 60km/h 이상의 속도로 진행한다. 이는 편서풍의 방향과 같기 때문이다.

- 태풍의 에너지 : 바다에 다다른 태양에너지가 바닷물을 수증기로 변화시킬 때 기화열로 숨어 있다가, 그 수증기가 상승하여 응결할 때 다시 나타나는 잠열이 태풍의 에너지원이다. 태풍은 막대한 양의 열과 수증기를 고위도 지방으로 운반하는 역할을 한다.
- 안전반원과 위험반원 : 태풍 진행 방향에 대하여 오른쪽 반원을 위험반원이라 하고, 왼쪽 반원을 안전반원, 또는 가항반원이라 한다. 그 이유는 무역풍대에서는 태풍 진로의 오른쪽은 북동 무역풍과 풍향이 같고, 편서풍대에서도 풍향이 같기 때문에 풍속이 강하게 되므로 위험 반원이 된다.
- 열대저기압의 소멸 : 육지에 상륙하거나 하층에 찬 공기가 유입될 때, 또 한대전선에 출몰하면 온대저기압으로 급격히 쇠약해진다.

(3) 기단(air mass)

① 기단의 발생과 발원지 : 지표면의 성질이 균일한 넓은 지역에 고기압이 오래 머물러 있으면 침강하는 공기는 장기간 지표면과 접촉하여 열과 수증기를 교환하므로, 그 부근의 공기는 넓은 범위에 걸쳐 물리적 성질(온도, 습도 등)이 거의 비슷하게 된다. 이와 같이 수천 킬로미터에 걸친 성질이 비슷한 거대한 공기 덩어리를 기단이라 하고, 기단이 발생하는 지역을 기단의 발원지라 한다. 발원지로는 고위도나 저위도 지역, 대륙이나 해양이 된다.

공기덩이가 이동할 때 지표의 성질은 기단의 특성에 커다란 영향을 준다. 즉, 공기와 지표 사이의 기온 차이는 공기덩이에 의하여 흡수된 열의 양을 조절한다. 공기덩이는 육지 상공보다 해양에서 더 많은 습기를 함유한다.

② 기단의 분류

- 발원지에 따른 분류(습도)

  해양성 기단(maritime airmass)   m 다습   해양에서 발생한다.

  대륙성 기단(continental airmass) c 건조   대륙에서 발생한다.

- 위도에 따른 분류(기온)

  극기단(Arctic airmass)   A 극히 한랭   극지방에서 발생

한대기단(Polar airmass)	P 한랭	고위도에서 발생
열대기단(Tropical airmass)	T 고온	아열대 고압대 발생
적도기단(Equatorial airmass)	E 고온	적도 부근

- 열역학적인[22]분류로, 이동해 나가는 지표면과의 온도차에 따라 지표면보다 차면 한랭기단(Cold airmass ; K), 지표면보다 따뜻하면 온난기단(Warm airmass ; W)으로 구분하며, 상층의 공기의 안정도에 따라 안정기단(Stable airmass ; S), 불안정기단(Unstable airmass ; U)으로 나누기도 한다.

표 I-6 우리나라의 날씨에 영향을 주는 기단

기단의 이름	기호	오는 계절	성질	기상 현상
시베리아 기단	cP	겨울	한랭건조	층운형의 구름, 적은 강수량, 한파, 삼한사온
북태평양 기단	mT	여름	고온다습	적운형의 구름, 많은 강수량, 삼복 더위
오호츠크해 기단	mP	초여름, 장마	냉량다습	동해안의 층운형 구름, 북동기류 유입, 냉해
양쯔강 기단	cT	봄, 가을	온난건조	이동성 고기압으로 통과
적도 기단	mE	여름, 가을	고온다습	태풍과 함께 북상

③ 기단의 일반적 특성

- 해양성 한대기단(mP) : 적운형의 구름(Cu, Cb)이 많고, 강수 지역을 제외하고는 시정이 양호하다. 요란[23]에 기인한 낮은 고도에서의 심한 대기의 불안정으로 국지적인 뇌우, 폭설, 우박, 눈, 바람 등의 기상 현상이 일어난다. 우리나라의 경우 오호츠크해 기단이 이에 해당한다.

- 해양성 열대기단(mT) : 적운형의 구름(Cu, Cb)과 안개가 많이 끼기도 한다. 연무, 연

---

22 열적 과정의 예를 들면 수조에 물을 넣고 밑에서 가열하면 밑부분의 물은 온도가 상승하고 물기둥은 팽창하여 수면이 올라오게 되면서 기압차가 생겨 순환이 일어나는 경우이고, 역학적 과정은 수조 가운데에 밑으로 물이 통할 수 있는 물막이 장치를 한 다음에 물을 부으면 한쪽 수면은 높아지고, 좌우의 압력 차이로 물은 수면이 낮은 쪽으로 흘러간다. 이와 같이 물리적 과정이 결합되어 나타날 때 열역학 과정이라 한다.

23 일정한 방향으로 흐르고 있는 대기의 흐름 속에 발생한 파동, 이런 소용돌이 작용으로 적운, 전선, 용오름(토네이도), 태풍 등이 만들어진다.

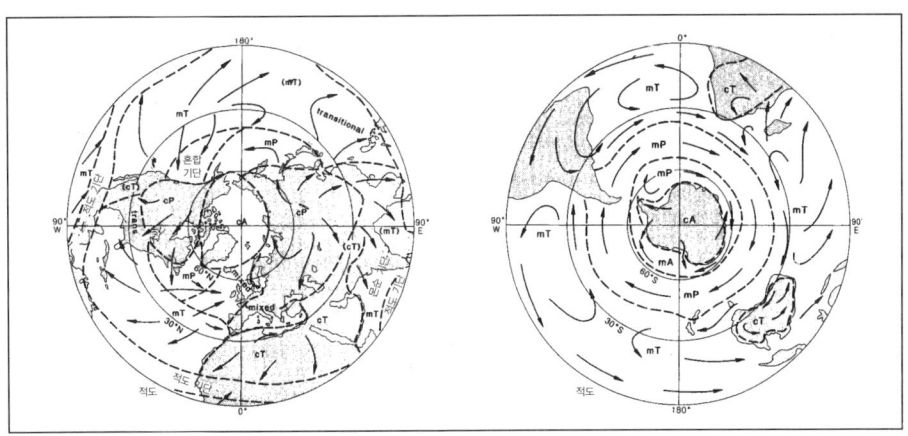

| 그림 I-10 북반구 겨울의 기단 | 그림 I-11 남반구 겨울의 기단 |

(자료 : R. G. Barry and R. J. Chorley, *Atmosphere, Weather and climate*)

기, 먼지가 낮은 고도에 있기 때문에 낮은 운고로 시정이 나쁘다. 요란이 약하거나 거의 없는 안정된 공기층을 이룬다. 우리나라의 경우 여름철에 북태평양 기단의 영향을 받는다.

- 대륙성 열대기단(cT) : 겨울철에는 유일하게 북아프리카에서 발원하며, 고온 건조하고 안정된 대기층과 고기압성 풍계를 이룬다. 여름철에는 북아프리카, 유럽 남부, 북아메리카, 소아시아 남부 등에서 발원하며, 고온 건조하고 안정되어 낮에는 35℃ 이상의 기온 분포를 보인다. 또한 야간 복사 냉각이 심하여 기온의 일변화가 심하다.

- 대륙성 한대기단(cP) : 대륙성 기단에서는 기상이 양호하다. 즉 맑은 날씨, 높은 고도의 흩어져 있는 권운형 구름(Ci), 시일링(ceiling; 구름 밑바닥의 높이)이나 시정의 제한이 없고 강수도 거의 없다.

- 적도기단(mE) : 위도 20°이내의 해양에서 발생하는 고온 다습한 기단으로, 태풍으로 우리나라에 상륙한다.

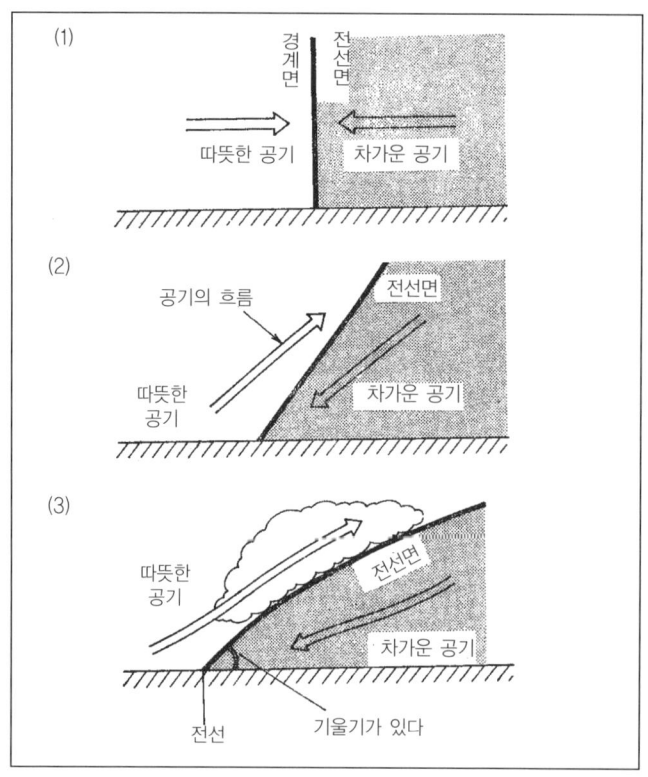

그림 I-12 전선이 생기는 방법 (자료 : 이이다 무쓰지로, 『기상학 입문』)

(4) 전선(Front)

기온, 습도 등의 물리적 성질이 다른 두 공기덩이가 만나면 잘 섞이지 않고 경계면이 생긴다. 이 경계면을 전선면이라 하고, 전선면과 지표면이 만나서 생기는 교선을 전선이라 한다.

① **전선의 발생** : 차가운 기단은 밀도가 크고 무겁다. 이 때문에 무언가의 작용으로 두 기단이 충돌하면 차가운 기단은 따뜻한 기단의 아래로 쐐기 모양으로 기어 들어간다. 따라서 전선면은 항상 어떤 기울기를 가지고 지표면이나 해면과 접하게 된다.

일반적으로 기온이나 이슬점 온도, 바람 등이 선을 경계로 불연속적으로 변화하고 있는 경우, 이 선을 불연속선(전선)이라 한다. 따라서 전선은 불연속선의 일종이지만 불

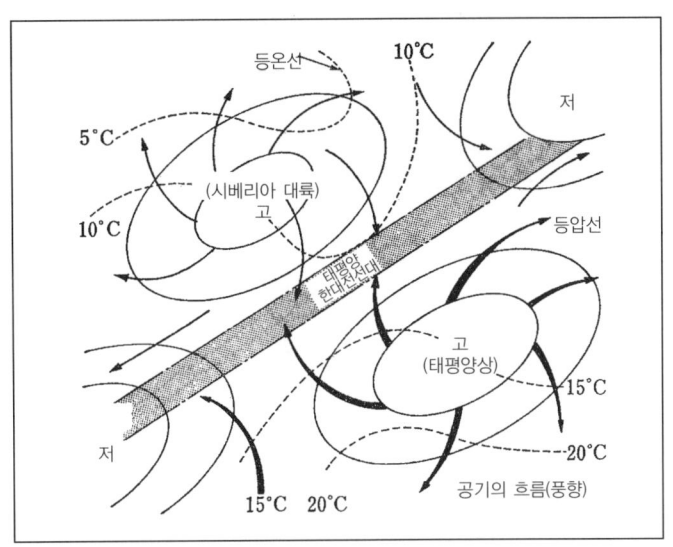

그림 I-13 우리나라 부근의 기압 배치와 전선대의 모식도

(자료 : 이이다 무쓰지로, 『기상학 입문』)

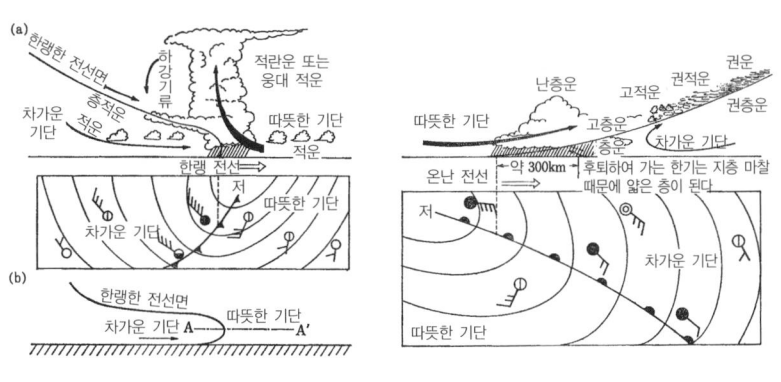

그림 I-14 한랭전선의 모식도 **그림 I-15 온난전선의 모식도**

(자료 : 이이다 무쓰지로, 『기상학 입문』)

연속선은 반드시 하나의 좁은 전선이 아닌 경우도 있다. 경우에 따라서는 기온이나 이슬점 온도가 급격히 변화하는 것이 아닌데도 넓은 범위에서 보면 기온이나 이슬점 온도 등의 값이 크게 변화하고 있는 경우가 있다. 이런 경우에는 이 불연속선을 전선이라 하지 않고 전선대라 한다.

② **전선의 종류** : 전선은 양측 기단의 성질에 의해 극기단과 한대기단 사이에 만들어지는 극전선, 한대기단과 열대기단 사이에 한대전선, 북동 무역풍과 남동 무역풍이 수렴하는 지역에는 적도전선(ITCZ ; 열대 수렴대)으로 분류된다. 그러나 일반적으로는 전선의 진행 방향에 따른 구분을 이용하는데, 날씨와의 결합을 이해하기 쉽다는 장점 때문이다. 이에는 한랭전선, 온난전선, 정체전선, 폐색전선이 있다.

- 한랭전선 : 한랭한 공기덩이가 따뜻한 공기덩이 밑으로 파고 들어올 때 생기는 전선으로, 전선의 기울기가 급하다(약 1/30~1/140). 한랭 전선 부근에는 따뜻한 공기가 찬 공기에 밀려 갑자기 상승하므로 적란운이 발생하고, 천둥, 번개가 일어나며 소나기가 내린다. 바람도 강하지만 비가 오는 지역이 비교적 좁다. 한랭전선이 통과하면 기온이 낮아지고 풍향도 남서풍에서 북서풍으로 바뀐다.[24]

- 온난전선 : 온난한 공기덩이가 한랭한 공기덩이 위로 올라가면서 생기는 전선으로, 전선면의 기울기가 완만하다(약 1/110~1/200). 온난전선 부근에는 난층운, 고층운 등이 발생하고, 비가 오는 지역이 비교적 넓어 오랫동안 내린다. 온난전선이 통과하면 기온이 올라가고, 풍향은 전선이 통과하기 전에는 남동풍과 동풍 계열의 바람이 불고, 통과한 후에는 남서풍이 불게 된다.

- 정체전선 : 전선이 거의 같은 위치에 머물러 있거나 전선을 경계로 양 기단의 세력이 비슷할 때 형성된다. 북쪽의 한기에 밀리면 한랭전선의 작용을 하고, 난기에 밀려 북상하는 경우 온난전선과 같은 작용을 한다. 우리나라의 장마전선, 일본의 바이우(Baiu) 등은 정체전선의 일종이다.

- 폐색전선 : 저기압이 점차 발달하는 경우에 저기압의 중심보다 남서쪽에 있는 한랭전선의 이동 속도가 남동쪽의 온난전선보다 빨라서 결국에는 차가운 기운끼리 부딪히게 되고, 처음에 한랭전선과 온난전선 사이에 있던 난기는 지상에서 떨어져 모두 위로 올라가면서 폐색전선[25]이 된다.

---

24 풍향이 시계 방향으로 변할 때를 순전(veering), 시계 반대 방향으로 바뀔 때를 반전(backing) 현상이라 한다.
25 폐색전선은 한랭형과 온난형으로 나뉘는데, 한랭형 폐색전선에서는 전선의 뒤쪽에서 비가 내리는 일이 많고, 온난형 폐색 전선에서는 주로 전선의 앞쪽에서 내릴 가능성이 크다. 폐색전선은 지면 부근에 차가운 공기만 있게 되므로 거기에 생긴 구름은 아래부터 차츰 사라지고 상층운만 남아 있다가 그것도 사라지게 된다.

③ 기상 요소의 불연속 : 전선면에서의 온도 급변은 요란 때문에 실제로 존재하지 않고, 전선에서의 기압 경도는 불연속이다. 따라서 등온선은 전선에서 굴곡하고, 굴곡 방향은 기압이 낮은 쪽으로 꺾인다. 특히 한랭전선 전면에는 남서풍, 후면에는 북서풍이 불고, 온난전선 전면에는 남동 내지 동풍, 후면에는 남서풍이 분다. 그리고 일기도에서는 전선상의 풍향만으로도 전선의 구별이 가능하다.[26]

표 I-7 한랭전선과 온난전선의 특성

구분	한랭전선	온난전선
이동한 공기	찬 공기	더운공기
전선면의 기울기	급하다	완만하다
구름과 비	적운형, 소나기, 강수 구역 좁고 단속성	층운형, 약한 비, 강수 구역 넓고 연속성
이동 속도	빠르다	느리다
통과 후 기온 / 기압변화	하강 / 상승	상승 / 계속 하강
풍향	남서풍 → 북서풍	남동풍, 동풍 → 남서풍

(자료 : Leslie F. Musk, 날씨체계)

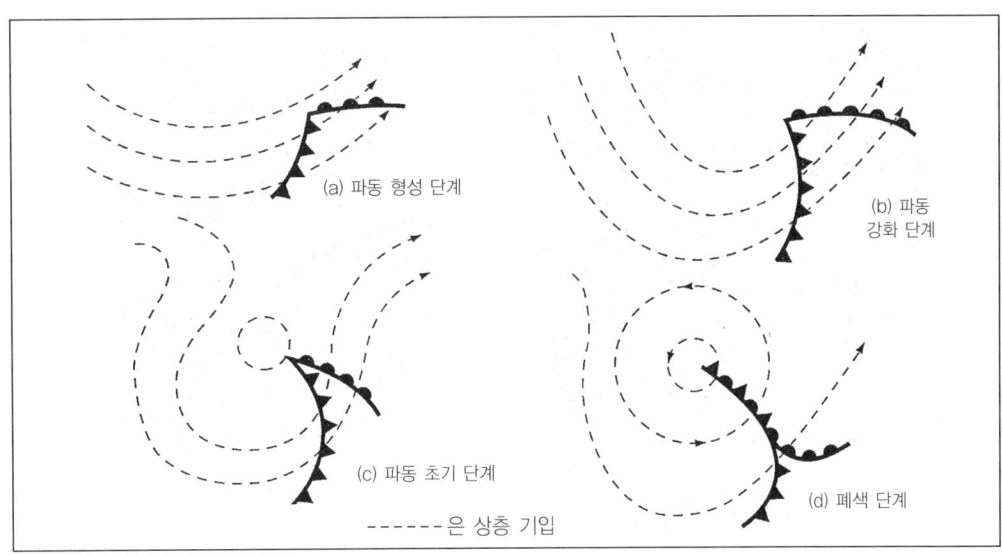

그림 I-16 폐색 과정을 나타내는 모식도
(자료 : Edward Aguado & J. E. Burt, *Understanding Weather and Climate*)

26 이 외에도 전선 전·후면의 기상 현상에 의해 판별할 수도 있다. 기상 현상의 활성도는 공기덩이의 안정 및 수증기 함유량에 의해 좌우된다. 특히 일기도에서 쓰이는 기호를 보면 기상 현상(강수 현상)이 발생된 것을 알 수 있다.

6. 기후 요소

기후를 구성하는 요소를 기후 요소(climatic element)라 한다. 기온, 강수, 바람이 기후의 3대 요소이며, 이 외에 일사량, 습도, 운량, 일조 시간, 증발량 등의 요소가 있다.

1) 기온

기온은 대기의 상태를 측정하는 데 가장 광범위하게 사용되는 요소이다. 온도는 물질이 현재 지니고 있는 에너지의 양이나 열을 나타낸다. 지표면의 온도는 많은 요인들에 의해 영향을 받고 있다.

그림 I-17과 그림 I-18은 각각 7월과 1월의 평균 기온 분포를 나타내고 있다. 그리고 그림 I-19는 기온의 연교차를 나타낸다. 일반적으로 적도에서 극으로 갈수록 기온이 하강하는 것을 뚜렷이 볼 수 있다. 이는 위도의 영향 때문이지만 때때로 단순한 대상 패턴(zonal pattern)으로 바뀌기도 한다.

이 그림에서 특성을 살펴보면 다음과 같다. 첫째로 대륙의 크기가 연평균 기온 차이에 영향을 미치고, 둘째로 해양에서의 등온선이 극 방향으로 만곡되어 있는 것으로 보아 해류의 흐름으로 열이 전달되는 것을 알 수 있다. 셋째로 기온은 고도의 영향을 받는다. 예를 들면 안데스 산지는 등온선이 적도를 향해 만곡되어 있다.

그림 I-17 과 그림 I-18을 비교해 보면 겨울에 기온의 차이가 심함을 알 수 있다. 이러한 패턴은 대기 순환에 매우 중요한 역할을 한다.

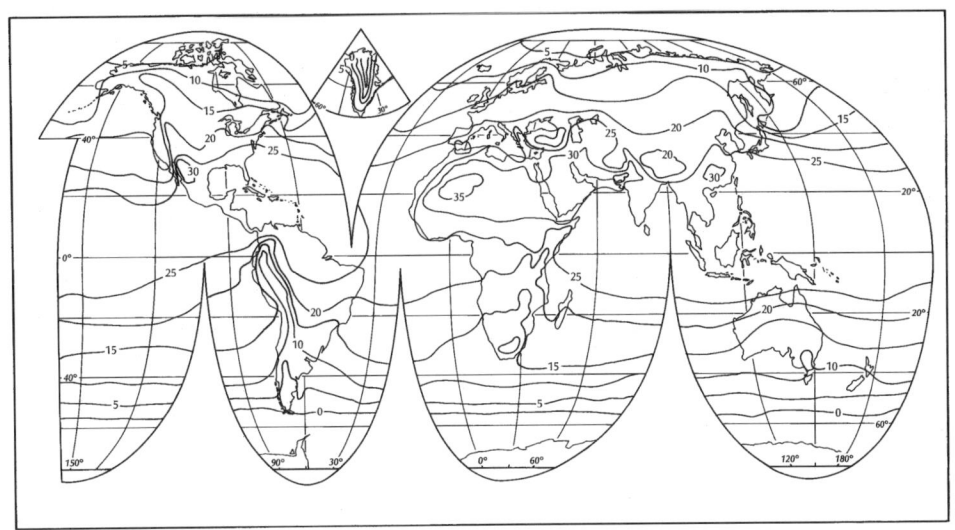

그림 I-17 7월 평균 기온의 분포 (자료 : John J. Hidore, et al.)

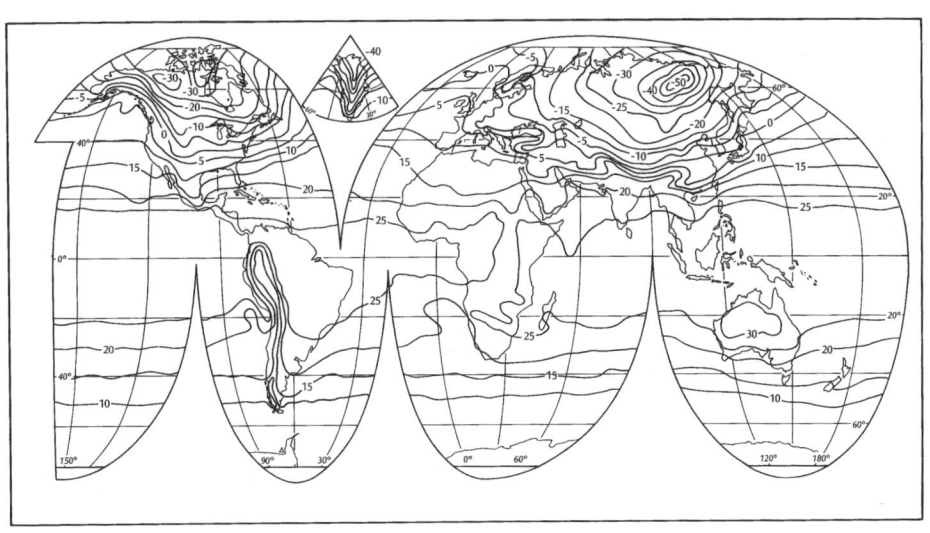

그림 I-18 1월 평균 기온의 분포 (자료 : John J. Hidore, et al.)

(1) 기온의 일변화[27]

기온은 시시각각 변화하는 것이나 대체로 보면 하루 중 해뜨기 전에 가장 낮고, 해가 떠서 일사를 받으면서 점점 높아져 오후 2시경에 가장 높게 된다.

기온의 일교차란 하루 중 최고 기온과 최저 기온과의 차이를 말한다. 기온의 일교차는 곳에 따라 달라진다. 위도가 낮을수록, 평야보다는 분지, 해안 지방보다 내륙 지방의 일교차가 크다. 또 식생 피복이 없는 맨땅이 크며, 밭이 논보다 더 크다. 또한 날씨에 따라 달라지는데, 흐리거나 비가 오는 날은 맑게 개인 날보다 일교차가 작다. 이는 지표면의 복사열을 구름이 차단해 주기 때문이다. 바람이 강하게 불면 일변화가 작은데, 이것은 공기의 혼합 교환을 도와서 일사와 복사 작용을 완화시키는 까닭이다.

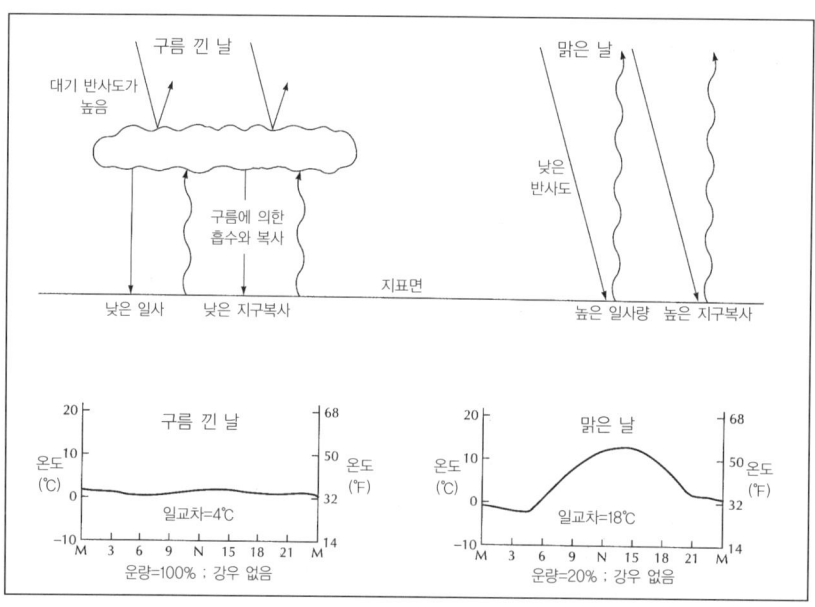

그림 I-19 구름 낀 날과 맑은 날의 일교차(미국 에반스빌 2월)(자료 : John J. Hidore, et al.)

---

27 기온의 일변화를 일으키는 주요 요인에는 육지와 해양의 비열 차이, 식생 피복, 암석의 종류, 적설, 바람 등 여러 가지가 있다.

40

(2) 기온의 연변화

기온의 연변화는 일변화와 같은 원인으로 인하여 1월이 가장 낮고, 7월 또는 8월이 가장 높다. 일사는 하지에 최대가 되나 기온은 상승을 계속하여 일사가 지면 복사와 같을 때, 즉 7월경에 최고를 나타낸다. 또한 일사는 동지 때 최소가 되나 기온은 1월경이 되어야 최저가 된다. 적도에서는 일사가 연 2회의 변화를 나타내기 때문에 기온도 이에 따르나 그 밖에는 일반적으로 위도가 높아질수록 변화도 커진다. 편의상 특성에 따라 적도형, 열대형, 온대형, 한대형으로 구분한다.[28]

연교차는 연중 최난월 평균 기온과 최한월 평균 기온과의 차이를 말한다. 기온의 일교차와 연교차를 동시에 나타내는 도표로서는 등온선도(thermoisopleth)가 있다.

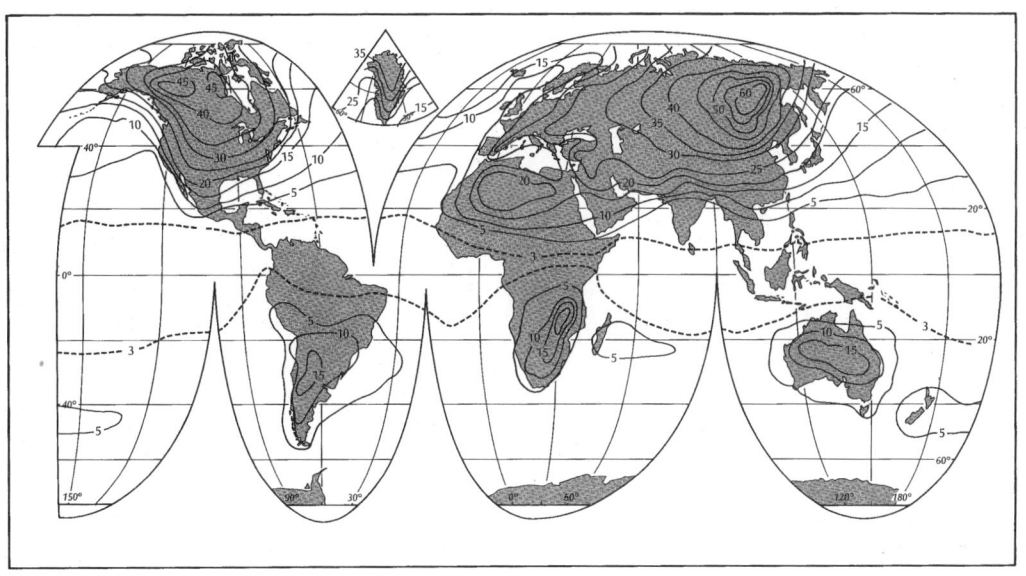

그림 I-20 지구의 연평균 기온 차이 (자료 : John J. Hidore, et al.)

---

28 적도형은 연교차가 매우 작으나, 1년에 2회의 극대와 극소가 나타난다. 열대형 역시 연교차는 작으나 극대와 극소가 1회다. 그러나 열대 계절풍 지대에서는 우계 전에 최난월이 나타나고 우계 후에 제2의 최난월이 나타난다. 온대형은 연교차가 커서 계절의 변화가 심하다. 한대형은 연교차가 극히 크고 북극 부근에서는 최한월이 3월경으로 늦어지는 것이 특색이다.

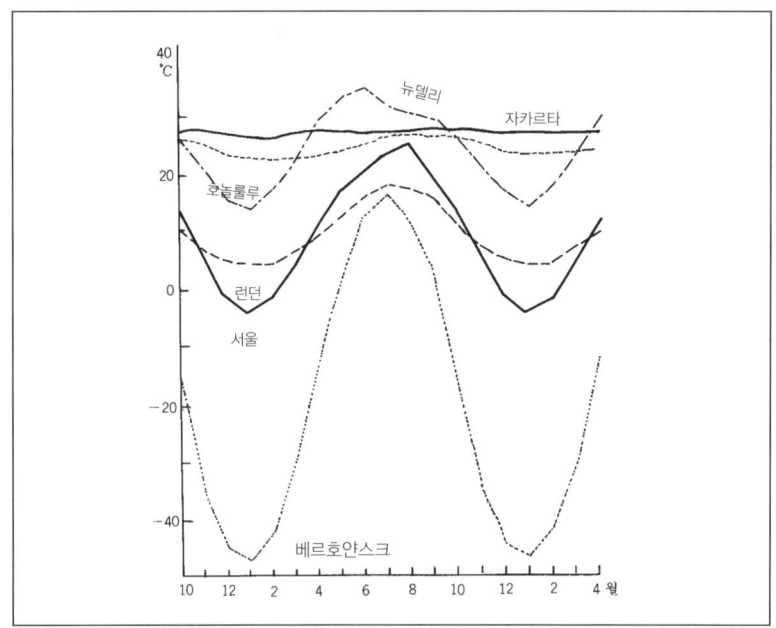

그림 I-21 기온의 연변화 (자료 : 김연옥, 『기후학 개론』)

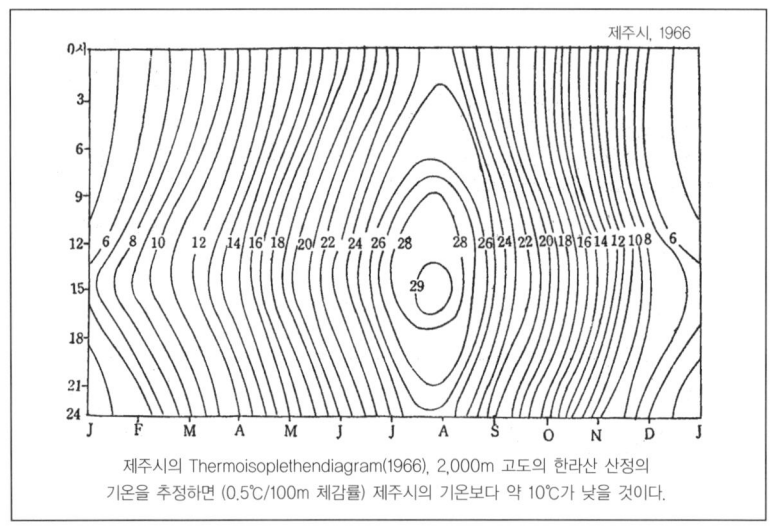

제주시의 Thermoisoplethendiagram(1966), 2,000m 고도의 한라산 산정의
기온을 추정하면 (0.5℃/100m 체감률) 제주시의 기온보다 약 10℃가 낮을 것이다.

그림 I-22 제주시의 Thermoisopleth (자료 : 지리학 논총, 1970)

(3) 상대기온[29]

위도가 다른 지점의 연변화는 월별 기온만으로는 비교하기 어렵다. 따라서 승강지수를 구하면 연변화를 자세히 알 수가 있다. 매월의 승강지수는 매월의 평균 기온에서 최한월의 평균 기온을 뺀 다음 연교차로 나누어 100을 곱하면 바로 승강지수가 된다. 최한월인 경우에는 승강지수의 값이 0이 된다.

(4) 기온 특이일(Singularity)

어떤 날을 중심으로 한파, 악천, 고온 등의 특이한 현상이 나타나는 날을 말하며, 5월에 기온이 하강하여 서리가 내리는 이상저온 현상인 서부 유럽의 아이스 세인트(Ice Saints), 미국 중서부의 이상고온 현상인 인디언 섬머(Indian Summer)[30], 우리나라 초봄의 꽃샘추위[31]나 한여름의 열대야 현상[32] 등을 일컫는다.

(5) 기온의 역전

기온은 높이에 따라 기온이 낮아지는 것이 일반적이나 이와는 반대로 고도가 낮은 곳이 높은 곳보다 기온이 낮을 때가 있다. 이러한 현상을 기온의 역전이라 한다. 이것은 지표면에서 방출되는 열로 인하여 냉각된 찬 공기가 아래에 놓이게 되기 때문이다. 바람이 없고 맑은날 밤에는 기온 역전이 잘 나타난다. 이때의 기온 분포를 보면 지표에서 어느 높이까지는 고도에 따라 기온이 올라가는데 이 부분을 기온의 역전층이라 한다. 기온의 역전층은 절대 안정층[33]이므로 공기의 대류가 잘 일어나지 않아 대기오염의 피해가 크다.

---

29 김연옥, 『기후학 개론』, 정익사, 1991, p. 114.
30 미국의 10~11월 사이에 나타나는 온난한 기간을 말함.
31 3월 말경 약화된 시베리아 기단이 다시 한반도로 밀려 내려오는 '되돌이 한파' 특이일로, 이른 봄의 꽃샘추위에 해당된다.
32 최저 기온이 25℃ 이상으로 여름에 잠 못 이루는 밤이 된다.
33 공기덩이의 기온 감률이 습윤 단열 감률보다 작으면 포화된 공기덩이가 상승하더라도 그 온도가 주위의 기온보다 낮으므로 무거워져 다시 내려오게 된다. 이와 같이 습윤 단열 감률에 대하여 안정된 대기를 절대 안정이라 한다. 또 조건부 불안정이란 기온 감률이 건조 단열 감률보다 작고, 습윤 단열 감률보다 큰 경우이다. 절대 불안정이란 기온 감률이 건조 단열 감률보다 큰 경우를 말한다.

2) 기압과 바람

(1) 기압의 측정

지구를 둘러싸고 있는 기체를 대기라 하며, 이 대기의 압력을 대기압이라 한다. 기압의 측정은 토리첼리의 실험에 의하면 76cm의 수은 기둥이 생기는데, 이것은 수은면에 작용하는 대기의 압력과 수은주의 무게가 수은면에서 평형을 이루고 있기 때문이다. 기압의 측정은 수은 기압계나 아네로이드 기압계 등으로 측정한다.

(2) 기압의 크기

수은 기압계에서 수은주 76cm일 때를 1기압으로 정한다. 1기압을 다른 단위로 나타내면 다음과 같다.

1기압=76cmHg[34]=1033g 중 /cm^2=1013×10^{3}dyne/cm^2=1013hPa

(3) 기압의 변화

고도에 따른 기압 변화는 약 1hPa/10m의 비율로 감소하며 12km 상공의 기압은 200hPa 정도이다. 상층 일기도의 등고도면의 예와 그 등고도면의 대체적인 고도는 표 I-8과 같다.

표 I-8 기압과 고도

등고도면	850hPa	700hPa	500hPa	300hPa	200hPa	100hPa
고도	1~2km	3km	5~6km	9~10km	12km	15km

또한 수평 방향의 기압 변화는 약 3hPa/100km 정도이며, 계절적으로 기압의 크기는 겨울이 높고, 여름이 낮다. 하루 중 기압의 일변화는 09시와 22시에 극대이고, 04시와 15시에 극소이다.

고도에 따라 기압이 급격히 감소하므로 각 지역의 기압을 비교할 때 고도가 서로 다르면

---

34. 수은의 밀도는 13.6g/cm^3 이므로 76cm×13.6g 중 /cm^3 =1033.6g 중 /cm^2, 1g 중 =980dyne이므로 1033.6g 중 /cm^2 ×980dyne/g 중 =1013×10^{3}dyne/cm^2=1013hPa(1000dyne/cm^2=1hPa)

아무 의미가 없다. 즉 관측된 기압을 비교하면 고산지대는 항상 저기압, 저지대는 항상 고기압으로 나타날 것이다. 따라서 각 지역에서 측정한 관측 기압을 같은 조건으로 환산하여 서로 비교해야 하는데 이를 해면경정[35]이라 한다. 해면경정은 실제 관측한 기압을 기온 0℃, 위도 45° 인 곳의 중력, 해면(고도 0m)에서의 기압으로 보정하는 것을 말한다. 기온을 0℃로 환산하는 것을 온도보정, 위도 45°의 중력으로 환산하는 것을 중력보정, 고도를 0m로 환산하는 것을 고도보정이라 한다. 위도 45°에서의 표준중력은 980.665g·cm/s²이다.

(4) 대기의 운동

① **기압 경도력** : 두 지점 사이에 기압이 다르면 기압이 큰 쪽에서 작은 쪽으로 힘이 작용하게 되는데 이를 기압 경도력이라 한다. 기압 경도력의 방향은 고기압에서 저기압으로 작용한다. 기압 경도력의 크기는 두 지점 사이의 기압 차이에 비례하고, 거리에 반비례한다. 따라서 등압선이 조밀할수록 기압 경도력이 크므로 바람이 강하다. 기압 경도력의 크기를 식으로 나타내면 다음과 같다.

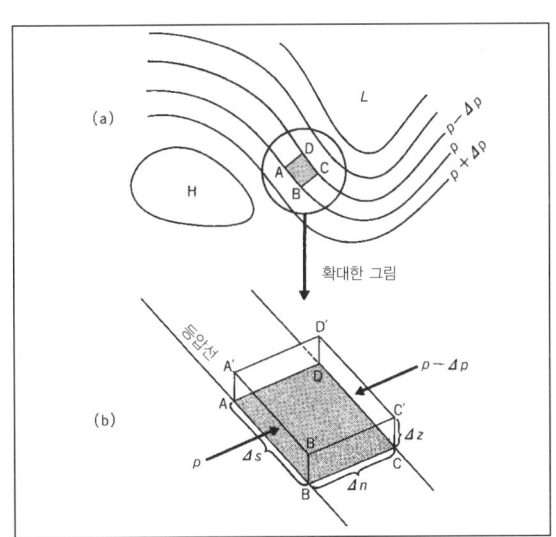

(a) 인접한 등압선으로 둘러싸인 미소면적 ABCD   (b) 그 면을 밑면으로 하는 미소체적에 작용하는 수평기압 경도력

그림 I-23 미소 체적에 작용하는 수평 기압 경도력(자료 : 곽종흠·소선섭, 『일반 기상학』)

35 해면 경정의 간단한 공식은 ΔB=0.03414×(P×H／273+t), 여기서 P는 현지 기압, H는 기압계의 해면상의 높이, t는 측정한 기온을 나타낸다.

그림에서 BC와 AD는 등압선에 직각이고 길이가 Δn, AB와 CD는 등압선에 평행하고 길이가 Δs이다. ABCD를 밑면으로 하는 높이가 Δz 인 직육면체를 생각해 보자.

ABB'A'의 면에 작용하고 있는 압력은 p · Δs · Δz이고, CC'D'D면에 작용하고 있는 압력은 (p-Δp) · Δs · Δz 이다. 따라서 Δp · Δs · Δz만큼의 압력차를 이 직육면체가 받고 있는 것이다. 이 직육면체의 체적은 Δs · Δz · Δn이므로 단위 체적으로 환산하면 Δp/Δn 만큼의 기압력이 등압선과 직교하는 방향으로, 즉 고압부에서 저압부로 작용하고 있다. 이 공기의 밀도를 ρ로 하면, 단위 질량의 공기덩이는 기압 경도력(Pn)=$-\dfrac{1}{\rho} \times \dfrac{\Delta p}{\Delta n}$ 만큼의 힘이 작용하고 있다.

이것을 기압 경도력이라 하고, 부(-)의 부호를 붙인 것은 고압부에서 저압부로 힘이 작용하고 있는 것을 나타내기 위해서다.

대기의 운동에서는 연직 방향의 기압 경도력은 중력과 평형을 이루고 있기 때문에 운동에는 관계하지 않는다. 따라서 기압 경도력은 수평 방향의 기압차라고 생각하면 무난하다.

기압차가 생기는 원인은 첫째, 열적 원인으로 여름에 지면이 부분적으로 태양열에 가열될 때 상승 기류가 생겨 저기압이 된다. 둘째, 역학적 원인으로 위도 30° 지역에 대기의 대순환으로 이동하여 온 공기가 하강하므로 고기압을 형성하게 된다.

② **전향력** : 지구상의 모든 물체는 지구 자전에 대하여 겉보기 힘을 받고 있는데, 이러한 지구 자전에 대한 가상적인 힘을 전향력(coriolis force)이라 한다. 전향력의 방향은 운동 방향에 대하여 북반구에서는 오른쪽으로 직각, 남반구에서는 왼쪽으로 직각이 되게 작용한다. 전향력의 크기를 구해 보면, 전향력을 f, 지구의 자전 각속도[36]를 ω, 물체의 운동 속도를 v, 물체가 운동하고 있는 지점의 위도를 φ라 하면 f=2vωsinφ의 관계식[37]이 성립된다. 즉 다른 조건이 일정하면 전향력의 크기는 극에서 가장 크고, 적도에서는 0이 된다.

---

36 각속도라고 하는 것은 1초간에 어느 정도의 각도를 회전했는가의 비율이다. 예를 들면 물체가 T초 걸려서 원을 한 번 돌았다면 (2π 래디안), 각속도 ω=2π/T(단위는 s-1)이다.

37 질량이 m인 물체가 운동할 때 생기는 전향력은 f=ma에서 a=2vωsinφ이므로 f=2mvωsinφ가 된다.

③ **원심력** : 회전체 내에 있는 물체가 밖으로 쏠리는 힘을 원심력이라 한다. 원심력은 회전체의 축에서 바깥쪽으로 작용한다. 단위 질량에 작용하는 원심력의 크기 C는 회전 속도(v)의 제곱에 비례하고 반지름(r)에 반비례한다.

$$C = \frac{v^2}{r}$$

또 운동의 법칙에서 가속도의 방향은 힘의 방향과 같으므로 물체를 원운동 시키려면 그 물체의 중심으로 향하는 힘을 주어야 한다. 이 중심으로 향하는 힘을 구심력[38]이라 한다. 물체가 빨리 돌수록 중심으로 향하는 힘은 커진다. 원심력은 구심력의 크기와 같고, 방향은 반대이다.

④ **마찰력** : 대기나 해수는 운동할 때 마찰력을 받게 된다. 이때의 마찰력은 지표면이 거칠수록 커지고, 매끄러울수록 작아진다. 따라서 공기가 산지를 통과할 때는 평지보다 마찰력이 커지고, 해수면에서는 더욱 작아진다.

마찰력은 유체가 지표면을 따라 운동할 때 지표면에서 일어나는 표면 마찰뿐만 아니라, 운동하는 대기층, 또는 해수층 안에 수많은 작은 소용돌이를 만들어 그 연직 운동으로 상하의 층간에 유체나 기체의 혼합이 일어나므로 운동량의 교란이 일어나 흐름이 빠른 위의 층을 느리게 하고, 흐름이 느린 아래층을 빠르게 하려는 기체나 유체 내부의 마찰을 생각할 수 있다. 대기가 지표면의 마찰력을 받는 범위는 지상 약 1km까지 이며, 이를 마찰층 또는 대기 경계층이라 한다. 대기 경계층 상부는 지면 마찰의 영향을 받지 않으므로 자유 대기라고 한다.

(5) 정역학 평형

정역학 평형 상태란 고도에 따라 기압이 감소하므로 대기에서 상부보다 하부의 기압이 높다. 따라서 공기는 기압이 낮은 곳으로 이동하므로 모든 대기는 항상 하부에서 상부로 움

---

38 원운동하는 물체의 질량을 m, 구심력의 크기를 f라 하면, f=ma, a=rω^2=r(v/r)²=v²/r 따라서 f=m·v²/r 이다.

직여야 할 것이다. 그러나 연직 기압차에 의한 상향의 힘과 공기 무게에 의한 하향의 중력이 평형 상태에 있으므로 기압차에 의한 공기의 수직 이동은 잘 일어나지 않는다.

이러한 평형식은 $\frac{dp}{dz}$ = -ρg(- 부호는 고도가 증가함에 따라 기압이 낮아짐을 의미한다.)로 표시된다. 여기서 p는 기압, z는 고도를 나타낸다. 실제 대기에서 수직 기류는 대단히 작아 풍속이 0.1m/s를 넘지 못한다. 그러므로 큰 규모의 대기 운동에서 수직 규모의 운동은 무시할 정도로 작은데, 이는 정역학적 평형 상태에 있기 때문이다. 그러나 태풍 중심부, 뇌우 세포, 토네이도 등은 수직 상승 기류의 힘이 대단히 강하다.

(6) 지균풍

높이 1km 이상의 대기의 상부에서 등압선이 직선이며 서로 평행일 때, 기압 경도력과 전향력이 평형을 이루면서 등압선에 평행하게 일정한 속도로 부는 바람을 지균풍이라 한다.

지균풍의 생성은 정지하고 있던 공기가 기압 경도력을 받으면 처음에는 등압선에 직각 방향으로 이동하기 시작한다. 이 공기가 이동하기 시작하면 전향력을 받게 되므로 그림 I-24와 같이 북반구에서는 오른쪽으로 휜다. 이 움직이는 공기는 기압 경도력을 계속 받으므로 풍속은 빨라지고 전향력은 더 커진다. 마침내 전향력이 기압 경도력과 크기가 같고 방향이 정반대가 되면, 공기는 일정한 속도로 등압선에 평행으로 이동하는 지균풍이 된다.

지균풍의 풍속은 다음과 같다.

지균풍에서는 전향력과 기압 경도력의 크기가 같으므로

$2\omega Vg \sin\varphi = \frac{1}{\rho} \cdot \frac{\Delta p}{\Delta n}$ 여기서 f=$2\omega \sin\varphi$ 이므로

$Vgf = \frac{1}{\rho} \cdot \frac{\Delta p}{\Delta n}$ 따라서 $Vg = \frac{1}{\rho f} \cdot \frac{\Delta p}{\Delta n}$ 이다.

따라서 등압선 간격이 조밀할수록 지균 풍속이 강하고, 상층과 저위도로 갈수록 지균 풍속이 강하다.

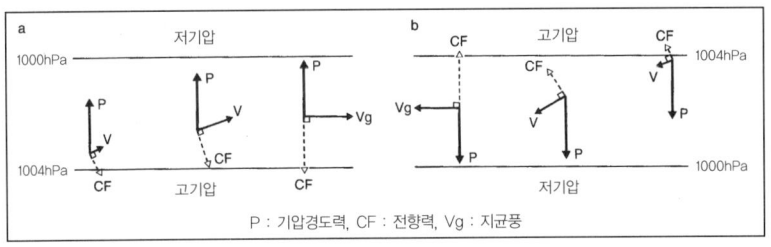

P : 기압경도력, CF : 전향력, Vg : 지균풍

그림 I-24 저기압 순환과 고기압 순환에서의 지균풍

(7) 경도풍

만일 등압선이 직선이라기보다 곡선으로 되어 있으면 공기의 움직임은 기압 경도력, 전향력, 원심력이 평형을 이루어 원의 접선 방향으로 바람이 불게 되는데, 이를 경도풍이라 한다.

기압 경도력이 같을 때, 풍속의 크기는 고기압의 주위가 저기압의 주위보다 크다. 그 이유는 풍속과 전향력은 비례하는데, 그림 I-25에서 기압 경도력이 같으면 고기압일 때의 전향력이 크기 때문이다.

저기압 곡률일 때의 경도풍의 식은 다음과 같다.

기압 경도력 = 원심력 + 전향력이므로

$$-\frac{dp}{dn} + \rho \cdot \frac{Vc^2}{r} + \rho fVc = 0 \ (\ \frac{Vc^2}{r} \ \text{의 값이}$$

매우 작기 때문에 상수 K로 놓으면)

$$\rho fVc = \frac{dp}{dn} - \rho K \quad \text{따라서} \quad Vc = Vg - \frac{K}{f}$$

다.

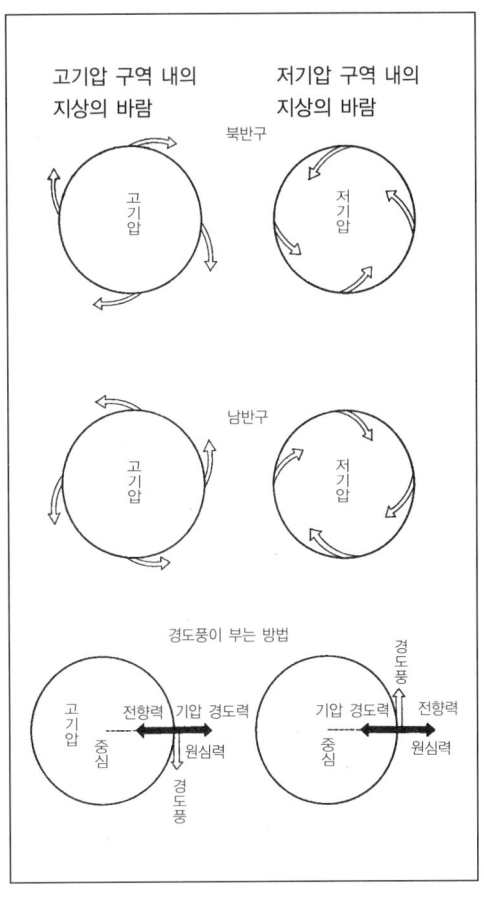

그림 I-25 고기압, 저기압성 경도풍

그러므로 저기압성 경도풍(Vc)은 지균풍(Vg)의 풍속보다 작다(Vc < Vg).

고기압성 경도풍(Va)도 위와 같은 방법으로 계산하면, 지균풍의 풍속보다 크다. 따라서 고기압성 경도풍, 저기압성 경도풍, 지균풍과 비교하면 Va > Vg > Vc의 크기로 된다.

(8) 지상풍

지상에서 등압선이 직선일 때 기압 경도력, 전향력, 마찰력이 비겨서 등압선에 대하여 육상에서는 보통 25~35°, 해상에서는 15~20° 정도의 각으로 부는 바람을 지상풍이라 한다. 또한 지표면의 마찰에 의한 저항이 커질수록 등압선과 이루는 각은 커지며, 지표면의 기칠기 정도와 지표면에서의 높이에 따라 달라진다.

북반구에서 바람을 등지고 서 있을 때, 저기압의 중심은 그 사람의 왼편 조금 앞쪽에 있고, 고기압은 오른편 뒤쪽에 있다. 이것을 버이스 밸로트(Buys Ballot)의 법칙이라 한다.

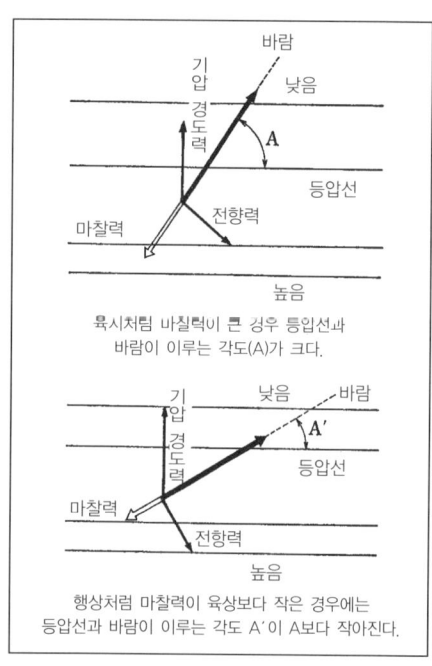

육시처럼 마칠력이 큰 경우 등압선과 바람이 이루는 각도(A)가 크다.

행상처럼 마찰력이 육상보다 작은 경우에는 등압선과 바람이 이루는 각도 A′이 A보다 작아진다.

그림 I-26 등압선이 직선인 경우의 지상풍

(9) 해륙풍과 산곡풍

① **해륙풍** : 해안 지방에서는 아침에 육지와 해면의 기온이 같으므로 기압은 같고 바람이 없다. 그러나 낮에는 일사에 의하여 육지가 해면보다 빨리 온도가 상승하므로 육지에 있는 공기는 팽창하고, 등압면은 육상에서 해상으로 향하여 경사가 생긴다. 따라서 상공의 같은 고도면에서 육상이 해상보다 기압이 높아져 상공의 공기는 육지에서 바다로 흐른다. 그 결과 해면에서는 공기가 축적되어 기압이 증가하고 육지에서는 감소되며 하층에서는 바다에서 육지로 바람이 불게 된다. 이 바람을 해풍이라 한다. 해풍은 오후 2~3시경에 최대가 되며, 그 풍속은 5~6m/s 정도다.

해가 지고 바다와 육지 사이에 온도차가 없어지면 해풍의 순환은 없어진다. 밤이 되

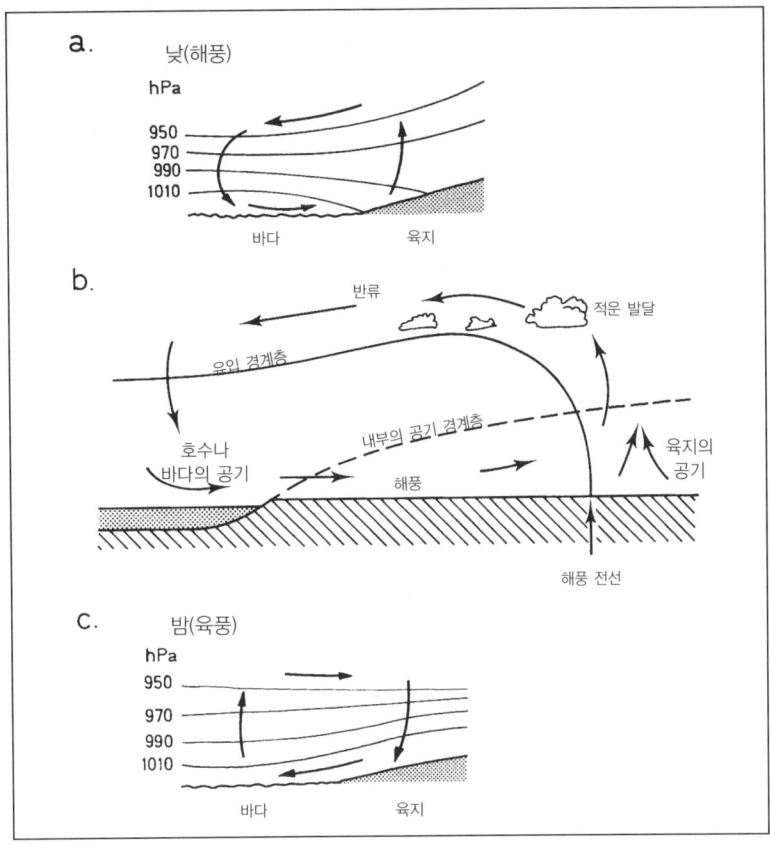

그림 I-27 해류풍의 순환

면 육지가 해면보다 더 빨리 냉각되므로 낮과 반대 방향의 순환이 생긴다. 이 때 바람이 육지에서 바다로 부는데, 이 바람을 육풍이라 한다. 육풍은 밤중에 최대 풍속이 되며, 2~3m/s 정도다. 이와 같이 해류풍은 열적 순환에 의해 부는 바람이다.

② **산곡풍** : 산골짜기에서는 날씨가 맑은 날, 낮에 산허리를 따라 그림 I-28과 같이 바람이 불어 올라간다. 이 바람을 곡풍 또는 골바람이라 한다. 이 바람은 낮에 산허리 한 지점의 온도가 같은 높이의 공기보다 더 많이 가열되어, 온도가 높아지면서 바람이 골짜기를 따라 불어 올라간다. 이와는 반대로 밤에는 산꼭대기에서 골짜기로 불어 내려오는 바람을 산풍, 또는 산바람이라 한다. 바람의 순환 강도는 사면 방향, 기복의 정

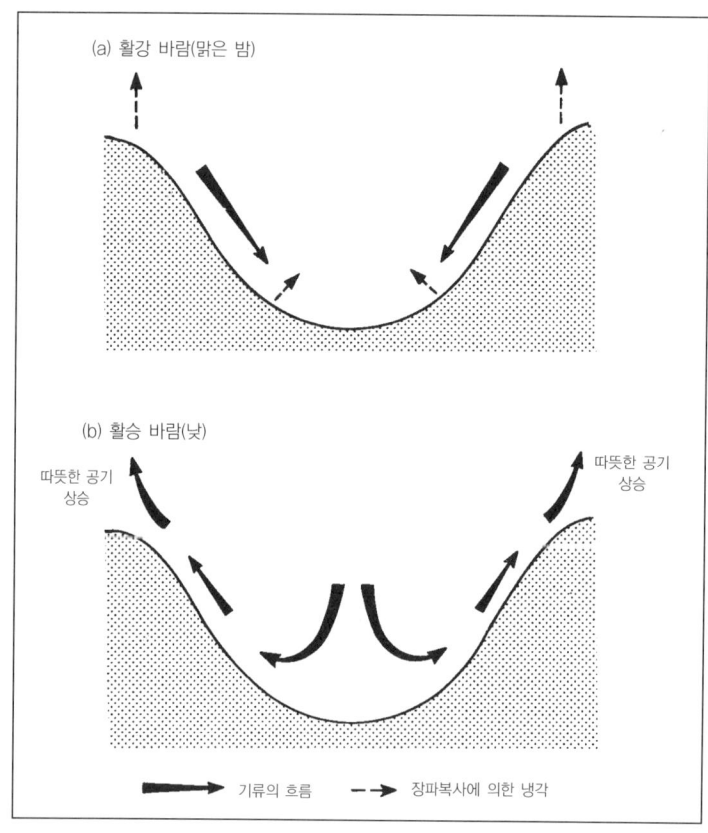

(a) 활강 바람(맑은 밤)

(b) 활승 바람(낮)

따뜻한 공기
상승

따뜻한 공기
상승

➤ 기류의 흐름   --➤ 장파복사에 의한 냉각

그림 I-28 산곡풍 순환 (자료 : Leslie F. Musk)

도, 식생 피복의 양과 종류, 지표면 상태에 따라 달라진다.[39]

③ **푄(föhn)** : 알프스 산지의 경사면을 따라 하강하는 고온 건조한 바람을 말하며, 지역
에 따라 다양하게 명칭이 주어진다. 예를 들면 록키산맥의 동쪽 경사면을 따라 흐르
는 바람을 치눅(chinook)이라 한다. 이 바람은 급격한 온도 상승으로 산기슭에 쌓여
있는 눈을 녹게 하므로 눈을 녹이는 바람의 의미를 가진 스노우 이터(snow-eater)라
고도 한다. 우리나라의 높새바람도 이에 해당한다.

39 남사면이 다른 사면보다 더 빨리 가열되고, 골짜기 바닥과 정상과의 고도차에 따른 기복의 정도, 암석 지역이 식생 지역보다 빨
리 가열된다. 지표면 상태는 골짜기의 지형 형태 등에 따라 순환이 달라진다.

④ 활강바람(katabatic wind) : 비교적 높은 곳에 위치한 차갑고 밀도가 높은 공기가 중력에 의해 아래로 흘러가는 것을 활강바람이라 한다. 이 바람은 겨울에 찬 공기가 잘 축적이 되는 고원에서 발생한다. 내려가는 공기는 단열 압축에 의한 온도 상승이 있지만 워낙 차게 냉각되기 때문에 낮은 지역에 도달한 활강바람은 여전히 주변보다 차갑다. 가장 유명한 활강바람은 그린란드와 남극에서 발생하는 바람이다.[40] 우리나라의 경우 금강산에서 동해의 장전항으로 불어 내려오는 금강내기도 이 바람의 일종이다.

(10) 토네이도(tornado)[41]

토네이도는 규모는 작으나 대기 순환 현상 중 가장 강력한 폭풍현상이다. 이 말은 뇌우의 의미를 가진 스페인어 토르나다(tornada)에서 유래된 것으로서 시계 반대 방향으로 빠르게

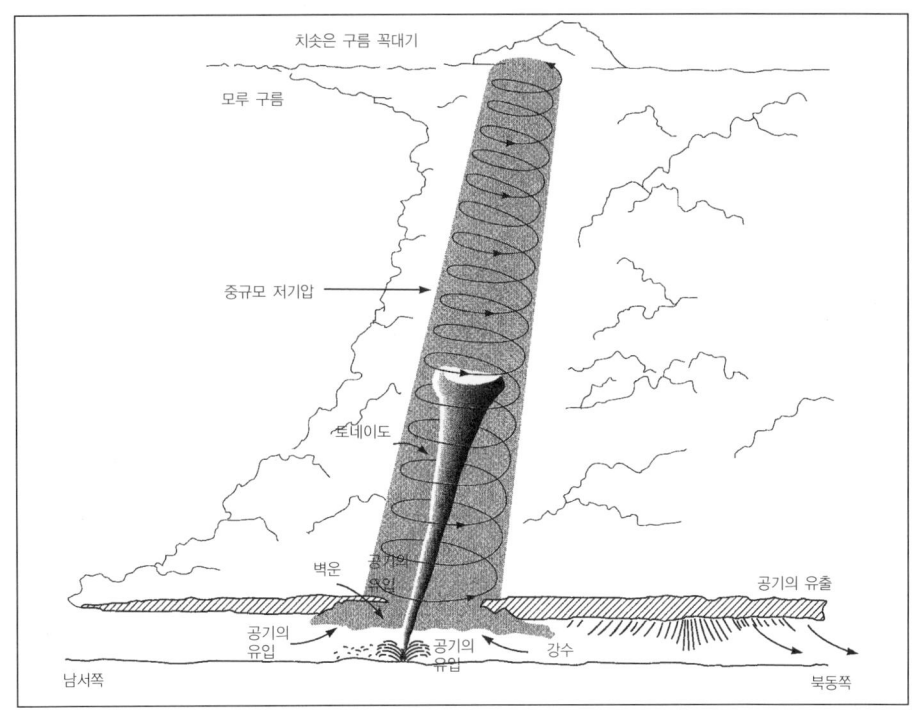

그림 I-29 거대 세포 내의 토네이도 모식도 (자료 : John J. Hidore, et al)

40 한국기상학회, 『대기과학 개론』, 시그마프레스, 1999, p. 175.

회전하면서 상승하는 소용돌이다. 또한 토네이도는 적란운 하부로부터 밑으로 뻗어 있는 깔때기 모양의 소용돌이이다.

토네이도는 강한 바람을 동반하는데 풍속은 125m/s 까지 관측되었으며, 소용돌이에서의 상승 속도는 80m/s 까지 이르는 것으로 알려져 있다. 이동 속도는 보통 55km/h 정도이고, 토네이도의 수명과 강도는 크기에 따라 다르다. 그 중심의 기압은 주변보다 매우 낮아서 기압 경도는 대단히 크다(약 100hPa).

토네이도가 가장 많이 발생하는 곳은 미국 중부지역인데, 이곳은 캐나다 극지역으로부터의 차고 건조한 대륙성 한대 기단과 멕시코만으로부터의 고온 다습한 불안정한 열대 해양성 기단이 만나는 곳이다. 우리나라에서도 토네이도가 종종 발생한 것으로 추정하고 있는데, 『삼국사기』 중에 토네이도를 상징하는 것으로 보이는 용에 대한 기록이 18회[42]나 나온다. 최근의 토네이도(용오름) 현상은 1988년 10월 18일 울릉도 근해에서 관측되었다.

(11) 뇌우(thunderstorm)

뇌우란 적란운, 또는 그 집합체로서 강한 비와 천둥, 번개를 가져오는 기상 현상이다. 이 현상은 대기가 몹시 불안정하여 습기가 많은 공기가 국지적으로 급격히 상승하면서 많은 잠열을 방출할 때 발생한다. 뇌우는 보통 단세포 뇌우, 다세포 뇌우, 거대세포 뇌우로 구분된다. 다세포 뇌우와 거대세포 뇌우는 비교적 장시간 지속되면서 많은 비, 번개, 우박, 토네이도 등을 통해 큰 피해를 입힐 수 있다.

단세포 뇌우의 발달 과정은 적운 단계, 성숙 단계, 소멸 단계로 설명될 수 있다. 적운 단계는 구름 속에 상승 기류만 존재하고, 적운 발달이 시작되는 과정이다. 대류 발달이 계속되어 대류권계면까지 공기의 강한 상승이 나타나며, 그 결과 두꺼운 대류운이 발달하고 뇌우는 성숙기에 들어간다. 이 때의 상승 기류로 구름과 강수가 나타나나 강수 구역에서는 하강 기류가 발달한다. 소멸기에는 적란운이 최대로 발달하며, 많은 강수가 구름 전역에 나타나게

---

41 토네이도는 육상에서의 용오름을 tornado, 공중에서의 용오름을 funnel aloft, 해상에서 발생하고 깔때기 구름이 해면에 도달한 용오름을 waterspout라 한다.
42 김연옥, 『한국의 기후와 문화』, 1989, 이화여대 출판부.

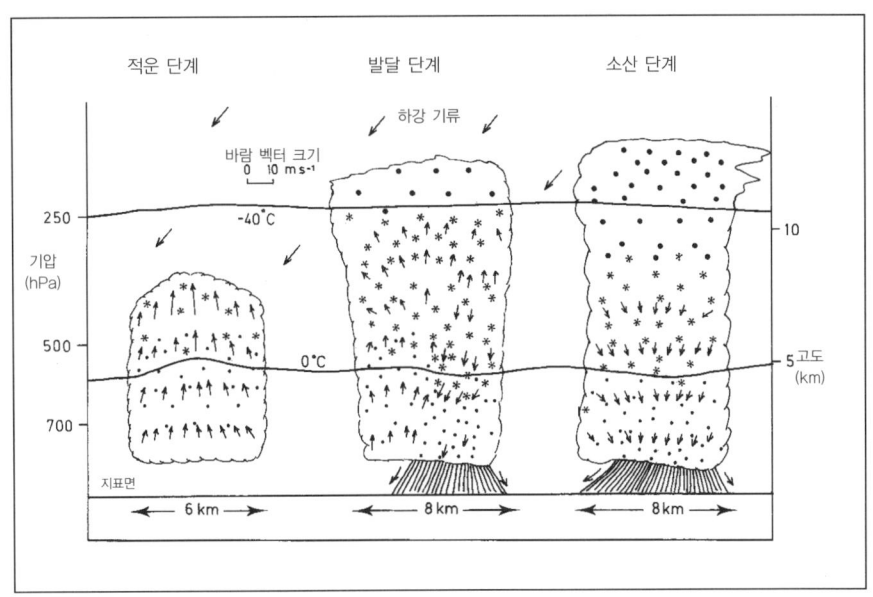

그림 I-30 단세포 뇌우의 일생 (자료 : 한국기상학회, 『대기과학개론』)

된다. 그 결과 하강 기류로 인해 상층으로의 수분 공급이 차단되고 대류 작용이 약하게 되어 뇌우는 쇠퇴하게 된다.

다세포 뇌우는 여러 개의 대류 세포가 뭉쳐 있는 형태이며, 수십 킬로미터의 수평 규모를 갖는다. 각 세포에서 만들어지는 찬 하강 기류는 합쳐져서 한 개의 큰 돌풍전선을 형성하고, 뇌우의 이동 방향 전면에서 매우 강한 수렴을 일으켜 강한 상승 기류를 유발시키고, 그 결과 새로운 세포가 만들어진다. 우리나라에서 집중 호우를 가져오는 뇌우들의 상당수도 이 유형에 속하는 것으로 여겨진다.[43]

거대세포 뇌우는 뇌우 중 가장 위협적인 것으로, 종종 파괴적인 우박과 토네이도를 만든다. 이 뇌우의 전체적 규모는 다세포 뇌우와 비슷하나 여러 개의 세포로 된 조직이라기보다는 강한 상승 기류와 하강 기류로 특정 지워지는 커다란 세포로 매우 조직화된 단일 거대 세

---

43 한국기상학회, 『대기과학개론』, 시그마프레스, 1999, pp. 176~179.

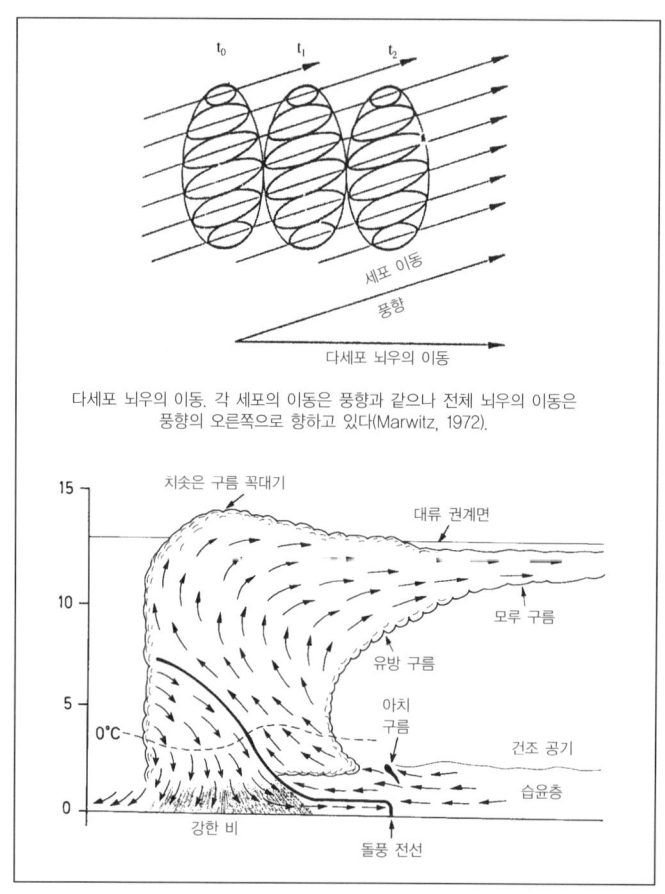

다세포 뇌우의 이동. 각 세포의 이동은 풍향과 같으나 전체 뇌우의 이동은 풍향의 오른쪽으로 향하고 있다(Marwitz, 1972).

그림 I-31 스콜라인의 구조 (자료 : Leslie F. Musk)

포이다. 이것은 강한 돌풍, 우박, 강한 강수, 번개, 토네이도를 만든다. 다세포 뇌우와 비슷하게 대기가 매우 불안정하고 연직 바람 시어가 매우 강할 때 발달하나 다른 뇌우에 비해 발생 빈도는 적은 편이다.[44]

뇌우는 천둥이 동반된 폭풍우 현상이다. 천둥은 번개에 의해 만들어지기 때문에 두 개의 현상은 같이 발생한다. 번개는 적란운이 발달하면서 구름 내부에 분리 축적된 음전하와 양

44 한국기상학회, 『대기과학개론』, 시그마프레스, 1999, p. 179.

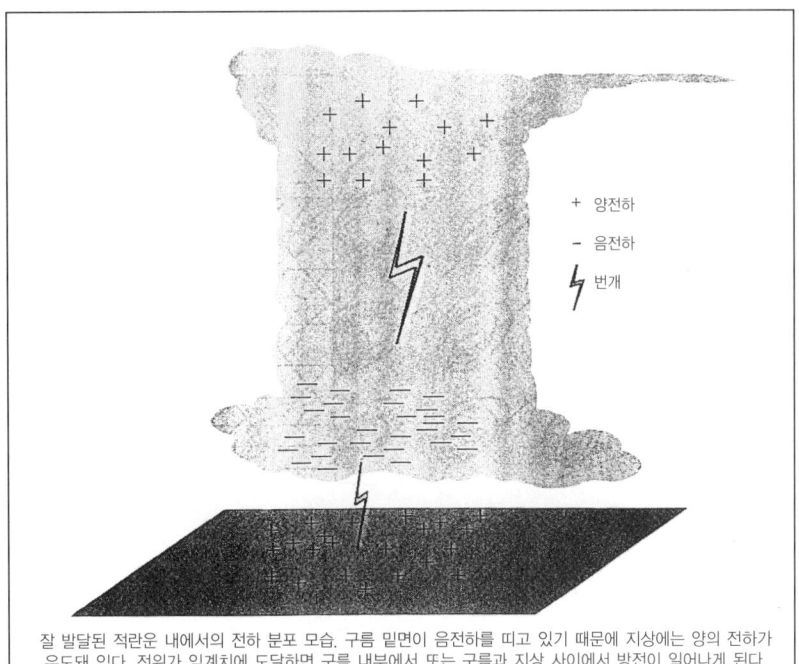

잘 발달된 적란운 내에서의 전하 분포 모습. 구름 밑면이 음전하를 띠고 있기 때문에 지상에는 양의 전하가 유도돼 있다. 전위가 임계치에 도달하면 구름 내부에서 또는 구름과 지상 사이에서 방전이 일어나게 된다.

그림 I-32 잘 발달된 적란운 내에서의 전하 분포 모습

(자료 : 한국기상학회, 『대기과학개론』)

전하 사이, 혹은 구름 속의 전하와 지면에 유도되는 전하 사이에서 발생하는 불꽃 방전이다.[45] 관측에 따르면 구름의 상부에는 양의 전하, 하부에는 음의 전하가 축적되면서 지면의 양의 전하가 유도된다.[46]

(12) 대기대순환

① 대기대순환의 원인 : 아리스토텔레스는 약 2,000년 전 그의 저서 「기상학」에서 바

---

45 번개 방전은 수 cm의 직경을 갖는 공기의 채널을 경로로 하여 일어나며, 이 좁은 경로 속의 공기를 가열하여 순식간에 8,000~33,000K까지 기온을 상승시킨다. 이렇게 갑자기 공기가 가열되면 공기는 폭발적으로 팽창하고 그 충격으로 음파가 발생되어 천둥소리가 나오는 것이다.

46 양전하와 음전하가 구름 속에서 상하로 나누어지는 까닭은 빙정이나 물방울이 서로 충돌하거나 분열할 때 전하가 분리되기 때문이라고 보고 있다.

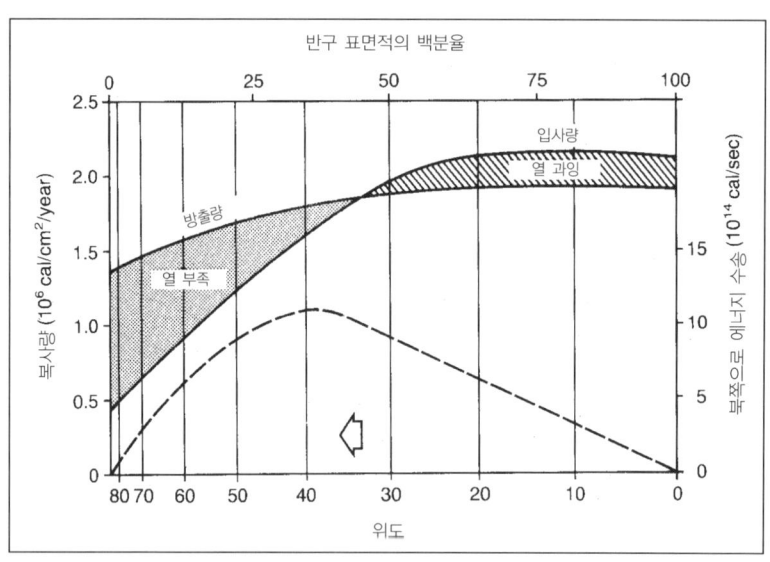

**그림 I-33 고위도와 저위도 간의 에너지 평형.
화살표는 극 쪽으로의 에너지 수송을 나타낸다.**

(자료 : Roger G. Barry & R. J. Chorley, *Atmosphere, weather & climate*)

람의 원인을 태양의 가열 때문이라고 규정했다. 일반적으로 태양 복사량의 차별적인 분포에 의해 바람이 일어난다는 데는 대부분 동의한다.

대기대순환을 이론적으로 밝히기는 매우 어려워 아직도 알려지지 않은 점들이 많이 있다. 그러나 최근 컴퓨터 기술의 발달로 대기대순환을 수치 실험에 의해 실제 상황과 비슷하게 이론적으로 계산하고 있다. 그림 I-33에서 입사한 복사량과 방출한 복사량의 곡선이 교차하는 위도는 대략 35°지역이다. 이보다 고위도에서는 받는 열량보다 내보내는 열량이 더 많고, 저위도에서는 이와 반대로 받는 열량이 내보내는 열량보다 많아 불균형을 이루고 있다. 그러나 과잉량에 해당하는 면적과 부족량에 해당하는 면적의 비율이 같아, 지구 전체로 볼 때는 태양에서 입사하는 복사량과 지표가 방출하는 복사량이 평형을 이루고 있다.

위도에 따르는 복사의 불균형 상태가 대기의 열적 순환을 일으킴에 따라 대기의 흐름과 해류의 원동력이 되고 있다.

② **해들리의 단일순환세포** : 대기의 대류 현상에 의하여 적도에서 가열된 공기는 상
승하여 자오선을 따라 극 쪽으로 이동하며, 극에서 가라앉은 공기는 다시 지표면을
따라 적도 쪽으로 흘러 갈 것이다(그림 I-34). 이 결과로 상층에서는 저위도 지방이 고
압부, 고위도 지방이 저압부가 되어 공기는 적도에서 극으로 흐르나 지구 자전의 영
향으로 편서풍이 된다.

이 때 지표면의 등온선은 위도선과 평행하게 되며, 등압선도 등온선과 마찬가지로 위
도선과 평행하게 지나갈 것이다. 따라서 지표면에서 공기는 등온선과 등압선을 직각
으로 횡단하여, 압력이 높은 곳으로부터 낮은 곳으로 이동할 것이다. 그러나 상층이
편서풍이므로 지표면도 편서풍이 되어 남하하다가 지구 자전의 영향으로 북동무역풍
이 된다고 설명하였다. 이와 같은 대기 운동의 열 대류 현상은 1735년 영국인 조지 해
들리(George Hadley, 1685~1744)가 처음으로 제시하였으므로 이러한 열 대류에 의
한 대기의 환류계를 해들리 세포라 한다.

그림 I-34 해들리의 단일순환세포
(자료 : Leslie F. Musk)

③ 지구의 자전과 대기대순환 : 대순환에 관하여 최초로 과학적인 설명을 한 과학자는 해들리다. 그의 설명에는 지구의 코리올리의 힘이 도입되어 있다. 이것은 코리올리가 회전 좌표계에서 전향력이 생기는 것을 밝힌 때보다 약 100년 전의 일이다. 해들리에 의하면 열대에서 열을 받아 상승한 기류는 상공에서 고위도로 이동함에 따라 전향력에 의하여 편서풍이 되고, 그 다음에 열을 잃어 하강하게 된다. 하강한 공기는 다시 저위도로 이동함에 따라 전향력에 의하여 북동풍의 무역풍으로 되어 순환을 하게된다. 이 순환을 '해들리 순환'이라고 한다. 이 순환은 열적 원인에 의하여 고열원에서 저열원으로 열을 운반하는 직접적인 형태이므로 열적 직접세포라고 하며, 열적 순환에 속한다.

해들리의 연구는 약 반세기 가까이 알려지지 않았으나 18세기 말에 돌턴에 의하여 그 진가가 인정되었다.

그러나 19세기에 들어와 관측 값이 많아짐에 따라 해들리 순환에 다소 의문을 갖게 되었다. 해들리 순환에서는 북반구의 중위도 이북에서는 편서풍이 북에서 남으로 향하는 성분을 갖게 되는 데 반해, 실제로 편서풍은 남에서 북으로 향하는 성분을 가지고 있다.

이와 같은 결점을 없애기 위해서 페렐(Ferrel)은 역학적 간접세포를 포함하는 순환세포의 모델을 주장하였다. 이 역학적 간접세포는 직접세포에 대하여 중위도 남북 순환이 열적 순환 방향과 반대 순환을 이룬다.

페렐은 지표 부근의 중위도 편서풍은 지표에 따라 서향의 마찰력을 받으나 기압 경도력과 전향력이 작용하기 때문에 바람은 북쪽으로 향하는 성분을 갖지 않으면 안 되며, 이 바람이 상승하여 상공에서 남으로 향하는 간접세포가 형성된다고 하였다. 이 간접세포를 '페렐 세포'라고도 한다.

페렐의 모델은 근대의 모델과 비슷하나, 세 순환 세포가 유지되기 위해서는 지상의 마찰력만으로는 불충분하다. 그러나 최근에 큰 규모의 요란, 즉 저기압과 고기압 등에 의한 각운동량과 현열의 이동도 큰 역할을 하고 있다는 파동이론이 도입되어 대기대순환 연구에 이용되고 있다. 이 이론은 평균적 상태에서는 열대 지방과 극지방에 편동풍대가 형성되어 있

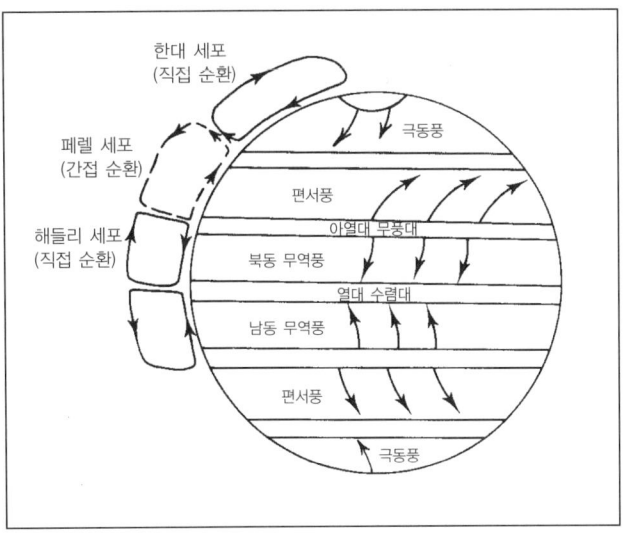

그림 I-35 대기대순환의 평균 모형

는데, 이 때 편동풍은 지구 자전의 반대 방향으로 불며 지표면과 마찰을 통해 지구의 자전 속도를 감소시키도록 작용한다. 중위도 지방의 편서풍은 지구 자전 방향과 같은 방향으로 움직이므로 회전모멘트(torque)라는 힘이 작용하여 자전 속도를 증가시킨다.

- 해들리 순환(직접 순환) : 태양의 고도가 높을수록 단위 면적당 도달하는 에너지가 많으므로 주위보다 지면에 인접한 공기를 빨리 가열하게 된다. 연중 태양의 고도가 가장 높은 곳은 위도 23.5°N과 23.5°S 사이이므로 이 지역에서는 상승 기류가 일어나게 된다. 상승 기류가 일어나는 위치는 태양의 적위, 즉 계절에 따라 변한다. 다시 말하면 여름에는 23.5° N까지 북상하고, 겨울에는 23.5°S까지 남하하게 된다.

  이 적도 지방의 상승기류는 대류권계면에 이르러 남북 양쪽으로 나뉘어 이동하다가, 위도 30°부근 지역에 이르면 대부분의 공기는 냉각되면서 무거워져 침강하고, 나머지 일부는 극으로 계속 이동하여 간다. 위도 30°지역에서 침강하여 지면에 다다른 공기는 적도에서 다시 상승하여 해들리 순환을 이룬다(그림 I-35 참조).

- 한대 순환(직접 순환) : 위도 60° 부근에서는 성질이 다른 두 기단이 만난다. 그 하나는 위도 30°에서 침강하지 않고, 계속 이동하여 극에 이르러 침강한 후 지면을 따라 남하

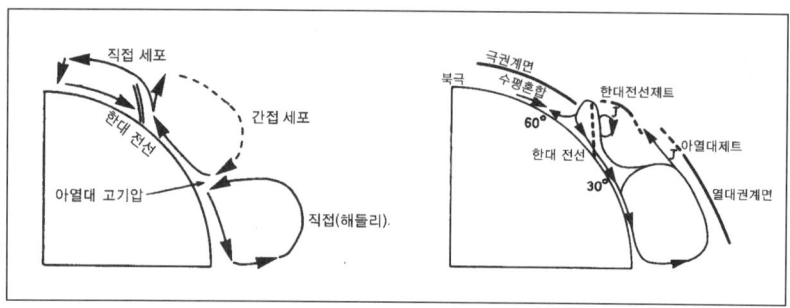

그림 I-36 북반구 겨울 남북 순환(Rossby Palmen)

한 공기이며, 다른 하나는 위도 30°에서 침강하여 지면을 따라 북상한 공기다. 극에서 내려온 공기보다 위도 30°에서 올라온 공기가 기온이 높아 더 가벼우므로 전선을 이루며 상승하게 된다. 이 전선을 한대전선(polar front)이라고 한다. 이 전선은 여름에는 북상, 겨울에는 남하하면서 중위도의 기상에 큰 영향을 미치고 있다.

한대전선을 만들면서 상승한 공기는 극에 이르러 침강하여 위도 60°와 극 사이에 순환세포를 형성한다. 한대전선 중 우리나라에 영향을 미치는 것은 북태평양 한대전선이다.

우리나라는 북태평양 한대전선이 일본 남방에 위치하는 겨울에는 시베리아 기단의 영향권에 들며, 이 전선이 만주에 위치하게 되는 여름에는 북태평양 기단의 영향권에 든다.

• 페렐 순환(간접 순환) : 아열대 고압대에서 하강한 공기의 일부는 지표면을 따라 북쪽으로 이동하고, 또 고압대의 상층에서도 일부가 고위도로 향하므로 이들이 모두 전향력으로 편향되어 서풍이 된다. 따라서 중위도에서는 하층과 상층이 모두 편서풍이 불게 된다.

한편 60° 부근의 상공에서는 한대전선을 따라 상승하는 공기의 일부가 약한 순환세포를 이르게 되는데 이를 페렐 순환이라 부른다. 페렐 순환은 해들리 순환이나 한대 순환과는 달리 역학적 원인으로 형성된 간접 순환이다.

④ **편서풍 파동** : 1930년대의 후반부터 고층 기상 관측망이 증가함에 따라, 그 때까지 지상 관측에만 주로 의존하여 상층 대기 운동의 실체를 파악하지 못한 사실을 확실히 알게 되었다. 상층 대기 운동은 미국 시카고대학의 로스비(C. G. Rossby) 박사가 주축이 된 연구의 업적 중 중요한 편서풍대에 존재하는 파동 현상에 관한 것이다. 편서풍 파동이란, 상층의 바람이 등고도선을 따라 평행하게 불므로 대기는 극을 중심으로 서에서 동으로, 남북으로 파동을 이루면서 회전하는 것을 말한다. 편서풍 파동이 그림 I-38과 같이 심하게 일어나면, 파의 일부가 떨어져 나와 북쪽은 따뜻한 공기의 고기압, 남쪽은 찬 공기의 저기압이 된다. 이와 같은 현상을 절리 현상(Blocking)이라 하며, 고기압과 저기압을 절리고기압, 절리저기압으로 부른다. 절리고기압에는 이상 고온 현상이, 절리저기압에는 한파 또는 비가 많이 오기도 한다. 절리 상태에 있을 때는 남북 간의 열과 수증기의 교환이 활발하게 일어난다.

⑤ **제트류** : 제트류(jet stream)는 편서풍 내의 특히 강한 바람 부분으로, 긴 축을 중심으로 좁은 범위에 집중적으로 부는 바람을 말한다. 세계기상기구(WMO)에 의하면 '제트류는 상부 대류권 또는 성층권에서 거의 수평축을 따라 집중적으로 부는 좁고 강한 기류이며, 연직 또는 양측 방향으로 강한 바람의 풍속차(wind shear)를 가지고, 하나 또는 둘 이상의 풍속의 극대가 있는 것'이라고 정의하고 있다.

북반구의 제트류는 겨울철에는 위치가 남하하고 풍속은 강해진다. 제트류는 보통 길이가 2,000~3,000km, 폭은 수백 km, 두께는 수 km이다. 중위도에 위치하고 있는 한대전선 제트는 고도 8~9km에 있고, 평균 풍속이 약 40m/s 정도이다. 또한 위도 30° 부근의 고도 12~13km에 있는 아열대 제트도 있다. 제트류는 북반구에서는 겨울철이 여름철보다 강하고, 그 위치도 남쪽으로 내려간다. 이러한 이유는 겨울철이 여름에 비해 남북 간의 온도 차가 심한 데 있다.

• **제트류와 날씨** : 제트류는 온대 저기압의 발생과 발달, 한파, 폭설, 태풍의 진로 등에 크게 관계하고 있다. 장마기에 제트류는 히말라야 산맥에 부딪쳐 2개로 나뉘어져, 일부가 남하하여 동중국해에서 아열대 제트류와 합류하는 경우가 많다. 이것은 북쪽에서 찬 공기를 가지고 오므로 대기가 매우 불안정하게 되고, 장마전선을 활발하게 한다.

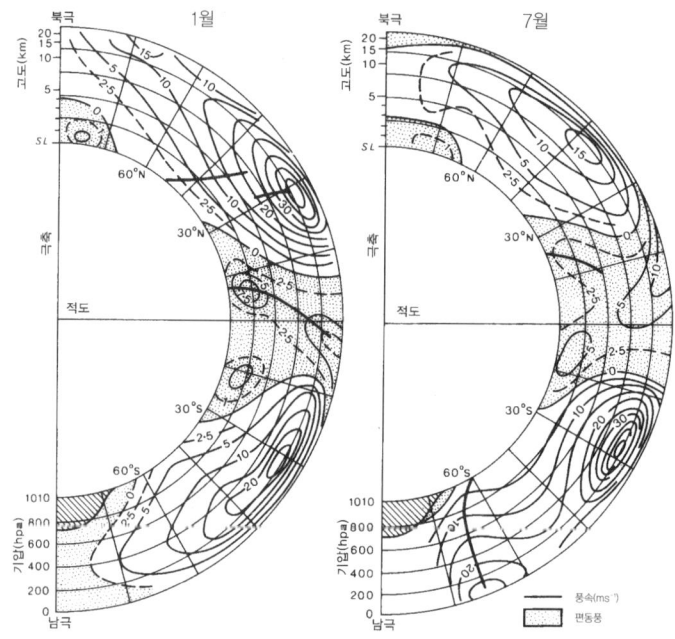

그림 I-37 1월과 7월의 편서풍과 편동풍의 흐름

(자료 : R. G. Barry & R. J. Chorley)

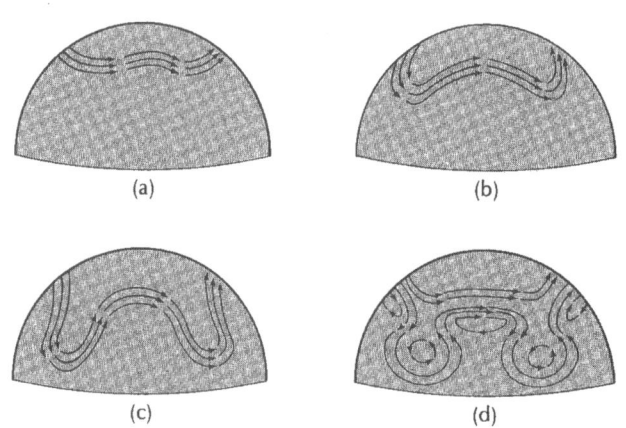

(a)

(b)

(c)

(d)

그림 I-38 편서풍 파동내의 절리 현상

(자료 : John J. Hidore, et al.)

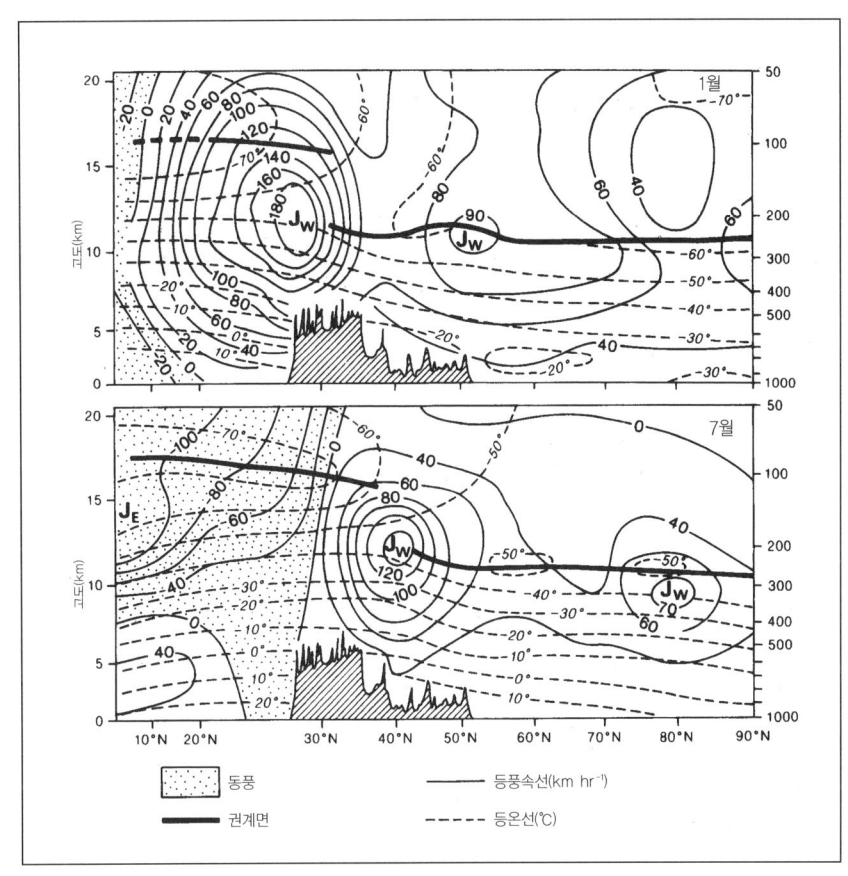

그림 I-39 북반구에서의 제트류의 평균 위치와 풍속(90°E)

(자료 : R. G. Barry & R. J. Chorley)

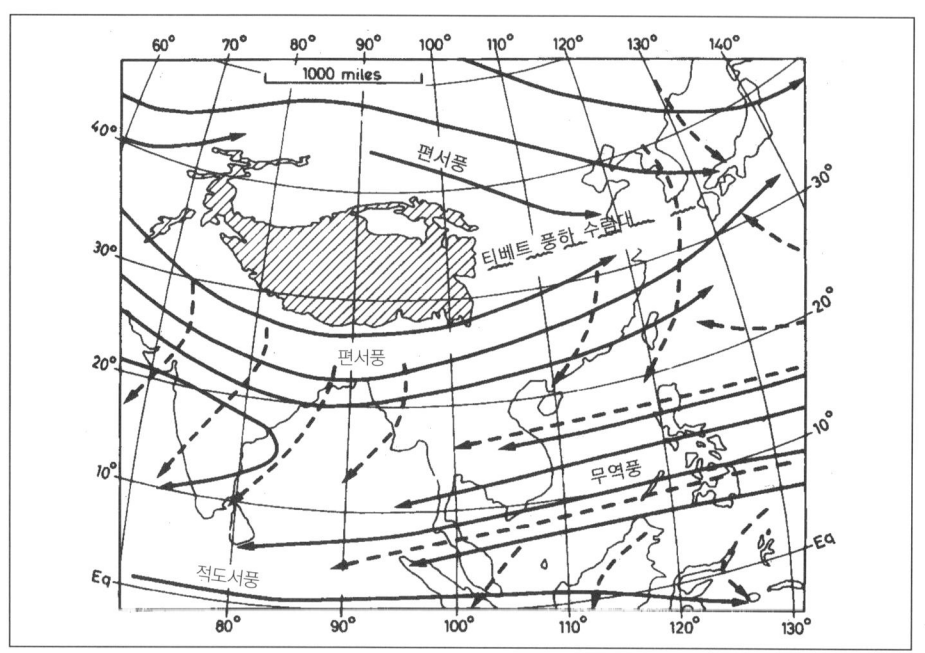

그림 I-40 남부·동부 아시아의 겨울철 대기 순환. 굵은 선은 상층 3,000m의 기류이며,
점선은 고도 600m의 기류를 나타낸다.(자료 : R. G. Barry & R. J. Chorley)

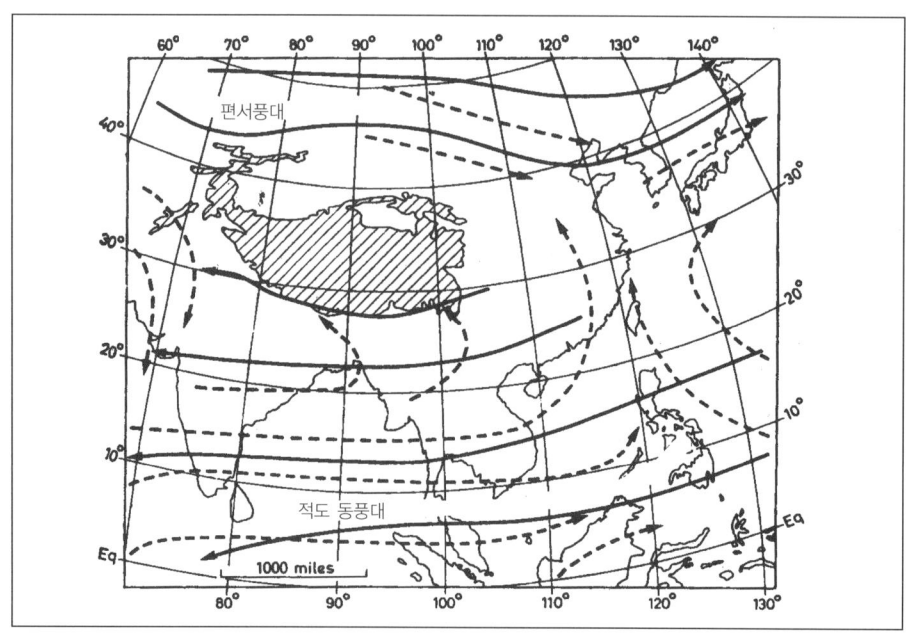

그림 I-41 남부, 동부아시아의 여름철 대기 순환. 굵은 선은 상층 6,000m의 기류,
점선은 고도 600m의 기류를 나타낸다.(자료 : R. G. Barry & R. J. Chorley)

3) 습도

공기와 물이 접하는 물 표면에서는 수많은 물분자가 물과 공기 사이를 자유로이 왕래하고 있다. 이 때, 공기로부터 나오는 물 분자수가 물로 들어가는 물 분자수보다 더 많으면 증발, 물로 들어가는 물 분자수가 공기로 나오는 물 분자수보다 많으면 응결, 공기로 나오는 양과 들어가는 양이 같을 때를 포화라고 한다.

① 포화 수증기압 : 대기 중에 포함되어 있는 수증기의 양은 온도에 따라 일정한 최대량이 있다. 수증기가 이 최대량에 달했을 때를 포화되었다고 하며, 이 때의 수증기 압력을 포화 수증기압이라고 한다. 기온 변화에 따른 포화 수증기압은 실험에 의해 구할 수 있다.

포화 수증기압은 기온에 따라 증가한다. 0℃ 이하에서는 물에 대한 포화 수증기압이 얼음에 대한 포화 수증기압보다 크며, 이 차이는 -12~-14℃에서 가장 크다. 또한 0℃ 이하에서도 물이 존재할 수가 있다. 대기 중에 떠 있는 물방울은 보통 0℃ 이하에서도 얼지 않는다. 이러한 물방울을 과냉각 수적이라 한다.

② 상대 습도 : 공기 속에 포함되어 있는 수증기의 포화 정도를 나타내는 양으로, 실제 수증기량과 그 기온에 대한 포화 수증기량과의 비를 백분율(100%)로 나타낸다.

상대 습도(R. H)=e/E×100(%), E는 어느 기온에서 포화되었을 때의 수증기압, e는 그 당시의 실제 수증기압.

③ 절대 습도 : 습윤한 공기 1㎥ 중에 들어 있는 수증기량을 그램(g)으로 표시한 것이다. 단위는 g/㎥이다.

④ 혼합비 : 건조한 공기(수증기를 제외한 공기) 1kg에 대해 공존하는 수증기량을 g수로 나타낸 값이다. 단위는 g/kg이다.

⑤ 비습 : 단위 질량의 건조 공기와 혼합하고 있는 수증기의 질량을 나타내는 것으로 보통 1kg의 습윤한 공기 중에 들어 있는 수증기의 양을 나타낸다.

⑥ 이슬점 온도(노점 온도) : 공기를 냉각시키면 현재 수증기압은 변하지 않고, 포화 수증기압만 감소하므로 상대 습도는 증가하여 마침내 공기 중의 수증기는 포화 상태

에 달하게 된다. 이 때의 온도를 이슬점 온도라고 한다. 예를 들면 기온이 20℃, 현재 수증기압이 10hPa이고, 20℃의 포화 수증기압이 23hPa이면 상대 습도는 10/23×100≒43(%)이다.

습도의 주기적인 변화에는 일변화와 연변화가 있다. 습도의 일변화는 기온의 일변화와는 거의 반대여서 기온이 가장 낮은 이른 아침에 가장 높고, 기온이 가장 높은 오후 2시경에 최소가 된다. 저녁에 기온이 하강하면 습도는 높아져 아침에는 다시 최대가 된다.

습도의 연변화는 기온 이외에 연 강수량의 분포에도 영향을 받기 때문에 그 지역의 강수 상태에 따라 달라진다.

위도에 따른 수증기량의 분포를 보면 지표면 부근의 평균 수증기압은 고위도로 갈수록 감소한다. 그 까닭은 고위도에서는 기온이 낮으므로 많은 양의 수증기가 공기 중에 섞여 들어갈 수 없으며, 또한 찬 고위도 지방에서는 증발이 잘 일어나지 않기 때문이다. 전 지구 표면의 평균 수증기압은 약 16hPa로 볼 수 있다.

4) 구름과 강수

(1) 구름

① 응결과 응결핵 : 포화된 공기에서 수증기가 응결하려면 공기 중에 먼지 등과 같은 불순 물질이 있어야 한다. 이와 같이 응결이 시작될 때 수증기의 분자에 붙어 응결하는 작은 입자를 응결핵이라 한다. 공기 중에 응결핵이 없으면 습도가 100%가 되어도 수증기는 응결되지 않고 과포화 상태로 남는다. 수증기가 승화하여 어는 경우에도 핵이 필요하며, 이 경우의 핵을 빙정핵이라 한다.

② 구름 : 수증기를 포함한 공기가 상승 기류가 되어 상승하면, 주위에서 받는 압력이 작아져 단열 팽창을 하므로 온도가 낮아진다. 따라서 습도가 높아져 포화 상태에 도달하므로, 수증기는 응결하여 작은 물방울이 되고, 높은 곳에서는 승화하여 빙정이 된다. 이 물방울과 빙정이 떠 있는 것이 구름이다. 구름의 종류는 표 I-9와 같다.

표 I-9 구름 10종의 기본 운형

높이	종류	국제명	한국명	국제기호	특징
상층운 6~13km	권운	Cirrus	털구름	Ci	털실이나 새털 같은 흰구름
	권적운	Cirrocumulus	털쌘구름	Cc	비닐, 흰 조개 같은 구름
	권층운	Cirrostatus	털층구름	Cs	달무리나 햇무리가 생긴다.
중층운 2~6km	고적운	Altocumulus	높쌘구름	Ac	양떼 같은 구름
	고층운	Altostratus	높층구름	As	회색 차일같은 구름
하층운 지면~ 2km	층적운	Stratocumulus	층쌘구름	Sc	회색의 두루말이 구름
	층운	Stratus	층구름	St	안개가 떠오르는 것 같은 구름
	난층운	Nimbostratus	비층구름	Ns	어두운 회색 구름, 연속적인 비, 눈
대류운 0.5km 이상	적운	Cumulus	쌘구름	Cu	뭉개 구름
	적란운	Cumulonimbus	쌘비구름	Cb	아주 높게 솟는 구름. 번개가 치며 소나기나 우박이 내린다

③ 안개 : 응결된 물방울이 지면에 접하여 떠 있는 것을 안개라고 한다. 안개는 두 가지 경우가 있다. 첫째, 온도가 낮아져 생기는 안개로, 밤에 지면의 복사 냉각으로 형성되는 복사 안개(땅안개), 따뜻하고 수증기를 많이 포함한 공기가 찬 바다 위로 이동해 올 때 생기는 이류 안개(바다안개), 수증기를 많이 포함한 공기가 산의 경사면을 따라 올라 가면서 생기는 활승 안개(산안개)가 있다.

둘째, 수증기량이 증가해 생기는 안개로, 찬 공기가 따뜻한 수면 위를 통과할 때 생기는 증발 안개, 전선 면의 따뜻한 기층에서 내리는 비에 의해 생성된 전선안개는 전선 면의 왕성한 증발에 의해 생긴다.

(2) 강수

구름을 이루는 작은 물방울(수적)들이 모여 커지면서 비가 되는데, 구름 입자는 그 지름이 0.01mm 정도이며, 빗방울은 적어도 1mm 정도는 되어야 하므로 구름 방울 100만 개[47]가 모여야 한 개의 빗방울이 만들어진다.

① 빙정설(찬 비) : 구름은 0℃ 이상에서는 물방울, 0~-20℃ 사이에는 빙정과 과냉각

물방울, -20℃ 이하에서는 빙정만 존재한다. 비는 빙정과 과냉각 물방울이 있는 곳에서 오기 시작한다. 0℃ 이하에서는 물에 대한 포화 수증기압이 얼음에 대한 포화 수증기압보다 크다.

만일 0℃ 이하에서, 과냉각 상태의 물방울과 빙정이 혼합되어 있을 때 수증기압이 물의 포화 수증기압보다 작고, 빙정의 포화 수증기압보다 크면, 물에 대해서는 불포화, 빙정에 대해서는 과포화이므로 물방울은 증발하여 수증기가 되고, 그 수증기는 빙정에 달라붙어 빙정이 점점 성장하여 떨어지면 눈이 되고, 녹으면 비가 된다.

② **병합설(따뜻한 비)** : 열대 지방은 대기권의 기온이 0℃ 이상이므로 빙정설로는 강수가 설명되지 않는다. 열대 지방은 상승 기류가 강하므로 기류를 타고 물방울이 운동하다가 물방울끼리 충돌하고 합해져서 커지거나[48], 큰 물방울이 빨리 떨어져 작은 물방울과 합쳐져서 비로 떨어진다는 이론으로 열대의 따뜻한 비를 설명할 수 있다.

③ **싸라기와 우박** : 싸라기는 일반적으로 지상의 기온이 0℃ 이상일 때 내리고, 지름이 2~5mm 정도이며 반투명이다. 우박은 보통 5~50mm 정도의 것이 많고, 쪼개 보면 투명한 층과 반투명의 층이 포개져 있다. 눈싸라기가 자란 것이 우박이다.

우박은 빗방울이 낙하하는 도중에 강한 상승 기류를 만나서 다시 0℃ 이하의 층으로 되돌아오는 것을 몇 번씩 반복하여 여러 겹의 얼음덩이가 되어 떨어진다.

④ **폭설** : 울릉도에 눈이 많이 내리는 것은 시베리아 대륙에서 불어오는 한랭 건조한 바람(북서 계절풍)이 따뜻한 동해상을 건너올 때 바다에서 데워져 다량의 수증기를 공급 받기 때문이다. 동해상에는 많은 적운이나 웅대 적운이 발생하며 이 구름의 무리는 발달하면서 계절풍에 실려 울릉도에 부딪쳐 눈을 내리게 한다. 특히 폭설을 내리는 데 필요한 또 하나의 조건은 상층에, 특히 차가운 공기(5,000m 정도의 곳에서 -40℃ 이하)가 유입될 때다.[49]

---

47 빗방울의 부피는 지름의 3제곱에 비례하므로 빗방울의 부피와 구름 입자의 부피의 비는 $(1mm)^3 : (0.01mm)^3 = 1 : 1/10^6 = 10^6 : 1$이 되므로 빗방울 1개의 부피는 구름 입자의 100만 배가 된다.

48 충돌과 병합에 의한 성장률은 작은 물방울이 보다 작은 물방울을 병합시키는 효율, 대기 중 액체의 양, 물방울의 낙하 속도 등의 요인에 영향을 받는다.

49 이이다 무쓰지로(임승원 역),『기상학 입문』, 전파과학사, 1996, pp. 128~132.

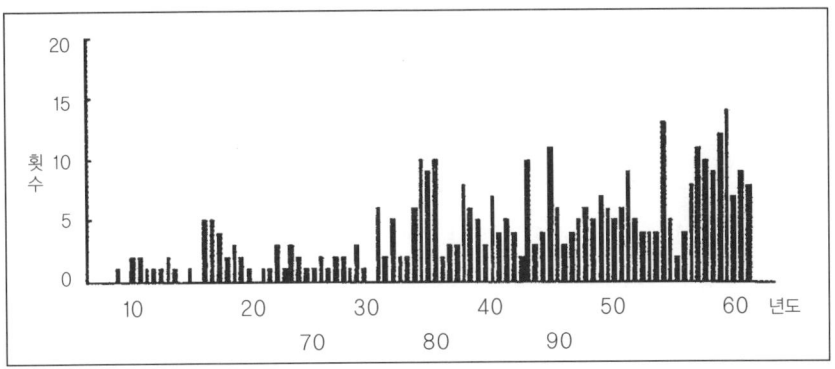

그림 I-42 우리나라 호우 발생 횟수(1904~1992)(자료 : 기상청)

⑤ 집중호우 : 기상학상 강우량의 기준은 없으나 대체로 하루 총강우량이 연강수량의 10% 이상이거나, 100mm 이상의 많은 비가 10~20km 범위의 좁은 지역에 내리는 경우를 말한다.[50] 집중호우는 지형적인 영향으로 산간 지방이나 하곡에 많이 내리는데, 북태평양 기단으로부터 많은 수증기가 공급되거나 열대 지방으로부터 남서 기류가 장마전선에 유입될 때 잘 발생한다. 최근의 연구에 의하면 상층에 나타나는 제트류와도 밀접한 관계가 있음이 밝혀졌다.[51]

7. 기후 구분

기후 구분의 목적은 단순하면서도 일반화된 형태의 효율적으로 정리된 정보를 얻기 위한 것이다. 그러므로 기후통계학은 계량적인 용어로 기후의 주요 유형을 기술하고 구분한다. 물론, 어떤 기후 구분도 제한적인 구분 목적 그 이상을 제공할 수 없기 때문에, 다양한 기후 구분 체계들이 개발되어 왔다. 여기서는 가장 잘 알려진 기후 구분 체계 중 4가지의 기본적인 원리들만 기술한다.

50 이병설 역, 『집중호우』, 교학연구사, 1986, p. 16.
51 한국기상학회, 『대기과학개론』, 시그마프레스, 1999, p. 216.

1) 식물의 성장 혹은 식생과 관련된 경험적 구분

식물의 성장 혹은 식생군에 관련된 기후 구분을 위한 수많은 기후체계 중에서 기본적인 기준이 되는것은 기온과 강수량 두 가지이다. 쾨펜은 이러한 형태로 구분한 좋은 예이다. 그는 1900년과 1936년 사이에, 매우 복잡한 몇몇 기후 구분체계를 자세하게 기술하여 발표하였다. 쾨펜의 기후 구분체계는 지리 학습에서 널리 사용되는데 핵심적인 특성은 기온과 건조도(강수량) 기준이다.

(1) 기온 기준
6개의 주요 기후 유형 중 5개는 월평균 기온으로 구분된다.

A기후 : 열대우림 기후 - 최한월 기온 〉18℃

B기후 : 건조 기후

C기후 : 온대습윤 기후 - 최한월 기온 -3 ~ +18℃, 최난월 기온 〉10℃

D기후 : 냉대 침엽수림 기후 - 최한월 기온 〈-3℃, 최난월 기온 〉10℃, 대다수 미국 학자들
　　　　은 C / D 기후의 경계를 -3℃ 대신 0℃ 로 수정해서 사용한다.

E기후 : 툰드라 기후 - 최난월 기온 0 ~ 10℃

F기후 : 영구빙설 기후 - 최난월 기온 〈0℃

여기서 기온의 경계는 다양한 기준으로부터 나온 것이다. 선택된 기온의 기준 값들이 추정하고 있는 의미는 다음과 같다. 18℃ 값은 열대작물 성장의 임계값이고, -3℃ 온도는 몇 주간 적설(눈 덮임)을 나타낸다. 10℃ 온도는 수목 성장의 북한계선과 관련이 깊다. 그러나 이러한 상호관계가 결코 정확한 것은 아니다. 그 기준들은 1874년 캉돌(De Candolle)에 의해 식물생리학적 기준에서 정의된 식물군의 연구에서 정해진 것이다.

(2) 건조 기준
건조 기준은 겨울 강수량과 함께, 건조 조건은 r/t〈1 인 곳이며, 반 건조는 1〈 r/t 〈2 인 곳

표 I-10 건조기준

강수량	스텝(BS)/사막(BW)의 경계	삼림/스텝의 경계
겨울 최대 강수량	$r/t = 1$	$r/(t+7) = 1$
강수 분포의 균일성	$r/(t+7) = 1$	$r/(t+7) = 2$
여름 최대 강수량	$r/(t+7) = 1$	$r/(t+14) = 2$

(r : 연강수량 cm, t : 연평균 기온 ℃)

에서 나타남을 의미한다.

각각의 주요 범주의 2차적 구분은 먼저, 강수의 계절적인 분포를 참고로 하여 만들어졌다. 즉 f는 건기가 없을 때, m은 짧은 건기와 1년 대부분이 우기인 몬순형, s는 여름이 건기, w는 겨울에 건기가 나타날 때다. 다음으로 부가적인 기온의 특성으로 B기후에서 h는 연평균 기온〉18℃일 때, k는 연평균 기온〈 18℃이고, (최난월 평균기온〉18℃), k=연평균 기온 (그리고 최난월 기온)〈18℃ 일 때를 고려하여 만들어졌다.

3번째 구분 기준으로 C, D 기후에서 최난월의 평균 기온을 가지고 a, b, c, d 로 구분하였다.

a: 여름이 덥고, 최난월 평균 기온이 22℃ 이상

b: 여름이 선선하고, 최난월 평균 기온이 22℃ 이하이고, 10℃ 이상의 달이 적어도 4개월 이상

c: 여름이 선선하며 짧고, 최난월의 평균기온이 22℃ 이하이며 10℃ 이상의 달이 4개월 이하

d: 최한월의 평균 기온이 -38℃ 이하

다음으로 손스웨이트(C. W. Thornthwaite)의 경험적 구분은 1931년, 강수효율(P-E; 강수량과 증발량과의 비)이란 용어로 강수량과 증발 계측기에 의한 측정(증발량)으로 얻어졌다. 두 번째 요소로는 열효율(T-E; 기온과 증발량과의 비)이다. 그러므로 이 지수는 매월의 (t-32)/4 값의 총합이다. 이 값에서 0은 빙설 기후, 127 이상은 열대 기후로 나타난다. 북아메리카와 전세계에서 이러한 기후 구분의 분포도가 발간되었지만, 이 구분은 현재 대체로 역사적인 흥미에 불과한 것으로 간주되고 있다.

2) 에너지와 수분수지에 의한 구분

손스웨이트의 가장 중요한 공헌은 1948년의 두 번째 구분이었다. 그것은 가능 증발산량과 수분수지의 개념에 기반을 두었다. 가능 증발산량(PE)은 낮의 길이를 보정한 월평균 기온으로부터 계산된다.

30일 한 달(낮의 길이가 12시간인 경우)

$PE(cm) = 1.6(t/I)^a$

여기에서 $I = (t/5)^{1.514}$ 의 12개월의 합이고, a는 I의 복합함수를 나타낸다. 그리고 수분지수(Im)는 다음의 식으로 나타낸다.

$Im = 100(S-D)/PE$

S는 월별 수분잉여, D는 월별 수분부족 이다.

3) 성인적(Genetic) 구분

대규모 기후의 성인적 바탕은 대기 대순환이며, 이것은 바람체계와 기단적 측면에서 볼 때 지역 기후학과 관련된다. 1950년 플론(H. Flohn)에 의해서 사례가 제시되었다. 전 지구적 바람 띠와 강수의 특성에 기반을 둔 그의 주요 분류는 다음과 같다.

① 적도 서풍대 : 항상 습윤
② 열대, 겨울 무역풍 : 여름 강수
③ 아열대 건조대(무역풍 또는 아열대 고기압) : 건조 상태가 우세
④ 아열대 겨울 강우대(지중해성 유형) : 겨울 강우
⑤ 온대 편서풍대 : 연중 강수
⑥ 아한대 : 연중 제한된 강수
   ⓐ 한대 대륙성 특수형 : 여름 강우, 제한된 겨울 강설
⑦ 고위도 한대 : 적은 강수, 여름 강우, 초겨울 강설

이 분류체계에서 기온은 명확하게 드러나지 않는 것이 특이하다. 이러한 기후대의 전세계 분포도가 출간되지는 않았지만, 니프와 쿠퍼(E. Neef & E. Kupfer)에 의해 그려진 분포와 유사한 경계선을 따른 기후도는 1957년 플론에 의해 제시되었다.

스트랄러(Strahler)는 단순하지만 매우 유화한 기후 구분을 제안 하였다. 그가 제안한 의미있는 3개의 구분은 다음과 같다.

① 적도와 열대 기단에 의해 지배되는 저위도 기후
② 열대와 한대 기단에 의해 지배되는 중위도 기후
③ 한대와 극기단에 의해 지배되는 고위도 기후

이것들은 14개의 기후 지역으로 세분되며, 여기에 고산기후가 추가된다.

4) 기후 쾌적감에 의한 구분

신체의 열평형은 신진대사율, 신체조직내의 열 저장량, 주변 환경과의 복사, 대류교환 그리고 땀에 의한 증발량의 손실에 의해서 결정된다. 실내 조건에서 체열의 약 60%는 전도, 복사에 의해서, 약 25%는 허파나 피부로부터의 증발에 의해서 손실되고 나머지는 소변이나 호흡을 통해 방출된다. 인간의 쾌적감은 주로 대기 온도와 상대 습도 그리고 풍속에 좌우된다. 쾌적지수는 인공기후실에서 생리학적 실험에 의해서 발전되어 왔다. 그것은 열 스트레스와 바람냉각측정을 포함한다.

바람냉각이란 드러난 피부에 대한 낮은 기온과 바람의 냉각효과를 나타낸 것이다. 이것은 흔히 바람냉각 상당 온도에 의해서 표현된다. 예를 들면 대기온도 -10℃이고 풍속 15m/s의 바람은 체감온도 -25℃에 해당한다.

-30℃의 바람냉각은 동상에 걸릴 확률이 매우 높은 위험을 말하는 것이고, 대략 1,600W/m²의 열손실에 해당된다. 의복의 보호효과를 포함하는 수식뿐만 아니라 바람냉각을 결정하는 계산 도표가 제안되었다.

열적 불쾌감은 대기온도와 상대 습도의 측정에서 산출된다. 일반적으로 불쾌지수는 온습도 지수(THI)라 하고 여름철 실내의 무더위 기준으로 사용되며 다음과 같은 공식으로 계산된다.

DI = 0.72(Td +Tw) +40.6 (Td는 건구온도, Tw는 습구온도)

또는 DI = 1.8Ta - 0.55(1-RH)(1.8Ta-26) +32(Ta는 온도, RH는 상대습도)

미국인은 불쾌지수가 75일 때 50%가 불쾌하고, 79일 때 전원이 불쾌하다고 한다. 일본인의 경우에는 77일 때 50%가 불쾌하고 85일 때 전원이 불쾌하다고 한다. 한국인의 경우에는 80일 때 50% 정도가 불쾌하고, 83일 때 전원이 불쾌하다고 조사되었다. 최근의 조사 연구(강철성, 2007)에 의하면 응답자 80.8%가 61~75에서 쾌적감을 느끼고, 76~80에서는 72.2%가 덥다고 하였다. 81~84에서는 80.1%가 무덥고, 85 이상에서는 98.8%가 몹시 무덥다고 응답하였다.

미 국립기상청에서는 정상적으로 옷을 입은 사람들에 대하여 스테드만(R. G. Steadman)에 의해 개발된 체감온도 측정에 기반을 둔 열지수를 사용한다. 그늘에서 체감온도의 값은 개략적으로 다음과 같이 계산한다.

TAPP = -2.7 + 1.04Ta + 2.0e - 0.65V$_{10}$,

Ta는 한낮의 기온(℃), e는 수증기압(mb), V$_{10}$ 은 10m 높이의 풍속(m/s) 이다.

미국에서는 여름 체감온도가 연속 2일, 하루에 3시간 이상, 40.5℃ 이상에 달하면 주의보가 발령된다.

또 다른 방법은 의복에 의해 제공되는 열 절연을 측정하는 것이다. 1클로(clo)는 앉아 있거나 쉬고 있는 사람이 기온 21℃, 상대습도 50% 이하, 그리고 풍속이 10cm/s 정도 되는 환경에서 편안하게 지낼 수 있는 인체 보온 지수다.

예를 들면 대표적인 의복의 클로(clo)값은 다음과 같다 : 열대의 옷 0.25clo, 가벼운 여름철 옷은 0.5clo, 전형적인 남자, 여자의 일상복은 1.0clo 이하, 모자와 코트를 입는 겨울철 옷은 2.0~2.5clo, 양모로 만든 겨울철 스포츠 복은 3.0clo 정도, 한대 지역의 의복은 3.6~4.5clo 정도다. 우리나라도 강철성에 의해 개발된 공식으로, 클로(clo)분포도를 작성하여 우리나라 기후 특성을 규명하였다.

미국의 올게이(V. Olgyay)는 인간의 쾌적감, 불쾌감, 위험(열사병, 동상)의 범위를 나타내는 생물기후학 도표를 개발하였다. 그는 뉴욕과 애리조나 피닉스의 격월 일평균 건구온도와 상대습도를 쾌적도상에 표시하여 도시의 난방과 냉방의 필요성을 제공해 주는 자료로 이용하였다.

미국의 터중(W. H. Terjung)도 기온, 상대습도, 일조량, 풍속 자료를 이용하여 습도계산 도상에서 쾌적감 지수를 계산하였다.

5) 한국의 기후 구분[52]

한국의 기후지역을 구분한 방법과 기준을 보면 다음과 같다.

(1) 쾨펜의 구분

앞에서 설명한 바와 같이 쾨펜의 기후 구분을 우리나라에 적용해 보면 먼저 C기후와 D기후로 크게 나누고, 또 세분하여 f, w로 구분하는데 w 지역이 대부분이고, 해양의 영향을 받는 지역은 f로 나타난다. 다시 3차적으로 구분하면, a, b로 갈라져 결국 Dwa, Dwb, Cfa, Cfb의 4개 기후형이 되고, 멕쿤(McCune)에 의한 분류로 볼 때는 Dwb, Dwa, Dfa, Dfb, Cwa, Cfa의 6개 기후형이 된다. 이 구분 방법은 전세계를 대상으로 하는 전 지구적 규모의 분류로 우리나라를 크게 2개 기후로밖에 구분하지 못하는 한계점을 지닌다.

(2) 라우텐자흐(Lautensach)의 구분

라우텐자흐는 1945년에 한국의 기후 구분을 시도하였다. 그는 특수한 기후학적 목적이

---

52 강철성, 「한국의 기후 구분에 관한연구, 생리기후 지수에 의한 구분을 중심으로-」, 박사학위 논문, 1997, pp. 88-91.

나 대규모 지역의 기후 구분을 할 경우에 임계치를 이용하는 것이 분명히 장점은 있으나 지역지리에서 이 임계치를 명확한 선으로 뚜렷하게 기후지역 구분을 할 필요는 없다고 하였다. 그리하여 순수한 사실기술적(idiographic) 특성으로 우리나라의 기후 구분을 시도하였다. 따라서 주로 평균기온 0℃이하의 달 5개월 이상과 최한월의 평균기온으로 기후를 구분하였다. 그 이유로 한국의 기후가 겨울 추위로 지역적 차이가 생기고 농업에 있어 2모작의 가능 여부를 결정하는 의미를 담고 있다고 하였다.

1차적 구분으로 북부내륙(I -1), 북동해안(II-1), 북서(III-3), 중서(III-4), 남서(III-5), 남부(IV-6), 남동(IV-7), 남해안(IV-8), 제주도(IV-9), 울릉도(IV-10) 등으로 기후지역을 10개로 구분하고 위도, 지형에 따른 기온과 강수량으로 2차적 구분을 하였다. 그러나 이 방법은 기후 구분에서 지형 측면을 너무 강조하였고, 기후자료의 평균치(특정한 평균기온 설정과 명확한 강수량 설정 기준)를 추정하여 기후구를 설정하여 너무 경험적 구분에 치우친 것으로 볼 수 있다.

(3) 후쿠이(福井英一郎)와 구보타(窪田次郎吉)의 구분

중규모의 기후 구분으로 후쿠이와 구보타의 분류가 있다. 후쿠이의 분류는 경험적인 구분으로서 기온과 강수량 자료와 인문지리적 현상을 참고하여 북한, 남한, 태평양 연안의 3개 구로 나누고 북한구를 함경(Dh)과 낙랑(Di)으로, 그리고 남한구를 서한(Gt)과 동한(Gs), 태평양 연안은 남한(북큐우슈, En4)으로 각각 세분하였다. 구보타의 분류는 강수, 기온, 일조율 등 기후요소의 분포에 식생을 참고하여 경험적으로 구분한 것인데, 이에 따르면 고원지대, 동해안 지대, 중부산악지대, 내륙지대, 해안지대, 남해안지대, 특수지대의 7개 기후구로 나눈 다음, 이 중에서 동해안 지대와 서해안 지대를 다시 북부와 남부로 나누었고, 또 특수지대로 울릉도와 제주도 지역을 각각 독립시켜 구분한 것이 특징이다.

(4) 우리나라 학자들의 구분

강석오의 구분은 후쿠이의 분류에 기온과 강수량의 분포를 참고하고 경관 지리적 여러 현상을 고려하여 구분하였다. 이에 따라 다도해, 동해, 동한만, 서남, 중부, 황평, 평안, 개마의 8개 기후구로 분류하였다. 이 구분 역시 경험적 구분으로 구분 기준의 객관성이 결여되었다고 볼 수 있다.

최근의 기후 구분에는 김연옥의 기후 구분이 있다. 이 구분 방법은 손스웨이트의 분류법에 근거를 두어 증발산위, 증발산위의 하기 집중도, 습윤 지수, 습윤 지수의 계절 분포 등 4개 요소를 각각 산출하여 3개의 기후구, 즉, B'2(Mesothermal), B'1(Mesothermal), C'2(Microthermal)로 구분하였다.

김광식은 기온, 강수, 적설, 구름, 안개, 서리, 일조, 바람 등의 기후 요소와 지형, 산맥, 하천, 수륙 분포, 해안 거리 등의 기후 인자를 종합적으로 처리하고, 여기에 130여 종에 달하는 자생동물의 분포상태를 분석하여 17개의 기후 구분을 시도하였다.

임양재는 한국 삼림 식물대 및 적지적수(適地適樹)론의 자료를 이용하여 각 수종의 분포역을 정하고 자신의 기후 구분과 관련이 있는 분포를 검토하여 그 요인을 추구하고 현생식생의 분포를 설명하는 이론적 근거를 수립하려는 시도를 하였다. 이에 따라 온량지수에 의한 식물대의 분포를 규명하였다.

허우긍은 쾨펜 체계의 모순점, 실제 기후와 평균치에 의해 나타나는 차이점 등을 규명하기 위해 기후 구분을 시도하였다. 그 결과로 C, D기후 구분은 최한월 기온이 0℃ 이상(C), 또는 미만(D)에 의해 한국의 기후를 구분하는 것이 타당하다고 주장하였고, 강수량에 의한 구분은 평균치를 사용하는 방법의 모순점을 발견하고, 앞에서 이에 대한 새로운 판정 기준이 필요하며 울릉도를 제외한 전 지역에 f 기후의 발생은 볼 수 없다고 하였다.

문승의·엄향희는 우리나라의 계절을 한반도를 중심으로 한 기압배치형의 출현 빈도를 사용하여 11개로 구분하였다. 초봄, 봄, 초여름, 한여름, 늦여름, 초가을, 늦가을, 초겨울, 겨울 등이며 뚜렷한 특징으로 각 계절에는 기압배치형이 연속적으로 30%이상 나타난다고 설명하고 있다.

다음으로 통계기법에 의한 구분이 있다.[53] 군집(cluster)분석을 통하여 우리나라를 18개 기후지역으로 세분한 김옥주의 연구, 주성분 분석법을 남한의 70개 지점의 기후자료에 적

---

53 강철성, 앞의 논문, pp. 23~32.

용해 26개 기후지역으로 구분한 박현욱 등이 있다. 김용만은 기후 요소인 기온과 강수량 자료 6개 요소를 이용하여 인자분석과 군집분석을 통하여 8개 기후지역으로 기후 구분을 시도하였다.

그리고 생리기후적 방법[54]으로 우리나라 기후를 구분한 시도도 있다. 전경은은 체감온도를 바람냉각(windchill)으로 도표화하여 남한 지역을 백령도 유형, 김포-강릉 유형, 대구-모슬포 유형, 진주-서귀포 유형 등 4개 기후 유형으로 구분하였고, 이종범 · 전상호 등은 더위 스트레스, 추위 스트레스 등으로 표시되는 쾌적 지수를 이용하여 6개 기후지역으로 구분하였고, 강철성은 기온, 강수량, 풍속, 일조량, 4요소를 이용한 쾌적지수와 바람냉각지수를 결합하여 남한의 기후지역을 5개 유형으로 구분하였다.

(5) 중·고등학교 교과서나 부도에 사용되고 있는 기후 구분방법

현재 중·고등학교 교과서에 사용되고 있는 기후 구분 및 기후구는 다음과 같은 특징이 있다. 남한의 최한월(1월) 평균 기온은 대부분의 지역이 -3~3°C사이에 있으므로 쾨펜 기후구에 의하면 온대(C)에 속한다. 계절에 따라 기온의 변화가 뚜렷하고, 연교차가 비교적 크며 날씨의 변화가 심한 것이 이 지역의 특성이다. 북한구에서 최한월의 기온이 -3°C인 등온선은 기상학적으로 중요한 의미를 갖는다. 중부지방 이북에 해당되는 냉대는 최한월의 평균기온이 -3°C이하이며 최난월의 평균기온이 10°C이상을 나타내는 지역이다. 그리하여 C-D 구분선은 금강산을 북쪽 정상으로한 태백산맥과 태백산을 전향축으로 하는 소백산맥을 따라 남서쪽으로 내려오다가, 충북을 북부와 남부로 양분하는 한강수계와 금강수계의 분수령인 괴산 부근에서 북서쪽으로 방향을 바꾸어, 천안 부근에서 차령산맥을 따라 보령과 서천의 군계에서 끝나는 설형의 선을 연결하고 있다. 또한 남북의 기온변화에 따라 남부, 중부, 북부의 3개 기후형으로 나누고, 또 태백산맥과 낭림산맥을 경계로 하여 동서로 양분되므로 겨울철에 북서쪽에서 남동쪽으로 부는 북서계절풍과 해안 거리에 따라 서안형, 내륙형, 동안형으로 구분된다. 이와 같이 한반도의 기본적인 기후 구분은 위선 방향으

---

54 강철성, 앞의 논문, pp. 23~32.

로 남부, 중부, 북부, 경선 방향으로 서안형, 내륙형, 동안형 등을 고려하여 '井'자 형으로 구분되는 9개의 기후형으로 구분된다. 1월의 동해안 지방 등온선은 동한난류와 푄현상에 의해 내륙보다 북쪽으로 구부러져 올라갔으며, 북부는 대륙에 접해 있어 기후상으로 대륙성 기후의 특징이 잘 나타나는 개마고원이 있고, 남쪽에는 해양에 임하여 해양성 기후의 특성이 비교적 강하게 나타나는 남해안 지역이 대칭적으로 자리하고 있다. 그러므로 우리나라의 기후구로는 서안형에 속하는 북부서안, 중부서안, 남부서안 기후구의 3개 기후형이 있고, 내륙형으로는 북부내륙, 중부내륙, 남부내륙의 3개 기후형이 있으며, 동안형으로는 북부동안, 중부동안, 남부동안의 3개 기후형이 있고, 이 외에 개마고원형과 남해안형, 울릉도형등 3개 기후형을 합하여 모두 12개 기후구로 나눈다.

8. 기후 변화

기후가 시대에 따라 급격하게 변화하고 있다는 것을 인식하게 된 것은 과거 빙하시대에 관한 뚜렷한 증거들이 나타나기 시작한 1840년대 이후이며, 기후 변화는 농업과 취락입지 등 여러 분야에 커다란 영향을 미치고 있다. 최근 제4차 IPCC 보고서에 의하면 지구 온난화로 인해 지난 100년 동안 전 지구 평균기온이 약 0.74°C 상승하였다. 그런데 이러한 기후 변화를 파악하기 위해서는 신뢰성 있는 기후 자료가 필요한데, 나이테, 습지와 호수 퇴적물의 화분 분석, 빙상 시추 자료들의 물리적, 화학적 분석, 퇴적물의 해양 유공충 등과 같이 과거 환경을 파악할 수 있는 대체 지표들이 이용되고 있다. 본 장에서는 기후 변화의 원인이 무엇인지를 살펴보고자 한다.

기후통계에서 세계기상기구가 채택하고 있는 표준 기간은 30년이다. 예를 들면 1901~1930, 1931~1960 등과 같다. 그러나 기후의 대체 지표들과 역사적 기록물인 경우, 평균치를 계산하는 데는 보다 더 길고 인위적인 시간 간격이 필요하다. 나이테와 빙상 코아는 계절적/연간 기록들을 제공해 주지만, 토탄지와 해양 퇴적물은 100년에서 1,000년의 시간 간격에 관한 기록을 제공해 준다. 따라서 단기간의 변화와 실제적인 변화율은 동일시 될 수도 있고 그렇지 않을 수도 있다.

기후체계의 복잡성으로 인해 기후 변화들이 특정한 원인에 의해 일어난 것인지를 밝히는 것은 어려운 일이다. 자연적인 기후 변화는 오랜 시간 규모에 걸쳐 일어나며, 이러한 자연적인 기후 변화에 인간 활동의 영향이 부가되어 나타난다.

1) 기후 변화 강화 요인과 환류작용

정상적인 기후시스템은 태양 변화, 지반 운동과 화산 활동, 천문학적 요인 등과 같은 외적 강화 요인과 대기 조성이나 운량 등의 내적 복사 강화 요인 그리고 인간 활동에 의한 변화 등과 같은 복합적인 작용에 의해 이루어진다. 그림 I-43은 기후시스템의 복잡성을 도식적으로 보여주고 있다. 이것은 전지구적으로, 지역적으로 일어나는 그런 효과들의 규모와 이들이 작용하는 시간규모를 파악하는 데 유용하다.

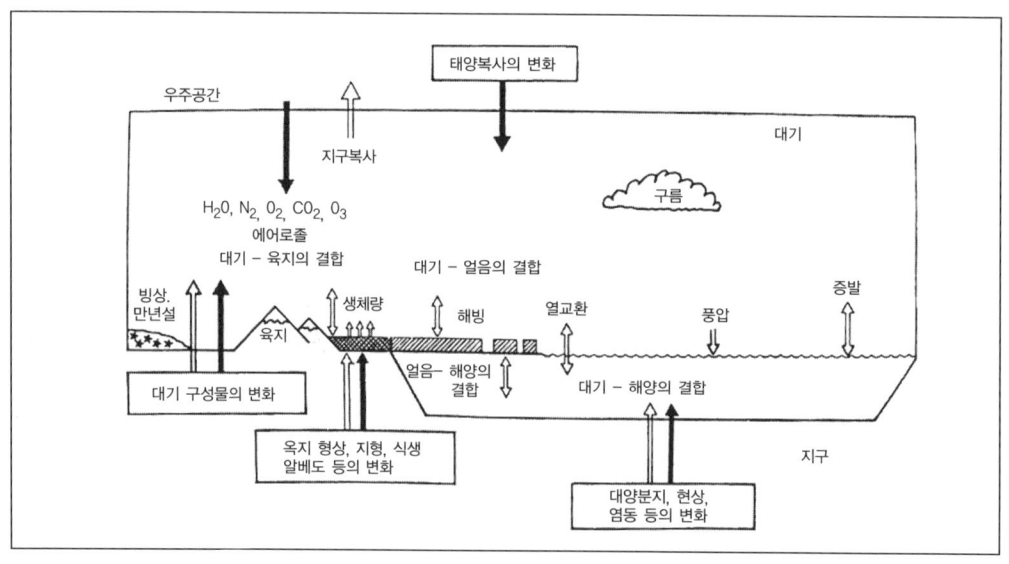

그림 I-43 기후시스템 (자료 : 기상청)

(1) 외적 강화 요인

· 태양활동 : 태양은 변광성 행성으로 지구 역사 초기(시원생대 30억년 전)의 밝기는 현재의 80% 정도 밖에 되지 않았다. 그러나 역설적으로 이런 '밝기가 미약한 초기 태양'은 현재보다 100배 이상 많았을 것으로 추정되는 이산화탄소의 집적과 지구 표면의 대부분이 물로 덮이게끔 하는 효과를 가져 오게 하였다. 태양주기는 대략 11년인 것으로 알려져 있다. 이 때문에 태양 복사 조도(光輝)의 변화와 자외선에도 상당한 영향을 미친다. 태양흑점과 태양 표면의 대폭발이 상당히 감소되는 기간 동안(특히 1650~1700년의 Maunder 극소기)에는 누적적인 효과로 약 1℃ 의 온도 하강이 일어난다. 지각운동, 지질적인 시간 규모에서 보면 지각운동의 영향으로 대륙의 위치와 크기 그리고 해양분지의 형태나 배열에 커다란 변화가 있었다. 또한 이러한 이동들은 산지와 고원의 크기와 위치를 변화시켜 왔으며, 그 결과 세계적인 대기대순환과 해양순환 패턴 및 표층해류가 변화되었다. 대륙 위치의 변화는 결국 주요 빙하기(가령 곤드와나 대륙에서 나타난 페름-석탄기의 빙하기)뿐만 아니라 다른 지질 시대에 나타난 습윤한 환경(석탄의 퇴적)이나 건조한 시기인 페름-트라이아스기가 나타나게 되었다. 최근 수백만 년에 걸쳐 나타나고 있는 티벳고원과 히말라야 산맥의 융기는 중국 서부와 중앙아시아의 건조한 사막 환경을 형성, 발달하게 하였다.

· 화산 폭발 : 강력한 폭발성 화산 분화는 먼지와 이산화황 분진을 성층권으로 분출시킴으로써 몇 년 동안 지구 상공을 돌면서 태양 복사량을 감소시킨다. 분화 기록을 살펴보면 적어도 지난 15만 년 동안에 남극과 그린란드 빙상에 보존되어 있다. 지난 100년간의 관찰 기록들을 보면 화산 분화가 일어난 그 다음해에 한쪽 반구 또는 전 세계적으로 0.5~1.0℃의 기온 하강 현상이 일어났다.

· 천문학적 요인 : 1920년 밀란코비치(M. Milankovitch)는 지구 공전궤도의 이심률과 지축의 기울기, 세차운동에 대응하는 변화를 고려하여 각 위도상에서의 복사량의 변화를 곡선으로 그렸는데, 이것이 유명한 밀란코비치설이다.

지구의 공전 궤도는 타원이고 이심률이 크면 궤도는 긴 타원형이 되고, 작으면 타원형

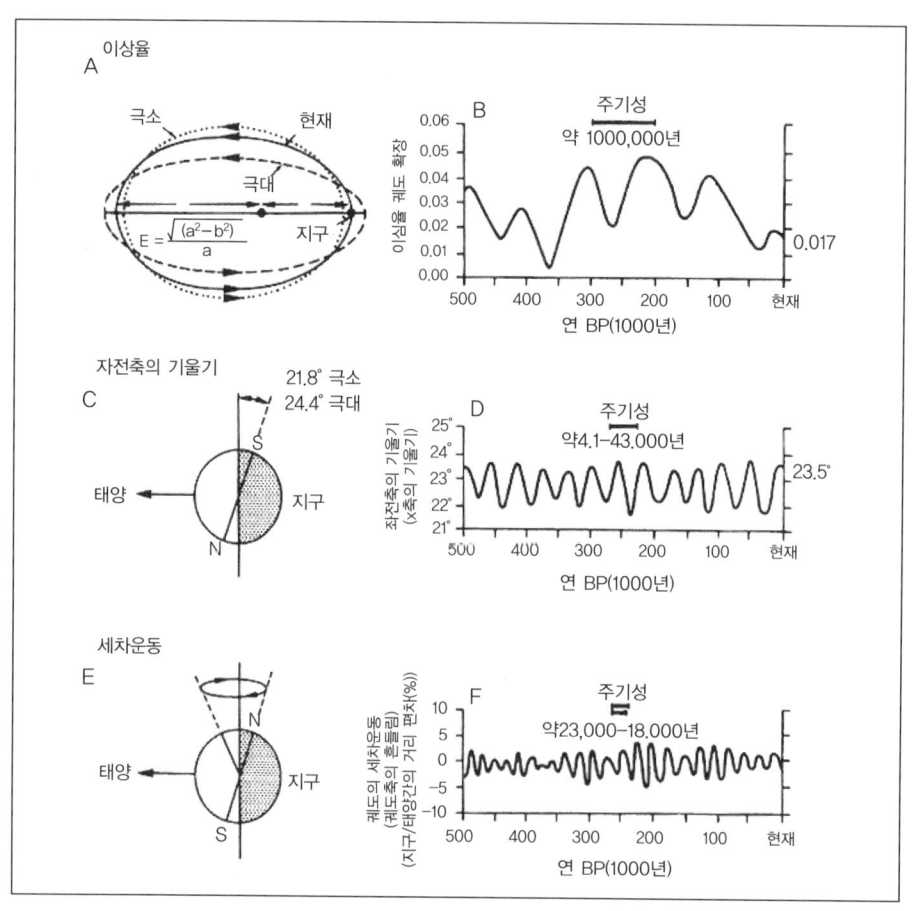

그림 I-44. 과거 50만년 동안 시간 규모와 태양 복사 강도에 관한 천문학적 효과(자료 : 『현대기후학』)

에 가깝게 된다. 원일점이 겨울이 되는 반구에서는 겨울이 길고 한랭하며, 여름은 짧으나 고온이 된다. 그 주기성은 약 10만 년이 된다.

자전축의 기울기는 극대인 경우에는 24.4도가 되고, 극소인 경우에는 21.8도가 된다. 그 주기성은 약 41,000~43,000년으로 보고 있다. 따라서 경사가 감소하면 고위도에서는 겨울의 기온은 상승하고 여름 기온은 하강한다. 경사가 커지면 고위도에서는 여름 기온이 상승하고 겨울 기온은 하강한다. 자전축의 기울기가 작아지는 것은 빙하기 출현의 한 원인이라고 보고 있다.

세차운동은 지구 자전축의 흔들림 현상을 말하는데, 이로 인해 근일점의 시기가 변한다. 약 18,000~21,000년의 주기를 갖는 이 현상은 지구와 태양간의 거리에 따라 태양복사량의 차이로 인하여 기후 변화의 원인이 된다고 보고 있다.

· 대기 조성 : 대기 조성의 결과로 자연적인 온실 효과가 나타난다. 열염분 순환(심해 열염분 순환체계의 열적 의미는 표층과 심해의 염분 변화로 인해 나타나는 해수온도의 변화)의 변화로 인한 해양에서의 미량기체 흡수와 지표 식생에 미치는 빙기 - 간빙기 변화는 대기 중 이산화탄소와 메탄 함량의 변화를 일으킨다.

온실 가스와 지구 온도의 변화는 빙하기와 간빙기 동안에 실제로 동시에 일어났기 때문에 명확한 원인 기구를 알 수 없다. 극 빙상 코아를 통해 나타난 대기 중 이산화탄소의 장기적인 변화 및 단기간의 빠른 변화 모두 해양과 육지의 생물 활동과 해양 해류 순환이 복합적으로 작용한 것으로 보인다.

복사 강화 요인은 태양복사의 공급과 분배에 영향을 미친다. 비복사 강화 요인과 마찬가지로 태양 복사의 변화는 대기 – 지표 – 해양 – 빙하 체계로의 외적인 요인이지만, 다른 점은 수만 년에서 수십만 년 혹은 수백만 년에 걸친 시간 규모에 의해 일어난다는 것이다. 따라서 태양 복사는 장기적이면서도 단기적인 외적 강화 요인이라고 할 수 있다.

(2) 내적 복사 강화 요인과 환류작용

내적 복사 강화 요인들은 주로 대기 조성, 운량, 에어로졸 및 지표면 알베도의 변화에 영향을 주는 것들이다. 이런 요인들은 장기간에 걸쳐 변화를 일으킬 수도 있지만, 관심을 끄는 것은 단기간에 인간 간섭에 의해 변화가 쉽게 일어난다는 것이다. 단기간에 걸친 외적 태양 복사 강화 요인과 내적 복사 강화 요인들 사이의 상호작용에 대한 연구가 단기간의 세계 기후변화를 이해하고 예측하는 데 가장 핵심적인 역할을 하는데, 그것은 양의 환류작용(강화작용)과 음의 환류작용(조절 및 약화작용)을 통틀어 복잡한 작용을 통해 발생한다.

세계 기후에 영향을 미치는 양의 환류작용은 광범위하게 일어나고 있으며, 특히 온도 변화에 대하여 민감하게 반응하고 있다. 전 세계적 온도 상승은 대기 중의 수증기 양의 증가, 식물의 호흡 작용 증가, 해양에 용해된 이산화탄소 함량의 감소, 저습지로부터 방출되는 메탄함량의 증가 등을 야기시킨다.

　또한 이런 모든 현상들은 온실 가스의 축적량을 증가시켜 지구의 온도를 상승시키게 된다. 빙하나 적설로 인한 지표 피복층 증가는 알베도를 높이고 기온을 낮추기 때문에 이런 빙하와 적설 피복층의 확장이 장기적으로는 지구의 냉각화를 가져온다는 점에서 중요한 양의 환류작용에 해당된다.

　역으로 빙하와 적설 피복층을 녹이는 온난화 효과는 지표면의 알베도를 감소시키며, 보다 많은 태양 복사 에너지를 흡수시켜 대기온도를 증가시킨다. 그러나 부의 환류작용은 단기적 복사 요인에서는 그리 중요하지 않다. 예를 들면 이들이 온난화 정도를 감소시킬 수는 있어도 그 자체가 지구 냉각화를 일으킬 수 없다는 점을 이해해야 한다. 구름층은 매우 복잡한 지구적 차원의 환류작용을 일으키는데, 양의 효과와 음의 효과를 모두 일으킨다. 가령 음의 환류작용으로는 지구 온도가 상승함으로써 증발 양과 고층 구름 양은 증가되지만, 이로 인해 입사되는 태양복사 에너지가 반사됨으로써 지구 온도 상승을 둔화시키게 된다는 것이다.

(3) 최근 기후 변화의 중요한 원인

· 대기대순환의 변화 : 최근 기후변화의 직접적인 원인은 대기대순환의 강화 때문이다. 20세기 초의 30년 동안에 북대서양의 편서풍과 북동 무역풍, 남아시아의 여름 몬순, 남반구의 편서풍의 강도가 눈에 띌 정도로 증가하였다. 북대서양에서 이런 변화들은 아이슬란드 저기압이 더욱 강화되면서 아조레스 고기압과의 기압경도가 증가하였으며, 또한 서쪽으로 확장되는 시베리아 고기압과 아이슬란드 저기압 간의 기압경도도 증가하였다. 이런 변화들은 북쪽으로 진행하는 기압골의 강화를 수반하게 되었다. 이는 영국의 기후학자 램이 연구한 편서풍 기류 유형의 연평균 빈도수에 잘 반영되어 있다. 1898~1937년에는 38%이던 서풍이 1962~1995년에는 21%로 감소하여 저기압과 고기압의 발달이 증가하였다고 지적하였다. 지난 30년간 특히 겨울철 편서풍 기류의 감소는 유럽의 대륙도 증가와 관련이 깊다. 이런 지역적 지표들은 극 소용돌이의 뚜렷한 확장과 동시에 이에 수반하는 중위도 지방의 극 둘레 편서풍의 전반적인 세력 약화

를 의미한다.

세계의 기후는 아열대 고기압 세포의 위치 및 강도와 밀접한 관련이 있다. 북극 대류권 계면의 온난화(겨울은 +10°C, 여름 +3°C, 연간 +7°C)는 적도나 남극 온도의 변화없이 이루어지는데, 아열대 고기압대를 1년 동안에 현재의 평균적 위치인 북위 37°에서 북위 41~43°정도 이동시키는 원인으로 추정되었다. 이것은 지중해, 캘리포니아, 중동, 투르크스탄과 편잡 등지에 한발을 가져오게 하였다. 또한 열적도를 6°N에서 9~10°N 정도로 위치 이동시키고, 남위 0~20°에서는 사막화의 강도를 증가시킬 수 있다.

· 에너지 열수지 : 대기 변화에 대한 열쇠는 지구－대기 체계의 열 수지와 관련이 있다. 단순히 태양 표면의 대폭발이 진행되는 동안 고에너지 입자와 자외선의 방출에서 가시적인 변화가 일어나지만, 태양상수가 0.1% 이상 변동되었다고는 볼 수 없다. 모든 태양 활동은 주기가 대략 11년이라고 확인되고 있다. 이것은 보통 태양 흑점의 최대 시기와 최소 시기간의 간격을 기준으로 측정되지만 대부분 음의 상관관계를 나타내고 있다. 예를 들면 지난 300년간 미국 서부에 나타난 한발과 태양 자기극성 반전의 22년 겹주기 사이에는 통계적으로 상관관계가 있다고 한다.

한발 지역은 태양 흑점 최소기에 뒤이어 2~5년 정도 후에 최대로 확대된다는 것이다. 대기 조성의 변화도 대기의 열 수지를 변형시켜 왔다. 성층권에서 화산재와 황산 에어로졸 양의 증가도 소빙기의 한 원인으로 제기되고 있다. 주요 화산 폭발도 폭발 이후 몇 년간 대략 0.2°C정도 지표면을 냉각시키는 결과를 가져온다. 저층에서의 에어로졸의 역할도 복잡하다. 이것은 바람에 날리는 토양과 실트로부터 자연적으로 발생하기도 하며, 인간 활동에 의한 대기오염 물질로부터 생성되기도 한다.

· 인간간섭 요인 : 환경에 미치는 인간 활동의 영향력 증가에 대해 많은 관심이 쏠리고 있으며, 지구 온난화에 대한 인간간섭 요인의 잠재력에 대한 관심도 증가하고 있다. 기후 변수에 관한 4가지 범주가 그 변화와 관련이 있다(표 Ⅰ-11).

세계 인구의 폭발적 증가, 산업과 기술의 발달과 관련된 대기 조성의 변화는 온실가스의 엄청난 집적을 초래했다. 이것은 복사 에너지를 강화시키고 지구 온도를 상승시킨다. 특히 염화불화탄소의 방출에 의한 최근 전세계 기온 상승의 증대가 우려되고 있다.

표 I-11 기후 변화를 불러오는 4가지 변수

변수	효과의 규모	발생 근원
대기 구성물	국지적-지구적 규모	에어로졸, 미량가스의 방출
지표특성 : 에너지 수지	지역규모	삼림 벌채, 사막화, 도시화
바람형	국지-지역 규모	삼림 벌채, 도시화
수문학적 순환 성분	국지-지역 규모	삼림 벌채, 사막화, 관개, 도시화

(자료: 『현대기후학』)

과목과 삼림 제거를 일으키는 인구압과 같은 간접적인 인간간섭 요인은 바람에 의한 토양 유실을 가져와 사막화를 확대시킬 수 있다. 삼림 파괴는 두 가지 방식으로 세계 기후에 영향을 미치는데, 첫째는 대기 조성을 변화시키는 것이고, 둘째는 수문학적 순환과 국지적 토양 환경에 영향을 미치는 것이다. 아마존 삼림의 기능을 모의 실험한 결과, 삼림이 황폐화되어 사바나 식생으로 바뀌게 되면 증발산이 약 40% 정도 감소하게 되고, 강수량 중 지표수 유출의 비율이 14%에서 43%로 증가하며, 토양 온도는 27°C에서 32°C로 상승할 것이라는 연구 결과가 나왔다.

2) 지질시대의 기후 변화

지질적 시간 규모로 보면, 전 세계적 기후는 주기적으로 온난하여 얼음이 없는 기후와 대륙 빙상이 존재하였던 빙하시대가 교대로 반복되었다. 지질사에서는 적어도 7번의 주요 빙하기가 존재하였다. 첫 번째 빙기는 시원생대인 25억년 전에 일어났으며, 원생대인 9억~6억년 사이에 3번의 빙기가 뒤이어 나타났다. 고생대의 오르도비스기(5억~4억 3,000만 년)와 페름-석탄기(3억 4,500만~2억 2,500만 년)에 각각 빙기가 존재하였다. 신생대 말의 빙기는 약 1,000만 년 전후에 남극에서 시작되어 중위도 북부까지 확대되었다가 300만년 전에는 고위도로 감소하였다. 오르도비스기와 페름-석탄기의 빙상은 곤드와나라는 초대륙이 발달해 있을 때의 남쪽 고위도에 발달하였으나, 현재의 양극의 빙하는 플라이오세-플라이스토세부터 발달해 왔다.

알프스에서는 도나우 빙기(Donau, 100~140만년 전), 귄쯔 빙기(Günz, 70~90만년 전), 민델 빙기(Mindel, 30~60만년 전), 리스 빙기(Riss, 14~20만년 전), 뷔름 빙기(Würm, 1~7만년 전)라 하고, 북미에서는 네브라스칸(Nebraskan) 빙기, 캔사스(Kansas) 빙기, 일리노이안(Illinoian) 빙기, 위스콘신(Wisconsin) 빙기라고 부르고 있다. 그리고 이 빙기와 빙기 사이를 간빙기라고 한다.

특히 마지막 빙기인 뷔름 빙기에는 저위도에서는 기온이 약 4°C 낮았고, 중위도에서는 저위도보다 빙기의 기온 하강 폭이 약간 크며, 고위도에서는 기온이 10°C정도 낮았음을 밝히고 있다. 일본의 경우(吉野正敏, 1979)도 최대로 한랭한 시기에는 현재보다 5~7°C 낮았다고 한다. 또 뷔름 빙기에는 중위도의 편서풍대는 저위도 쪽으로 내려가게 되어 저기압 활동이 활성화 되었다. 오늘날 중위도 고압대에 포함되는 지역에서는 빙기에 강수량이 많았던 것으로 추정하고 있다. 북반구 전체로 볼 때는 전선대가 남하하였고, 남반구에서는 전선대가 북상하게 되었다. 예를 들면 사하라 사막의 경우 한대전선대와 열대수렴대의 간격이 좁아지면서 강수량이 많은 일부 지역에는 '녹색의 사하라'가 형성되었다. 그러나 전반적으로 남반구에서는 강수량이 적어 건조한 것으로 보인다. 빙기의 해수면 높이도 현재보다 약 90~140m 낮았다고 추정하고 있다. 우리나라의 빙하시대에 관해서는 고고학적 측면에서 언급되었다. 백두산, 관모봉 등에 권곡(Kar)이 발견되어 그 당시의 설선이 1,900~2,100m 정도임이 밝혀졌다(김연옥, 1985). 후빙기 기후 변화의 양상은 아시아에서도 인정되고 있다. 우리나라에 대한 화분분석 연구(조화룡, 1979)에 따르면 후빙기 고온기에 한반도는 고온 습윤하여 활엽수인 참나무가 우세하였고, 그 후 건조해져 침엽수인 소나무가 많아지고 있다고 밝히고 있다. 또한 빙하기 우리나라 주변은 대륙붕이 완전히 들어나 중국 본토와 일본과 연결이 되었으나 후빙기 고온기에는 해진이 일어나 해수면이 상승하여 황해와 동해가 형성되었다. 서울 주변의 구정선(舊汀線)으로 보아 후빙기 고온기에 최대로 해수면이 높아졌을 때는 한강 깊숙이 해수가 들어왔다.

3) 후빙기의 기후 환경과 역사시대의 기후 변화

19세기말 블리트와 세르난더(A. Blytt & R. Sernander)에 의해 노르웨이 남부의 주요 이탄 지층에서 건조 및 습윤한 기후가 교체된 것이 밝혀졌다. 후빙기는 프리보렐(Preboreal), 보렐(Boreal), 애틀랜틱(Atlantic), 서브보렐(Subboreal), 서브애틀랜틱(Subatlantic)으로 구분한다.

후빙기는 우선 프리보렐이라고 불리는 시기(8,300 BC)로 시작하는데, 점차 기온이 상승하여 소나무, 자작나무 등의 삼림이 많아지게 되었다. 보렐기(7,000~6,000 BC)가 되면 삼림은 개암나무가 많아지고 소나무는 점차 줄어들며 떡갈나무가 많아진다. 기후는 따뜻하고 건조하였다. 애틀랜틱기(600~5,500 BC)에는 온난 습윤한 시기로 해진이 일어나 떡갈나무와 느릅나무의 삼림이 분포하였다. 서브보렐 기(3,000~1,500 BC)는 떡갈나무, 물푸레나무의 숲이 있었고 기후는 온난건조 하였다. 서브애틀랜틱 기(1,500~600 BC)에는 냉량 습윤하여 해퇴가 일어나 너도밤나무의 삼림이 분포하였다.

지금으로부터 1만년과 7천년전 사이에 유럽과 북미로부터 대륙 빙상이 마지막으로 후퇴한 다음, 중위도와 고위도의 기후는 빠르게 온난해졌다. 이 시기의 아열대 지역은 점차 습윤해졌으며, 아프리카와 중동에서는 호수면이 높아졌다. 최대 온난기는 지금으로부터 약 5,000년 전 쯤에 중위도에서 나타났는데, 여름 기온이 현재보다는 1~2°C 가량 높은 것으로 알려지고 있으며, 북극의 수목선은 유라시아와 북미에서 북쪽으로 수백km 가량 후퇴하였다. 이 시기에 아열대 사막지역은 다시 매우 건조해졌으며, 대부분 지역이 인간이 거주하지 못하는 땅으로 변하였다. 기온 하강은 지금으로부터 약 2,000년 전쯤에 한랭하고 습윤한 환경을 동반하면서 유럽과 북미에서 시작되었다.

기원전 1세기 경의 중앙아시아는 현재보다도 습윤하여 중국으로 통하는 비단길을 따라 그 주변에 오아시스가 있었고, 현재보다 물이 많아 도로를 따라 대도시들이 번창하였다. 그러나 서기 350~700년 경은 온난해지면서 건조하였다. 중앙아프리카는 강수량이 많아 나일 강의 수위가 높아졌고 중앙아시아는 건조해지면서 카스피해의 수위가 낮아져 비단길 연안의 많은 도시들은 가뭄으로 황폐해졌다. 우리나라에 관한 것을 삼국사기를 토대로 고찰한 연구(김연옥, 1983)에 의하면 한랭기는 2~3세기와 8~10세기에 나타나고, 그 사이에 상대적으로 온난기가 나타난다고 지적하였다.

최대 온난기 정도까지는 아니더라도, 9세기에서 15세기 중반까지 세계의 일부 지역에서는 확실히 온난기를 맞이하게 되었다. 특히 스칸디나비아와 중국, 미국 캘리포니아의 시에라네바다, 캐나다 로키산맥, 태즈메니아의 여름 기온은 비교적 높았다. 영국을 제외한 서부와 중부 유럽에 대한 문헌 기록 분석에 의하면 12~13세기 경에 온난기가 있었음을 보여주고 있다. 아이슬란드의 기록은 12세기 말까지 온화한 환경이 지속되었으며, 이 시기에 그린란드에 대한 바이킹들의 식민지화와 캐나다 북극에 있는 에스키모들이 엘즈미어섬으로 이주하였음이 확인되었다(기후와 역사 편을 참고). 점차 기후가 냉량화되고 1550년과 1850년 사이의 매우 추운 겨울은 소빙기(Little Ice Age)의 도래와 북극의 빙산 확장 그리고 일부 지역에서는 지난 빙기 이후로 최대의 빙하 확장이 이루어졌다.

아시아에도 소빙기가 존재하였다. 중국에서는 특히 17세기 후반에 한랭하여 감귤밭이 피해를 입고 천진운하가 결빙되었다는 사실이 밝혀졌다(쓰可楨, 1975). 일본에도 여러 가지 연구가 소빙기의 상태를 알려주고 있으며 여름철 저온에 의하여 농사를 망치게 되어 기근을 겪던 시기가 바로 소빙기였다. 즉 일본 역사상 3대 기근은 천명기근(1782~1787), 천보기근(1833~1839), 경응·명치 초기의 기근(1866~1869)이 소빙기에 해당된다. 우리나라도 '증보문헌비고 상위고'에 나타난 이상기후 현상 등을 토대로 볼 때, 1551~1650, 1701~1750, 1801~1900의 3기로 구별하여 소빙기 시기와 일치한다고 밝히고 있다(김연옥, 1984).

4) 최근 500년전 전후의 기후 변화

유럽과 미국 동부의 관측소에서 이루어진 장기간에 걸친 실험 관측 기록들은 소빙기를 종결시킨 온난화 현상이 19세기 초반에 시작되었음을 알려준다. 1861년 이래 전 세계적 기록은 불규칙하긴 하지만 0.3°C와 0.6°C의 유의미한 온도상승을 보여주는데, 이런 수치는 다소 높게 잡은 것으로 판단된다. 그러나 이러한 경향은 열대지역에서 최소로 나타나고, 고위도의 구름이 낀 해양지역에서 가장 크게 나타났다. 특히 겨울 온도가 가장 많이 영향을 받았는데, 스발바르(북위 77°)의 경우 1920~1939년의 평균 1월 기온은 1900~1919년보다

7.8°C나 더 높았다. 그러나 전반적인 기온 상승은 지속적이지 않지만 4단계로 파악되었다.

1단계 : 1861~1920년 사이는 연평균 변화폭이 0.4°C이내였으며 일관된 경향을 보이지 않는 시기다.

2단계 : 1920~1940년대 중반까지는 평균 0.4°C에 달하는 상당한 온난화가 진행된 시기다.

3단계 : 1940년대 중반~1970년대 초반까지는 0.4°C 이상의 연평균 변화폭이 있던 시기로서, 북반구에서는 냉량화가 미약하게 발생했으며, 남반구에서는 상당한 냉량화가 진행되었다. 지역적으로 보면, 북부 시베리아와 동부 캐나다 북극, 알래스카에서는 1940~1979년과 1950~1959년 사이에 겨울 평균 기온이 2~3°C 하강하였다. 이런 현상은 미국 서부와 동부 유럽 및 일본에서의 미약한 온난화에 대한 부분적인 보상 현상으로 파악된다.

4단계 : 1970년 초~1989년까지는 태평양 북부 및 남부와 북대서양, 유럽, 아마존 일대 및 남극을 제외하고는 전반적으로 약 0.2°C의 뚜렷한 온난화가 진행된 시기다. 1976년 이후 북반구 대류권에서의 온도 상승은 열대 해양 상공에서도 일어났는데, 특히 겨울에 중위도에서는 냉량화가 일어난 때이다. 열대 지역의 대류권 온난화(1976~1990)는 지표면의 온난화 속도보다 빠르게 진행되었으나, 고위도에서 북극을 제외하고는 그 반대 현상이 일어났다.

20세기의 지구 온난화는 대략 0.5°C 정도인데, 0.3°C/100년 이라는 자연적 온난화 정도를 능가하는 값이다. 이런 지구 온난화는 점차 증가하는 온실가스의 집적 때문이라고 일반적으로 생각하고 있지만, 그 인과관계는 아직까지 명확하게 규명하지 못했다. 최근 40년간의 강한 온난화 경향은 일일 기온 범위가 감소하는 데서 엿볼 수 있다. 즉 북반구 대류의 반 이상 지역에서 야간 최저 온도는 1951~1990년 사이에 0.8°C 증가하였는데, 주간 최고 온도는 단지 0.3°C 증가하였을 뿐이다. 이것은 주로 운량의 증가 때문에 나타난 것인데, 한편으로는 대류권의 에어로졸과 온실가스의 증가에 대한 반응일 수도 있다.

강수 기록은 그 특성을 파악하기가 매우 어렵다. 20세기 중반 이래로 북미 동쪽에서 동남아시아와 인도네시아에 이르는 열대와 아열대 지역의 상당 부분에서 강수량 감소가 뚜렷하게 나타났다. 대부분의 건조기는 엘니뇨와 연관이 있다. 남미와 호주의 적도 부근은 엘니뇨-남방진동(ENSO)의 영향을 받는다. 인도 몬순 지역도 습윤하고 건조한 시기가 있었는데, 건조기는 20세기 초와 1961~1990년 사이에 나타났다. 20세기의 서아프리카 지역은 건조하고 습윤한 해가 10~18년간씩 지속되었다. 중간에 습윤한 해가 있긴 했지만, 서부 아프리카의 사하라 주변 지역에서는 1910년대, 1940년대, 그리고 1968년 이후에 최저 강수량을 나타냈다. 사헬지역과 사헬로-사하라 지역에서 1981~1984년에 일어난 엄청난 강수 부족 상황은 1970년대 초반의 대가뭄과 맞먹거나 그 이상이었다. 심각한 가뭄은 열대 동풍인 제트 기류의 약화와 서아프리카 남서 몬순풍의 북진 현상과 관련이 있다는 주장이 있다. 호주에서의 강우 변화는 아열대 고기압의 위치와 강도 그리고 대기 순환의 변화와 관련이 깊다. 중위도 지역의 강수 변화는 그리 뚜렷하지 않은 편이다. 영국에서의 10년간의 변동은 단지 ±10% 정도라고 보고되었다.

전 세계적으로 1990년과 1995년은 관측된 이래 가장 더운 두 해였다. 1983년은 100년 동안 가장 강한 엘니뇨가 나타났으며, 허리케인 길버트(1988)는 관측사상 가장 강력한 폭풍이었다. 지구 온난화가 가속되고 있다고 하지만, 우리는 지난 100년 동안의 상당한 기온 상승이 소빙기 이후의 기온 회복일 수 있다는 점도 고려해 보아야 할 것이다.

II. 기후와 의식주 생활

제1장 기후와 의생활

　문화는 모두 환경의 소산이고, 환경의 영향을 받아서 발전해 온 것이다. 그 가운데서 의복 문화만큼 민감하게 환경의 영향을 받은 것도 없다. 그러한 환경 조건 중에서도 의생활에 가장 관계가 깊은 것은 계절에 따른 기후와 지리적 환경, 즉 자연 환경이다. 환경에 순응하여 생존하기 위한 최소한의 필요 조건으로서 의복이 생겨나고, 생활 조건의 여유에 따른 욕망이 장식적인 복장으로 발전해 온 것이다.

　의복의 역사를 기록한 자료에 의하면 태초에 인간이 의복을 입은 주된 기능은[1] 신체 보호의 필요성 때문이었다고 볼 수 있다. 힐러(Hiler)는 "의복은 환경에 적응하기 위한 최소한의 방법으로 사용되었다."고 말하고 있다. 남아메리카에 살고 있는 판타고니아족(Pantagonian)의 경우 어깨를 감싸는 작은 사각형 모양의 동물 가죽을 옷으로 이용한다. 이 가죽은 바람의 방향에 따라 이쪽 저쪽으로 펄럭인다. 남아메리카 남단의 티에라 델 푸고섬에 사는 오나족(Ona)과 야간족(Yahgan)은 지방 기름(grease)을 칠하고 헐거운 모피 케이프만을 입는다. 찰스 다윈이 이 섬을 방문했을 때, 그는 원주민의 피부 위에 눈이 녹아 있는 것을 보고 원주민에게 몸을 덮으라고 적당한 크기의 옷을 주었다. 그러나 원주민은 그것으로 몸을 덮는 대신, 길고 가늘게 찢어서 자신의 부족 사람들에게 장식용으로 한 조각씩 나누어 주었다.[2]

---

1 마릴린 혼, 루이스 구렐(이화연 외 옮김), 『의복 : 제2의 피부』, 까치, 1994, pp. 34~35.
2 의복의 기능으로는 4가지 주요 이론이 있는데, 정숙성 이론, 비정숙성 이론, 신체 보호 이론, 장식 이론이다. 정숙성 이론은 아담과 이브 시대로 거슬러 올라간다고 여겨진다. 창세기 3장 7절에 "이에 그들이 눈이 밝아 자기들의 몸이 벗은 줄 알고 무화과 나뭇잎을 엮어 치마를 하였더라―여호와 하나님이 아담과 그 아내를 위해 가죽옷을 지어 입히시니라."
　Hiler, *From Nudity to Raiment*, W. & G. Foyle, Ltd, 1929, p. 64. 마릴린 혼 외, 『의복 : 제2의 피부』에서 재인용.

여하튼 신체 보호를 위한 의복의 사용은 민족마다 매우 다양하며, 실제 자연적인 위험으로부터의 보호는 사람에게 매우 중요하다. 뿐만 아니라 기후의 한랭, 온열에 따른 체온 조절도 의복의 주요 기능 중의 하나이다. 또 체온 조절에 있어 고려되어야 할 요소가 통풍성이다. 통풍을 통해 호흡, 배설 기능 등 피부의 기능이 원활히 이루어질 수 있는 의복이라야 인체를 쾌적하게 유지할 수가 있다.

1. 인체와 의복의 열평형식

1) 의복 착용에 따른 보온성

의복은 주거와 마찬가지로 기온이 높을 때는 외부에서 들어오는 열복사를 차단하여 통풍을 유지하고, 기온이 낮을 때는 피부의 열복사 방출을 차단시켜 주는 것이 주된 기능이다. 그러나 의복의 경우에는 불감증산이나 땀에 의한 의복내의 습도 상승이 문제가 된다. 높은 습도 환경에서는 의복 소재가 습기를 흡수하여 의복의 열차단능과 보온능이 감소되는 경우가 많다.

인간이 나체로 지낼 수 있는 환경은 무풍의 경우에 27~32℃일 때로 국한된다.[3] 이 때에는 열 생산을 증가시키지 않아도 체열 평형을 유지할 수 있다.

피부에서 발생한 열은 의복을 통해서 방출되는데, 이 때 방출되는 양은 피복의 재료나 천의 성질, 착용 방법에 따라 달라진다. 특히 의복 자체를 온도차에 의해서 생기는 열흐름[4]에 대한 저항이라고 생각하면 의복의 역할을 종합적인 열차단, 즉 인체보온지수라고 한다.

1clo라는 단위는 온도 21.2℃, 습도 50% 이내, 기류 0.1m/s인 환경에서 가만히 앉아 있는 사람이 덥거나 춥지 않은 쾌적한 상태인 평균 피부 온도 33℃를 유지하는 데 필요한 열보온

---

3 홍성길, 『기상과 건강』, 교학연구사, 1991, p. 135.
4 열흐름 평형식은 $Hxy=(Tx-Ty)/Ixy$이다. T는 온도, I는 열보온 계수다. 인체 조직의 보온 계수는 혈관 팽창일 때, 0.15clo, 혈관 수축일 때는 1.81clo이다. 의복의 보온 계수는 1.5~6clo에 이른다. 바람에 의한 보온은 0.1에서 1clo까지다.

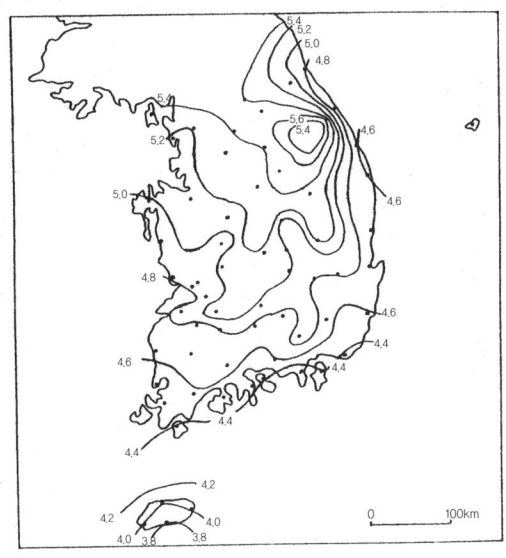

1월 중순의 인체보온지수 등치선(대사량 : 1Met)

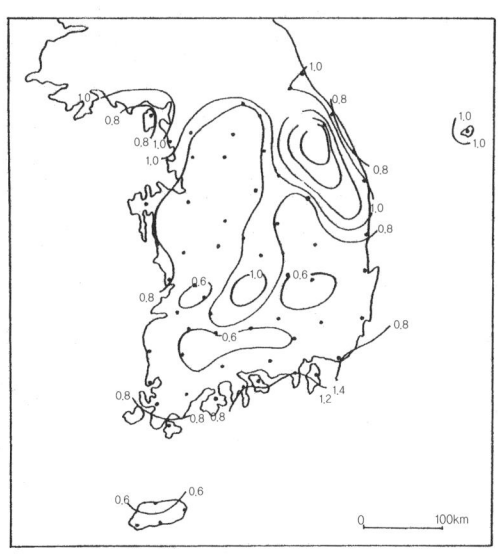

8월 상순의 인체보온지수 등치선(대사량 : 1Met)

그림 II-1 인체보온지수 분포도(1월 중순과 8월 상순)
(자료 : 강철성)

력, 즉 인체보온지수다.[5] 이 때의 열생산량을 1mets라 한다. 1mets는 50kcal/㎡ · h에 해당한다. 이러한 인체보온지수는 의복층을 선택하는 데 매우 필요하다. 남한의 겨울과 여름 인체보온지수 분포도는 그림 II-1에 나타나 있다.

2) 환경 요인

환경 조건이 신체의 쾌적감에 영향을 주는 것은 분명하다. 보온 상태에서 신체의 쾌적감은 기온, 습도, 바람, 복사 강도 등에 의해 영향을 받는다. 기온은 상한 27~32℃에서 하한 18~23℃(습도에 따라 차이가 날 수 있다)일 때가 가장 쾌적하다. 더 높은 기온에서는 피부 표면으로부터의 증발이 증가된다.

증발량은 피부외 대기외의 수증기압에 달려 있다. 습도가 높다는 것은 대기 중 수증기의 양이 많다는 것을 의미하는데, 이 때는 대기의 수분 흡수율이 감소되며 증발에 의한 냉각 작용이 제한을 받는다. 사람들은 습기가 많은 무더운 대기 상태에서 땀을 많이 흘리는데, 이것은 이미 공기의 수분량이 포화 상태이기 때문에 땀이 증발되지 않은 상태로 피부로부터 물방울이 되어 떨어지는 것이다.

바람의 효과는 대류에 의한 열의 이동에 달려 있다. 대류에 의한 작용은 아주 작은 신체의 움직임에도 잘 일어난다. 즉 팔과 다리를 흔들면 대류에 의해 열 손실이 증가된다. 공기의 이동이나 풍속은 신체 표면과 접촉하는 공기의 양을 결정하는데 공기의 풍속이 증가함에 따라 열 이동도 증가한다.

복사의 효과는 복사 물체의 온도 뿐만 아니라 주위 환경의 온도나 방출률에 달려 있다. 예를 들면 실내에서 복사열의 교환은 벽, 천장, 바닥 및 방 안의 여러 다른 방출률을 가진 물체들에 의해 영향을 받는다. 실외에서는 태양 복사, 천공 복사, 알베도 등의 요인들이 관련되어 있다.[6]

---

5 강철성, 남한의 동·하계 인체보온지수의 분포, 「지리·환경교육」 제6권 제1호, 1998, pp. 87~100.
6 열 생산과 열 방출이 평형된 상태에서는 M=R+C+E 의 식이 성립한다. 여기서 M ; 대사량, R ; 복사에 의한 열 방출량, C ; 대류에 의한 열 방출량, E ; 증발에 의한 열 방출량이다. 단위는 kcal/㎡ · h

2. 의복 기후

의복은 신체 주변에 온화한 조건을 만들어낸다. 의복이 형성하는 환경 조건, 특히 온도 조건을 의복 기후라 한다. 의복 기후는 인체로부터 전도, 대류, 복사, 증발 등 모두에 관련된다. 즉 추위에 대해서는 전도, 대류, 복사를 억제하고 더위에 대해서는 증발, 대류를 촉진하여 외부로부터 복사를 방지한다. 이와 같은 보온력이나 방서력(防暑力)은 섬유 재료의 물질적 특성, 옷감의 재료, 의복의 형태, 옷입는 방법의 종합적인 성능으로 나타난다.[7]

기온이 체온보다 높을 경우에는 흡수성이 높고, 더운 공기가 대류에 의해 인체에 전달되지 않도록 상대적으로 통풍성이 뛰어난 옷감을 사용하는 것이 좋다. 고온 건조한 기후에서 인체를 최대로 보호하는 방법은 태양 복사를 의복이 차단시켜 주는 것이다. 사막의 열에 견뎌 온 아라비아 사람들은 헐렁하게 늘어져 몸을 완전히 감싸는 흰옷을 입는다. 이러한 의복 형태는 더운 바람과 밤의 추위로부터 인체를 보호해 준다. 얼굴에 적당한 그늘을 만들어 주는 모자 역시 중요하다.

열대지방 같이 무덥고 습한 대기에서는 피부로부터 수분이 증발되어 냉각되는 것을 의복이 방해하지 말아야 한다. 피부로부터의 증발이 젖은 의복을 통한 증발보다 더욱 효과적인데 특히 수분을 흡수할 수 없는 옷감은 냉각 과정에 심각한 장해를 주게 된다. 고온 다습한 상태에서는 그늘에서 태양의 직사광선을 피할 수만 있다면 의복을 최대한 적게 입는 것이 바람직하다. 아프리카의 원주민들은 신체의 털을 뽑거나 면도를 하여 없앰으로써 땀이 흘러내리거나 피부 표면에서 쉽게 증발하도록 하였다. 동일한 이유로 막힌 구두보다 샌들이 훨씬 좋다.

추운 지역의 의복은 대사에 의해 생산된 열보다 방출되는 열이 더 크지 않도록 해야 한다. 이 때 가장 큰 문제는 활동할 때 축적된 수분이다. 수분은 의복의 중간층에 모이게 되는데, 의복의 제일 바깥 층에서 증발되는 속도보다 인체에서의 증발 속도가 더 빠르게 되면 의복은 젖게 되고 보온성이 떨어진다.[8]

---

7 강철성, 앞의 논문, pp. 38~40.
8 마릴린 혼 외, 앞의 책, pp. 404~406.

의복으로서 가장 조절하기 어려운 기후 조건은 한랭 다습한 경우이다. 의복이 비에 젖었다든지, 발이 젖어 차가워졌을 때도 불쾌감을 경험하게 된다. 보온을 위해 내외층 모두를 방수 처리하는 것이 필요하다. 보온 효과는 손, 발, 머리와 같은 말단 부위에서 더 빨리 나타난다. 발이 차가워졌을 때도 신발이나 양말을 더 껴 신기보다는 신체 구간부를 절연시켜 주는 것이 더욱 효과적이다. 그렇게 함으로써 신체 구간부에서 형성된 남은 열이 혈액을 따뜻하게 하고 혈액 순환 과정에서 말단부가 열을 받게 할 수 있다.

추운 날씨에 견디기 위해서는 에스키모인들로부터 많은 것을 배울 수 있다. 에스키모 의복은 동물 가죽과 털의 두 층으로 되어 있다. 겉에는 후드 달린 길고 헐렁한 파카와 바지, 부츠, 장갑 등을 착용하여 머리 부분을 제외한 몸 전체를 감싼다. 속에는 언더셔츠, 언더팬츠, 양말 등을, 털 쪽을 안으로 하여 입는다. 순록이나 바다표범의 가죽이 가장 널리 쓰이는 재료다.

표 II-1 매우 추운 날씨에 적절한 옷을 겹쳐 입는 경우

구 분	인체보온지수(clo)
첫째 층 : 절연된 속옷(티셔츠와 바지)	0.50
둘째 층 : 양모 셔츠와 바지, 신발	1.15
셋째 층 : 작업복, 양모 장갑, 양모 모자	1.30
넷째 층 : 후드 달린 파카, 벙어리 장갑, 털을 댄 부츠	1.80
총 clo	4.75

(자료: 마릴린 혼 외, 의복)

1.14clo　　0.78clo　　0.60clo　　0.95clo　　0.75clo　　0.53clo

그림 II-2 쾌적한 상태에서의 착의 사례

(자료 : 일본건축학회, 1991, 건축환경공학용 교재)

3. 의복 원료와 생산

1) 식물성 의복의 원료

아마도 인류 최초의 의복 원료는 자연 환경에서 쉽게 얻을 수 있는 나뭇잎이나 풀잎 또는 큰 짐승의 자르지 않은 가죽으로 만들어졌을 것이다. 특히 한랭한 지역에서는 추위를 막기 위해 동물의 모피가 많이 사용되었다. 그 후 식물의 잎이나 껍질을 짜서 의복을 만들어 입게 되었다.

때로는 무화과나무나 뽕나무 같은 나무의 푹신푹신한 껍질을 벗겨 함께 빻아서 넓고 얇은 천을 만들었다. 이들의 종이 같은 성질 때문에 나무껍질 천(타파 천)은 몸을 두르는 치마나 사롱(sarong)처럼 사용할 수밖에 없었다. 아직도 남태평양의 많은 지역에서는 타파 천으로 옷을 만들어 입는다. 나뭇잎이나 풀잎 형태의 가공하지 않은 식물성 원료는 내구성에 한계가 있다. 인간은 오랜 세월에 걸쳐 식물성 섬유의 실용성과 용도를 증진하는 기술을 개선하였다. 서양에서는 아마, 삼, 용설란, 파인애플의 섬유로 옷감을 만들기도 하지만, 목화는 과거로부터 현재에 이르기까지 가장 광범위하게 사용되는 식물성 의복의 원료다. 이러한 섬유로 천을 만드는 사람들은 또한 식물도 재배하는데, 식물성 재료의 사용은 유목 또는 수렵 문화보다는 농경 문화의 성격을 나타내는 경향이 있다.

2) 동물성 의복의 원료

동물성 생산품을 활용하는 일반적인 방법은 털이나 양모를 깎아서 그것을 섬유로 가공하는 것이지만, 모피와 가죽을 이용하기도 한다. 대부분 양에서 채취한 양모가 천을 만드는 섬유로 이용되지만 낙타, 토끼, 말, 기타 여러 동물에서 채취한 털도 천을 만드는 데 사용된다. 조류의 외피도 천을 만드는 데 사용된다. 특히 새털은 머리 장식용으로서 특히 가치가 있지만, 어깨 망토나 둔부 덮개 등과 같은 다른 용도로도 사용된다.

전설에 의하면[9] 비단을 직물의 섬유로 사용한 것은 BC 2600년으로 거슬러 올라가는데, 당시 황후 시-링-쉬(Hsi-ling-shi)가 누에고치를 온수 그릇에 빠뜨렸다가 믿을 수 없을 정도로 곱고 가는 실을 계속 뽑아내서 완전한 실로 만들 수 있다는 사실을 발견하였다. 물론 비단의 생산과 제조는 누에 뿐만 아니라, 그것을 기를 수 있는 엄청난 양의 뽕잎이 필요하기 때문에 양잠은 적당한 기후 조건을 갖춘 지역에 한정된다.

3) 우리나라의 의복 원료와 생산

우리나라에서 일찍부터 섬유 작물로 재배된 것으로는 마, 저마, 면화 등이 있다. 이들 원료는 국가 성립 이전부터 의복의 원료로 사용되었으며, 삼국시대에 이르러서는 직조 기술이 발달하여 고도의 기술을 필요로 하는 삼베포가 대량으로 생산되었다.

(1) 대마

대마와 저마는 신석기시대 이후부터 우리나라와 중국에서 의복의 원료로 사용되었다. 또한 고급품은 고대 국가 간의 조공 무역품으로서 주요한 품목이 되었다. 대마의 원산지는 중앙아시아이며, 카스피 연안과 시베리아 남부, 키르키츠 초원지대, 또 페르시아와 북인도, 히말라야 등 넓은 지역에 야생하고 있다. 만주, 한반도를 거쳐 일본으로 전달된 것은 1세기경으로 여겨진다. 대마는 여름 기온이 높고 일정한 강수량이 있으면 고위도 지방에서도 재배가 가능하여 현재는 소련, 중국, 일본과 유럽의 이탈리아, 유고슬라비아가 주산지다.[10]

우리나라는 기후적으로 전국에서 삼의 생산이 가능하다. 남쪽에서부터 북부의 산간 지방까지 넓게 분포하여 옛날부터 가장 보편화된 의복 재료가 되었다. 북부 함경도 육진(六鎭) 지방에서 생산되는 아주 가는 세(細)삼베는 북포라 하였고, 영동 지방에서 나는 거친 조(粗)삼베는 강포(江布)라 하였다. 그 중간치가 영포(嶺布)로 불리는 안동포다.

---

9 마릴린 혼 외, 앞의 책, pp. 73-75.
10 김연옥, 앞의 책, p. 495.

북포에는 여러 가지 명칭이 있다. 밥그릇인 주발 안에 구겨 담을 수 있을 만큼 새가 곱다하여 발내포(鉢內布), 대나무 통 속에 한 필을 담을 수 있다하여 죽통포(竹筒布)라고도 불렸으며, 또 육진 부녀자들의 원한이 올올이 맺혀 있다하여 원포(怨布)로도 불렸다.

정종 때 홍양호의 『이계집(耳溪集)』에 원포의 내력이 다음과 같이 적혀 있다.

춘삼월에 삼씨 뿌려 칠월에 거두고 닷새 동안 삼을 앗아 열흘을 빨고 빤다. 섬섬옥
수 손끝 놀려 세삼베 짜아내니 얇기가 거미 나래 한 줌에 쥐어 든다. 아까와라 남도
상인에 팔아 관 빚 갚기 분주하니 내 몸은 누더기요 붉은 발도 못 가린다.

또 북포는 군포(軍布)라고도 불렸다. 여진족으로부터 되찾은 육진 지방의 주민들에게 병역세로 거두어들인 군포가 삼베였기 때문이다. 이렇게 빼앗기는 삼베를 곱게 짤 리가 없어 나중에 북포는 거칠 뿐만 아니라 질이 나쁜 조포가 되었다. 그리하여 조포를 없애기 위해 새가 고운 세포를 짜면 한 사람 몫을 세 사람 몫으로 쳐주기도 하고, 극세품을 내면 6년 동안 군포를 면제해 주기도 하였다.[11]

삼베는 삼국시대 이전부터 문헌에 나온다. 고대 일본 문헌에서는 '삼베옷의 나라 신라'라는 말까지 쓰고 있으니 삼베는 우리 역사가 시작된 이래로 가장 오랫동안 널리 쓰인 의복 원료였다.

(2) 모시

모시는 삼복[12] 더위를 이길 수 있는 여름철 옷감으로서 통풍이 잘 되고 시원하며 가볍고 깔깔하고 산뜻한 우리 민족 고유의 직물로 알려져 있다.

모시의 시초에 대해서는 신라 때 한산의 한 노인이 산에 약초를 캐러 갔다가 색다른 산초(山草)가 있어 그 풀 껍질을 모시 짜기에 이용하였다는 전설이 전해지고 있다. 또 고려시대

---

11 이규태, 더위도 피해 가는 한여름의 삼베옷, 「삼성 소식」, 148호, 1989, p. 8.
12 복(伏)이란 '가을의 서늘한 금기(金氣)가 여름의 더운 화기(火氣)를 두려워하여 엎드려 감춘다.'는 의미로, 삼복이란 초복, 중복, 말복으로, 초복은 하지로부터 세 번째 경일, 중복은 네 번째 경일, 말복은 입추로부터 첫 번째 경일이며, 총 20일 동안이다.

에 충청도 사람이 중국에서 뿌리를 얻어다가 충남 지방에 재배하였다고도 한다.[13]

모시가 문헌에 알려진 것은 고려 때 공물로 그 지방 토산물로 저마가 기록되어 있다. 조선시대의 『팔역지』에 '서천, 한산, 임천, 임진강 상의저(上宜苧)' 등의 기록은 조선시대에 들어와 한산을 중심으로 모시가 생산 되었음을 알려준다.

그러나 현재까지 저마가 섬유 작물에서 차지하는 위치는 면화나 대마에 못 미치고 있다. 그것은 저마의 기후 조건이 극히 제한적이기 때문이다. 저마는 아열대성 작물이므로 추위에 약하고 뿌리는 동해를 받기 쉬워 최소한 연평균 기온이 약 11℃는 되어야 하며, 1월 평균 기온이 -10℃ 이하, 또 겨울에 지면 밑 10cm 되는 곳이 0℃ 이하로 떨어지는 곳에서는 재배할 수 없다. 강수량은 연 1,000mm 이상인 지역이 적당하고, 특히 생육기에 다습해야 하며, 너무 건조하거나 습한 지역은 생장이 불량하고 품질이 떨어진다. 또한 서리에 극히 약하여 수확기에 시리를 맞으면 죽게 된다. 토양은 표토가 깊고 배수가 잘 되는 양토나 사질 양토로 부식질이 많은 곳이 적합하다.

이와 같이 모시 생산은 기후 조건에 제약을 받을뿐만 아니라 사회적, 인문적 입지 조건으로 범위가 축소되었다.[14]

저마의 재배 지역은 한반도 서남부 서해안 지역인데, 그 북한계는 강령반도이고 남한계는 보성 부근인 전라도 남부가 중심으로, 서남해에 면한 지역이지만 대조가 된다. 그 외에 강원도의 강릉, 삼척의 임해 지역도 들 수 있으나 중심지는 충청도 임천, 한산이다.[15]

(3) 면화

면화는 세계 각지에서 별개의 기본종이 작물화 되었다. 우리나라에 면화 종자가 전래된 기록은 『고려사』와 『조선왕조실록』에 전해 내려오고 있다. 고려 공민왕 13년(1364)에 문익점이 원나라 북경에서 목화씨를 가져다 그의 고향인 진주에서 처음으로 재배하였고, 면업은 이곳을 중심으로 하여 각지로 전파되었다.[16]

---

13 김연옥, 앞의 책, p. 495.
14 김길순, 충남 한산 모시의 생산 실태, 「녹우회보」, 제3호, 1961, pp. 103~112.
15 노도양, 「15세기 조선의 산업에 대한 지리적 고찰」, 1969, p. 118.

면화의 재배는 기온과 강수량 조건이 매우 까다롭다. 북한계는 북위 40° 부근이고 생육 기간의 기온은 18℃ 이상이며, 강수량이 상당히 필요하나 성숙기에는 비가 적은 지역에서 재배되고 있다.[17] 중부 내륙 지방 및 북부 지방은 무상 기일이 짧고, 발아기의 저온 등 문제점이 있었으나 농법의 개량, 시비시기(施肥時期) 등으로 재배 지역을 북쪽으로 확대시켰다.

(4) 비단

우리 민족의 전통적인 동물성 섬유로는 비단이 있다. 비단은 이미 삼국시대부터 사용되어 신라의 남복이나 여복에는 명주를 사용하였으나[18] 면이나 마와 같이 대중성은 적은 편이다. 신라시대의 비단은 금(錦)이었으며 금을 제직(製織)하는 부서가 금전(錦典)이었다. 그중 뛰어난 품질의 조하금(朝霞錦)은 조하방이 설치되어 비단짜기를 관리하였다.

조선시대 양잠업의 융성은 전국에 남아 있는 잠업과 관계된 지명이나 사적으로도 알 수 있는데, 서울 잠실이 한 예다. 『세종실록 지리지』에서 각 군현의 토의조(土宜條)를 살펴보면 전국 도처에서 뽕나무를 재배한것을 알 수 있다. 제주도와 함경도의 몇 군현을 제외하면 전국 어디서나 뽕나무를 재배하였다. 특히 황해도의 장연현 같은 임해 지방 주민들은 어염지리(魚鹽之利)보다는 양잠(養蠶)의 이익을 더욱 중시하였다.[19]

잠업에 쓰이는 뽕나무의 최적 기후 조건은 발아기에서부터 가을 온도가 10℃에 이르는 기간으로 약 3,000칼로리의 일사량을 받을 수 있는 온대 지방이다. 생육기 3개월간은 500mm 이상의 강우량과 12℃ 이상의 기온을 필요로 한다. 누에는 7.5~37℃ 이내의 온도에서 생존이 가능하며, 육잠의 최적 조건은 20~28℃의 기온과 65~90%까지의 습도를 필요로 한다. 이와 같은 기후 조건은 뽕나무 재배 조건과 일치하지 않으나 누에는 실내에서 기르므로 인공적으로 온도, 습도를 조절할 수 있다.

---

16 노도양, 위의 논문, p.118.
17 김연옥, 앞의 책, p.496.
18 민길자 외, 우리나라 織物製織技術에 대한 연구(1) : 삼국시대와 고려시대의 대마와 저마 직물을 중심으로, 「한국의료학회지」, 제8권, 제2호, 1984, pp. 259~265.
19 노도양, 위의 논문, pp. 118~125.

(5) 신

우리 민족 상대(上代)의 신의 종류는 그 형태상으로 이(履)와 화(靴)의 두 가지 종류로 나눌 수 있다. 그 어느 것이 먼저 나타났는지 속단하기는 어렵지만 기후, 풍토 등의 지리적 조건으로 이는 남방에서, 화는 북방에서 사용이 시작되었음을 『후한서(後漢書)』, 『마한전(馬韓傳)』의 '포포초리(布袍草履)' 기사와 『삼국지』, 『부여전』의 기록 등으로 쉽게 짐작할 수 있다.[20] 한편 초리(草履)는 그 재료에 따라 '고은 짚신', '부들 짚신', '왕골 짚신' 등이 있으며, 우리 민족의 생활사상 최고의 역사를 가진 것이나, 혜화(鞋靴)의 발달과 더불어 초리의 사용도 계급에 따라 달라졌다. 그러나 짚신에 대한 불만족은 '미투리'(麻鞋)의 출현을 재촉하였는데 재료로는 삼으로부터 '닥(楮)', '청올치(葛根纖維)'를 거쳐 백지(白紙)와 면사(綿絲)까지 사용하였다.[21]

가죽신은 북방지역에서 비롯되었으며 『고려도경』에 학생은 혁리(革履)를 신고 사이(使人)과 민장(民長)들은 '조혁구리(鳥革句履)'를 신는다는 기록으로 보아 고려 중엽에는 피혜(皮鞋)가 상당히 일반화된 것으로 볼 수 있다. 조선 초의 실견(實見)을 전한 동월(董越)의 『조선부』에는 신에 관해 '천자(賤者)는 우피(牛皮)요 귀자(貴者)는 녹피(鹿皮)'라고 나와 있지만 『경국대전』 의장조(儀章條)에는 계급에 따라 달리 신발을 신었다는 내용이 나와 있다. 특히 민간에서 사용하는 피혜의 종류가 무척 많았다.[22]

---

20 진단학회, 「한국사」 '근세 후기편', 1968, pp. 667~668.
21 진단학회, 위의 책, pp. 667~668.
22 진단학회, 위의 책, pp. 667~668.

4. 기후대에 따른 의복 형태

복식 발생의 역사를 보면 자연 발생과 인위적 설정의 두 경우를 들 수 있다. 특히 복식의 발생에 가장 직접적으로 관계되는 것은 자연 환경이라는 기후 조건이다. 기후 풍토는 복식의 발생이나 변천에 큰 영향을 미친다. 즉 추위나 더위, 바람, 눈과 비 등에 적응하기 위해 자연발생적으로 의복의 형태가 결정된다. 이와 같이 기후 풍토에 의해서 성립되는 의복의 양식을 분류해 보면 다음과 같다.

1) 한대 극한 지역의 의복

북극, 남극에 가까운 한대 기후 지역에 사는 주민들에게는 혹심한 추위의 눈과 얼음 속에서 살아 남기 위해 전신을 덮어 싸는 방한복이 발달하였다. 이러한 복장은 추위에 대항해서 적극적이고 의욕적인 요소를 갖추고 있는 것이 특징이다. 예를 들면 에스키모, 라프족 등의 복식이 그것이다. 이들 원주민들의 방한 의류는 식품과 더불어 생명 유지에 필수적인 생활 자재인 것이다. 에스키모인의 모피복을 보면 활동을 많이 하지 않고 보온이 필요할 때는 발

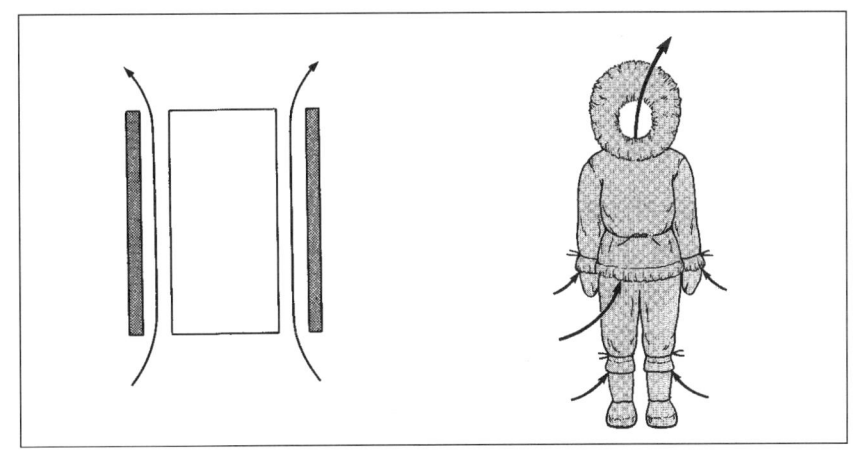

그림 Ⅱ-3 굴뚝 효과 및 에스키모인의 모피 옷 (자료 : 吉田敬一 외, 『신 의복위생』)

과 무릎의 개구부(開口部)와 상의 옷단, 소매 끝 및 목 둘레를 끈으로 폐쇄한다. 그러나 심한 육체적 활동을 할 때는 열을 방출시켜야 하므로 이러한 부분의 끈을 늦추어서 개방형으로 한다. 그렇게 하면 느슨한 개구부에서 들어온 공기가 따뜻해져서 목둘레에서 수분과 함께 밖으로 나간다. 이와 같은 의복 내의 환기를 굴뚝 효과라 한다.

2) 열대 혹서 지역의 의복

적도를 중심으로 한 지역의 주민은 높은 온도와 타는 듯한 더위에 대응하기 위해 거의 옷을 입지 않고 지내므로 의복 형태가 단순하다. 나체에 가까운 복식으로 허리 부분에 간단한 풀잎이나 나뭇잎을 걸치는 등 엉덩이 부위만을 가리는 의복 형태가 많다. 그러나 열대 우림 지역은 고온 다습하여 물과 비(雨)에 견디는 의복이 발달하였다. 특히 더위로 인하여 사지가 노출된 단순한 형식의 복식이 자연적으로 형성되었다.

3) 고온 건조한 사막 지역의 의복

아열대 고압대에 속하는 이 지역은 대부분 사막으로, 강우가 거의 없고, 일사가 강하며 지상 온도가 40~50℃의 고온이지만 습도는 아주 낮아 건조하다. 따라서 땀의 증발이 많고, 오아시스 지역을 제외하면 거의 사람이 살 수가 없다. 이와 같은 기후 지역에서는 강한 일사를 막고, 인체의 수분 증발(땀)을 억제하기 위하여 머리에서 발끝까지 전신을 완전히 덮어 싸는 복장을 취한다.

예를 들면 이슬람 지역의 도시에서는 여자들이 흰색 또는 검은색의 천[23]으로 몸과 얼굴을 가린다. 이러한 형태의 의복은 일사가 매우 강하고 모래 바람이 수시로 불어 대는 사막에 적합한 의복의 형태이다. 이러한 이유로 남자는 머리에 '터번'이라는 천을 두르고, 여자는 '차도르' 혹은 '히잡(hejab)'이라 부르는 길다란 너울을 두르고 다닌다.

---

23 이들이 검은 옷을 입는 이유는 땀을 빨리 마르게 하면 수분이 증발하면서 열을 빼앗아가므로 더 시원함을 느끼게 되기 때문이다.

4) 온대 기후 지역의 의복

(1) 여름에 건조하고 겨울에 습윤한 기후 지역

이러한 특성을 나타내는 기후를 지중해성 기후라 한다. 비교적 온화한 기후로 자연의 위험이 없고, 사람들의 복식은 가볍고 쾌적한 것을 특색으로 한다. 그 예로 고대 그리스나 로마 시대의 두르는 의복 형태, 남부 프랑스의 민족 의상, 스페인의 민속무용 의상 등을 들 수있다.

(2) 연중 온화한 서안 해양성 기후 지역

서부 유럽이나 북부 유럽에서 흔히 볼 수 있는 기후로, 비교적 저온이며 음습하고 흐린 날이 많다. 이 기후 지역에서는 한랭에 대한 방어가 필요하고, 항상 일광을 갈망해서 맑은 날에는 일광욕을 즐기는 풍습이 있다. 대체로 겨울의 습윤하고 추운 날씨에 적응하기 위해서 상의와 하의로 분리되는 의복 형태를 원칙으로 한다. 이 형태의 의복이 변화하여 나타난것

〈아바(aba)〉　　　　　　　〈한복〉

그림 II-4 건조 기후와 온대 기후의 의복의 예

이 현재의 양복 형식이다. 이러한 형태의 의복은 변화가 많은 기후나 지형에 적합하고 생활에도 편리해서 복장의 기본형이라고 불린다.[24] 특히 바람이 많이 부는 해안 지역에서는 찬바람으로부터 몸을 보호하기 위한 윈드 브레이크(wind breaker)[25] 형식의 의복이 발달하였다.

(3) 여름에 습윤하고 겨울에 건조한 기후 지역

이 기후는 여름에는 고온 다습하고 겨울에는 한랭 건조하다. 이러한 기후가 나타나는 지역은 일본과 우리나라 등이다. 여름은 개방적인 의복 형태가 필요하고, 겨울은 추위로부터 신체를 보호하기 위해 온 몸을 감싸는 형태의 의복이 필요하다. 우리나라의 한복, 일본의 기모노 등을 들 수 있다.

5. 의복의 선택

의복을 고를 때 고려해야 할 것은 보온, 청결, 착용감, 맵시 등이다. 외부의 온도는 건강상 생각하지 않을 수 없는 가장 중요한 요소다.

사람의 몸은 외부 온도의 변화에 민감하게 체온을 조절한다. 즉 체온이 36.5℃인 사람은 그 체온을 일정하게 유지하기 위해 주변 온도의 변화에 따라 더울 때는 주로 피부 표면에서 땀을 내어 열을 식히고, 추울 때는 몸 속에 있는 열원을 연소시키거나 또는 혈관과 피부를 수축시켜 열을 빼앗기지 않도록 한다. 혈액 순환은 적당한 체온에 의존하고 있다.

외부 온도가 약 26℃일때 바람이 없으면 맨몸으로도 더위나 추위를 느끼지 못한다고 한다. 따라서 이 온도보다 외부 온도가 낮을 때는 의복으로 활용하여 체온을 유지해야 한다. 반대로 외부 온도가 높을 때에는 이것을 차단하는 의복을 열을 발산시켜 온도를 조절한다. 중요한 것은 피부 표면과 의복 사이의 온도와 습도인데, 가장 적당한 온도는 30~32℃, 습도

---

24 백영자, 유효순, 『서양의 복식 문화』, 1998, 경춘사.
25 윈드 브레이크는 본래 영국에서 귀족들이 덮개 없는 차를 타고 영지를 둘러 볼 때 찬바람으로부터 몸을 보호하기 위해 입기 시작한 방한 기능을 중시한 점퍼형 의복이다.

는 40~60% 라고 한다.

침구의 온도는 일어나 있을 때의 온도보다 2~3℃ 높은 것이 좋다고 한다.

의복의 보온성과 관계 있는 것은 의복의 재료, 의복 전체의 함기량, 통기성, 열 전도성, 색깔, 의복의 모양 등이다. 즉 함기량이 많고 통기성과 열 전도성이 작은 의복이 따뜻하다. 또한 색깔은 검정이나 검정에 가까운 것으로, 옷깃이나 소맷부리 등이 많이 터지지 않은 것이 따뜻하다. 반대로 함기량이 적고, 통기성과 열 전도성이 크고, 색깔이 희거나 또는 이에 가까운 색으로서 가슴이 넓게 패이고 소매가 짧은 것은 시원하다.

울(wool)이나 테트론, 울의 혼방은 따뜻한 옷감이다. 가죽, 종이 또는 올이 촘촘한 직물인 견직물, 나일론 등은 함기량은 적지만 통기성이 작고 열 전도성이 작아서 겉옷으로 입으면 내부의 따뜻한 공기를 보존하므로 따뜻한 옷감에 속한다.

의복은 두 겹 겹쳐 입는 것이 따뜻하다. 이 경우에 겹쳐진 사이가 너무 밀착되거나 헐거우면 춥게 느껴진다. 5~10mm 정도가 적당하며, 옷이 더러워졌거나 눅눅하면 춥다.

여름에는 얇은 옷감이 사용된다. 시원한 의복으로는 마(麻)나 무명 옷감이 적합하다. 특히 더운 지방에서는 파초의 섬유질로 만든 옷감을 사용하는 곳도 있다. 최근에는 화학섬유로 여름에 알맞은 얇은 옷감을 만들어 이용하고 있다.

강렬한 여름의 뙤약볕, 용광로 등 열기가 심한 환경에서 일하는 사람이나 소방대원 등은 두꺼운 옷감으로 만든 옷을 입음으로써 외부의 열을 차단시켜 몸을 보호할 수 있다.

6. 계절에 따른 한복

1) 우리나라 기후의 특성과 한복

한반도는 중위도 냉·온대 기후 지역에 속한다. 또한 유라시아 동쪽에 위치하여 동안 기후의 특색을 보이며 유라시아 대륙과 태평양의 영향을 동시에 받고 있으므로 계절풍 기후의 특색이 강하게 나타난다.

겨울철에는 대륙의 영향을 강하게 받는다. 즉 대륙 내부인 시베리아에서 한랭 건조한 북서계절풍이 불어와, 우리나라는 같은 위도의 서안보다 더 춥다. 이와는 반대로 여름철에는 태평양으로부터 고온 다습한 남서 내지 남동계절풍이 불어와 무더위가 지속된다. 한여름이 시작되기 전인 6월 하순에서 7월 중순까지는 장마가 있어 연강수량의 절반 이상이 이 시기에 내린다.

한편 우리나라는 남북으로 긴 반도국이므로, 남북간의 기후 차이가 크며 동서간의 차이도 나타난다. 이러한 차이는 특히 겨울철에 심하게 나타나는 현상이다.

이러한 기후 특성으로 한복은 활동하기에 편리하고 추위에 견딜 수 있도록 상의와 하의가 분리된 저고리와 바지가 기본이 되었다. 겨울의 한랭한 기후와 여름의 고온 다습한 기후 특성에 맞게 발달해 왔다. 여름철에는 시원한 삼베옷과 모시옷을 입었으며, 겨울철에는 따뜻한 솜을 넣은 무명옷을 입었다. 그 외에 계절에 맞는 장신구나 생활용품들을 한복과 어울리게 갖춤으로써 어려운 기후 조건을 이겨내고자 하였다.

2) 더위와 한복

삼복 더위를 이겨내기 위한 한국의 여름 의류는 베와 모시다. 베와 모시는 통풍이 잘되어 더운 여름에 적합한 옷감으로 현대 화학섬유에 비할 수 없이 우수하다.[26]

한복의 가장 큰 특징은 양복처럼 꼭 몸에 맞게 만들지 않고 몸과 옷 사이에 통풍 공간을

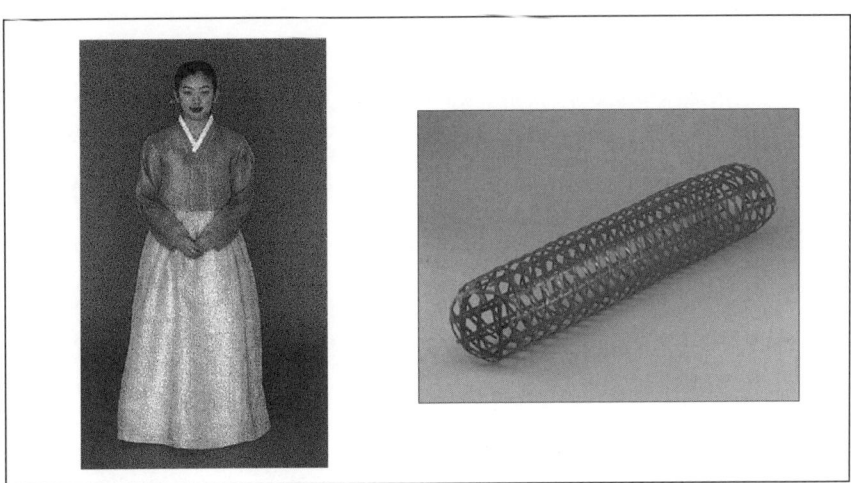

그림 II-5 모시옷과 죽부인

두는 여유 있는 구조다. 더욱이 여름 옷에 있어서는 말할 것도 없다. 털이나 비단 같은 동물성 섬유가 피부에 잘 붙는 데 비해, 면이나 삼베, 모시 등의 식물성 섬유는 몸에 붙지 않고 까슬까슬하기 때문에 통풍 공간을 만들어 선선한 옷감이 된다.[27] 이러한 공간 확보에서 해양성 고기압이 지배하는 지루하고 습기 낀 무더운 여름을 지내기 위한 현명한 의복 구조를 볼 수 있다. 그 여유 공간에 대류를 일으켜 살갗의 땀을 증발시키고 바람을 일으키는 자연풍을 의복 광학적으로 보장했다고 보아야 할 것이다. 또 통풍을 위해 지금은 사라지고 없지만 일제 시대까지도 여름에 등걸이를 사용하였고 겨울의 솜 토수 대신 여름에는 등 토수 또는 마미 토수[28]를 저고리 소매 속에 끼워 소매 속으로 들어 갈 바람 구멍을 마련하기도 하였다.

또 바람이 잘 통하는 대나무로 만든 죽부인이나 죽노를 만들어 한여름 밤의 더위를 식혔다. 여름철 한복의 대부분은 옷감 자체가 천연 소재로 되어 있어 바람이 잘 통하고, 품이 헐렁해 어지간한 더위는 잊고 지낼 수 있었다.[29]

---

26 김연옥, 앞의 책, pp. 231~232.
27 김연옥, 앞의 책, pp. 231~232.
28 재료는 등나무 줄기나 말 꼬리털이다.
29 이규태, 「선인의 지혜」, '더위도 피해가는 한 여름의 삼베 옷', 1989 , p. 8.

3) 추위와 한복

수렵생활 시기의 방한의(防寒衣)로는 대개 모피가 사용되었다. 그러나 농경생활로 들어서면서 이러한 모피는 특별한 지역이나 높은 지위에 있는 사람이 아니면 갖추기 힘든 값비싼 의복 재료가 되었다. 더구나 한국은 온돌이라는 특수한 난방 시설을 갖추고 있었기 때문에 어느 정도 추위를 이겨낼 수 있어, 의복에도 큰 영향을 주었다. 즉 온돌로 인해 다리를 접고 생활을 하였으므로 이에 맞게 바지의 통이 넓어졌다. 그리고 내복을 입지 않은 것도 온돌의 영향이다.

우리나라의 방한복으로는 북쪽 지방의 갓옷(皮衣)을 비롯하여 갓두루마기, 갓저고리[30] 등이 있었다. 일제시대까지도 여자의 갓저고리는 흔한 겨울옷의 하나였다. 그 후 온돌생활을 하면서 마래기[31], 조바위[32], 풍차[33], 남바위[34], 목도리, 토수[35] 등과 같은 방한구들을 이용하여 추위를 막았고, 장옷[36]이나 덮게치마(쓰개치마)[37] 등의 여성 외출복도 겨울철에는 방한복의 기능을 하였다. 또 솜을 넣어 솜두루마기, 솜저고리, 솜바지 등을 만들어 입었고 누비옷도 발달하였다. 방한용 상의로 남녀 모두 저고리 위에 배자[38]를 지어 입었다.

여름철 노동복으로 비 올 때 입는 도롱이가 있었으며, 일사가 강할 때는 대오리나 갈대로 만든 삿갓(방갓)을 썼고, 비가 오거나 눈이 올 때는 갓이 젖지 않도록 기름종이로 만든 갈모라는 일종의 모자를 썼다.

---

30 보통 저고리보다 큰 저고리 안에 양털과 같은 동물의 털조각을 모아 지은 저고리.
31 중국에서 온 모자의 한 종류, 청나라 때 관리들이 쓰던 모자.
32 조선시대 후기에 부녀자들이 쓰던 방한모로, 양반층에서 서민층까지 다양하게 사용하였다. 비단을 사용하여 만들며 머리 윗부분을 트고, 뒷부분은 파서 낭자 머리가 보이도록 하였다.
33 조선시대 남녀 두루 사용한 방한모로 위에 관이나 갓을 쓰고, 두루마기와 함께 착용하였다.
34 방한모로 정수리가 없는 점은 아얌이나 조바위와 비슷하나, 목뒤를 덮은 제비꼬리 모양의 덮개가 있으며 가죽털을 댄 것이 다르다.
35 토시라고도 하며 겨울과 여름에 모두 사용하였다. 겨울용은 방한구의 일종으로 비단, 무명 등으로 겹을 만들고 안에 털을 대었으며, 여름용은 저고리 소매 안에 들어가도록 등나무, 마미(말총)를 사용하여 만든다.
36 두루마기와 비슷하며 양 깃 끝에 자주 고름이 달려 있어 머리에 쓸 때 고름을 손으로 잡아서 턱밑에서 여민다.
37 장옷이 두루마기 모양인 데 반하여, 쓰개치마는 치마 모양인 내외용 치마다.
38 저고리 위에 덧입는 단추가 없는 조끼 모양의 옷이다. 소매와 섶, 고름이 없으며 깃은 좌우 모양이 같고 맞닿는다.

그림 II-6 조바위

그림 II-7 풍차

그림 II-8 남바위

그림 II-9 토수

그림 II-10 쓰개치마와 장옷

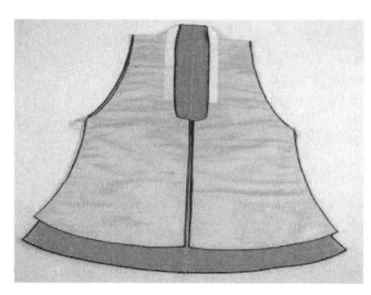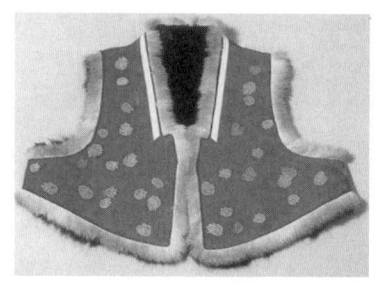

그림 II-11 남성용 배자와 여성용 배자

4) 유아복

아기가 태어났을 때 어느 지방에서나 공통적으로 입힌 옷은 배냇저고리였다. 이 배냇저고리는 신생아의 엷은 맨 살에 직접 닿는 옷이기 때문에 신생아를 다 쌀 수 있을 정도의 긴 저고리 형태로 만들되 깃과 섶을 붙이지 않았다. 이 밖에 배를 항상 따뜻하게 해주기 위하여 배두렁이를 입혔다.

또한 날씨가 찬 북쪽 지방에서는 배냇저고리 위에 두렁치마를 입혔는데, 명주나 무명을 어른의 치마 형태로 만든 것이다. 두렁치마는 찬 기운으로부터 아기를 보호할 수 있을 뿐만 아니라, 누운 아기의 등을 편하게 해 줄 수 있어 겨울에는 남쪽 지방에서도 많이 입혔다.

어느 정도 자라 배냇복을 벗게 되면 풍차바지를 입혔는데, 겨울에는 얇게 솜을 넣어 만들었다.[39]

---

39 김연옥, 『한국의 기후와 문화』, 1989, pp. 216~231. 유희경, 『한국복식문화사』, 1994, pp. 269~351.

제2장 기후와 식생활

기초대사라는 것은 깨어 있을 때 건강한 사람의 몸을 유지해 가는 데 필요한 최소한의 신진대사량이다. 이것은 에너지량으로 표시하는데, 덥지도 춥지도 않은 상태에서 앉아 있을 때 소비하는 에너지량을 말한다.

열생리학의 입장에서 보면 대사량은 몸의 단위 표면적으로 표현한다(kcal/m^2 · h). 20대의 기초대사량은 남자는 약 36.9kcal/m^2 · h, 여자는 약 33.5kcal/m^2 · h 이다. 또한 대사량은 육체 활동의 정도에 따라 변한다. 예를 들면 앉아서 하는 작업은 기초대사의 1.4배, 시속 1.4km로 걸어 갈 때는 4배이고, 조깅할 때는 약 10배에 해당된다.[40] 기초대사는 겨울에는 높고 여름에는 낮아 계절 변동을 한다.[41]

우리나라에서도 기초대사가 겨울에는 높고 여름에는 낮은 계절 변동을 나타내고 있지만, 식생활 습관 등의 변화로 그 변동폭이 작아지고 있다. 우리나라의 1인 1일당 영양 공급량을 나타낸 그림 II-12를 보면, 1인 1일당 식품 에너지 공급량은 1990년 2,853kcal로 식물성 86.1%, 동물성 13.9%를 차지하였다. 1997년 에너지 공급량은 2,956kcal로 식물성이 85.4%로 낮아진 반면 동물성은 14.6%로 높아졌다. 단백질 공급량은 1990년 89.3g에서 1997년 97.1g으로, 지방질 공급량은 1990년 72.2g에서 1997년 79.7g으로 증가하였다.

---

40 長田泰公 외, 『환경위생입문』, オ-ム社, 1990, pp. 63~64.
　또한 하루의 기초대사량은 남자는 1,500kcal/m^2 · h, 여자는 1,200kcal/m^2 · h 정도로 알려져 있다. 우리나라에서는 기초대사가 겨울에 높고, 여름에 낮은 계절 변동을 나타내고 있지만, 선진 외국에서는 기초대사의 계절 변동이 없다고 보는 견해가 일반적이다. 특히 지방질의 양이 많으면 기초대사의 연간 변동폭이 작아지고 있다.
41 홍성길, 『기상과 건강』, 1991, p. 142.

지구의 각 민족이 일상적으로 먹고 있는 다양한 음식은 민족의 기호, 오랜 관습, 전통 등에 따라 다르지만, 이러한 음식 문화의 차이는 자연 환경을 바탕으로 오랜 시간을 거쳐 형성된 것이다. 기후 환경에 따라 주곡의 종류가 다르며, 기온에 따라 섭취해야 할 기초대사량이 달라진다.[42]

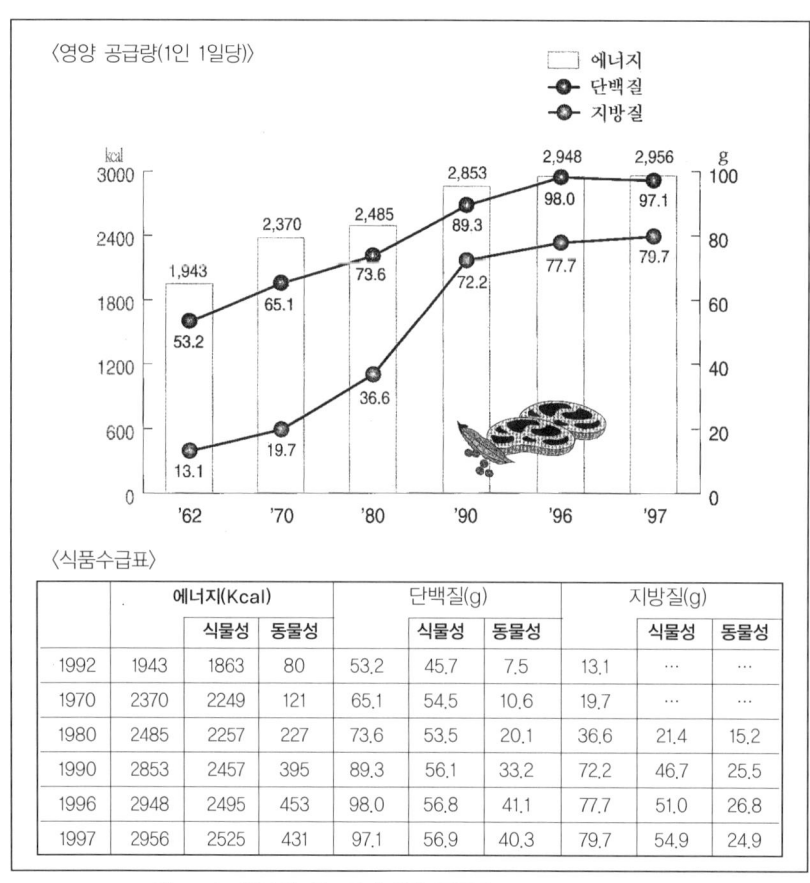

〈영양 공급량(1인 1일당)〉　　□ 에너지　●○● 단백질　●○● 지방질

	에너지(Kcal)			단백질(g)			지방질(g)		
		식물성	동물성		식물성	동물성		식물성	동물성
1992	1943	1863	80	53.2	45.7	7.5	13.1	…	…
1970	2370	2249	121	65.1	54.5	10.6	19.7	…	…
1980	2485	2257	227	73.6	53.5	20.1	36.6	21.4	15.2
1990	2853	2457	395	89.3	56.1	33.2	72.2	46.7	25.5
1996	2948	2495	453	98.0	56.8	41.1	77.7	51.0	26.8
1997	2956	2525	431	97.1	56.9	40.3	79.7	54.9	24.9

그림 II-12　한국의 1인 1일당 영양 공급량(자료 : 한국농촌경제연구원)

42 김연옥, 『기후학 개론』, p. 501, 1991.

1. 세계의 기후와 식생활

인간에게 식생활은 생명과 직결되는 것으로 매우 중요하다. 나라별, 식생활 문화는 지역별로 그 지역의 환경에 따른 음식물의 조리 방법에 따라 달라진다. 그 밖에도 각 지역에서 생산되는 작물, 또는 가축 등 식품 원료의 종류에 따라 음식의 종류가 달라지기도 한다. 이러한 식생활 문화의 다양성이 생기는 요인은 무엇보다도 기후의 영향이 크다. 기후대에 따른 식생활 문화의 일반적 특성을 살펴보면 다음과 같다.[43]

열대 기후 지역에서의 인간의 신체는 온대 지방보다 많은 에너지를 필요로 한다. 따라서 첫째, 소화가 잘되면서 열량이 높은 음식이 필요하다. 지방질은 단백질이나 탄수화물보다 약 2배의 열량이 발생하므로 고온 지역에 거주하는 주민들은 비교적 고열량의 음식을 섭취한다. 또한 지방은 저장성을 띠고 있어 단열재 역할을 하고, 내장을 보호해 주기도 한다. 둘째, 향신료를 많이 쓴다. 더운 날씨 탓에 입맛이 없으므로 향신료를 많이 사용하여 식욕을 촉진시킨다. 또한 향신료는 미생물의 번식을 억제하여 식품 보존 및 소독, 방부제의 역할도 한다. 예를 들면 인도의 카레[44]는 대표적인 열대 지방의 음식으로 알려져 있다. 셋째, 발효 식품이 발달하지 못했다. 고온 다습한 기후에서는 음식을 가능하면 요리한 즉시 먹어야 한다. 발효가 되기 전에 음식이 부패하기 때문이다. 따라서 발효식품이 발달하지 못했고 음식의 종류도 다양하지 못하다.

온대 기후 지역 중, 여름철에 건조하고 겨울에 습윤한 지중해성 기후 지역에서는 올리브, 포도, 레몬, 무화과 등 건조에 잘 견디는 수목을 재배하는 과수 농업이 발달하였다. 이에 따라 올리브 기름을 이용한 음식이 매우 발달하였다. 그리고 연중 온화한 서안 해양성 기후가 나타나는 지역에서는 일조량이 적어서 채소나 과일 등의 식품이 다양하지 못하고, 특히 저장 식품이 발달하였다. 예를 들면 영국의 로우스트 비프(roasted beef)[45]나 블랙 푸딩(black

---

43 구천서, 『세계의 식생활 문화』, 향문사, 1994 / 김광호 외, 『식생활과 문화』, 광문사, 2000.
44 카레(curry)는 '여러 종류의 향신료를 넣어 만든 스튜' 라는 뜻이다. 카레라는 말은 남인도 또는 스리랑카어인 카리(kari)에서 온 말인데, 영국인들이 카레로 칭하게 되었다.   -파이낸셜 뉴스 중에서

pudding)[46] 등이 대표적 이다.

건조 기후 지역에서는 주민들이 주로 목축업에 종사하며, 가능하면 풀이 풍부하게 자라는 여름과 가을에 주로 가축의 젖과 그것을 가공한 유제품을 먹고, 젖의 생산량이 적거나 거의 없는 겨울과 봄에 고기를 먹는다. 또한 겨울에는 매우 춥기 때문에 도축한 가축의 고기를 저장하기가 쉽다. 예를 들면 몽고인들은 유즙을 마시기도 하지만 이를 가공하여 크림, 치즈, 요구르트, 버터, 발효주 등을 만들어 먹기도 한다.[47]

한대 기후 지역에서는 주로 날고기나 날생선을 먹고, 봄과 여름에는 산딸기[48]를 포함한 야생 식물을 섭취한다. 냉동, 훈제, 염장, 건조 등의 저장 방법을 이용하여 식량이 부족한 때에 대비해 음식을 비축한다. 특히 이곳의 주민들은 다른 지역에 비해 많은 양의 지방과 단백질을 섭취하는데도 불구하고, 심장 순환기 계통의 질병 발생률이 다른 지역보다도 낮다. 그 이유로 비디 생선에는 불포화 지방산이 많이 포함되어 있는 것으로 설명되고 있다.

그리고 기후 조건에 따라 술의 알코올 함량도 달라진다. 예를 들면 러시아 사람들이 높은 알콜도수의 보드카나 럼주를 즐겨 마시는 이유도 추위를 이겨내기 위한 방법으로 여겨진다.[49]

2. 한국의 기후와 식생활

한 민족의 식생활은 그 민족의 자연 환경, 역사, 문화의 변천에 영향을 받으면서 독특한 기호, 음식물, 양식 등을 생성하며 고유의 전통을 세워간다. 우리나라의 지형적인 조건은 평야가 적어 농사에 불리하다고 볼 수 있으나, 한편으로는 기후가 온화하여 농경에 매우 적합하다고 볼 수 있다. 인간 활동에 가장 크게 영향을 미치는 기온과 강수량을 보면, 극히 추운

---

45 가장 연한 안심에 통채로 소금과 후추를 뿌린 다음, 버터를 발라 오븐에 구운 음식으로 요크서 푸딩을 곁들인다.

46 돼지고기와 그 피를 넣어 만든 푸딩으로 북부 영국인에게는 일상적인 음식으로 알려져 있다.

47 김숙희 외, 『식생활과 건강』, 신광출판사, 1997.

48 특별한 손님이 오면 산딸기 술을 대접한다고 한다.

49 추운 날씨에 알코올은 짧은 기간 동안 효과적이지만, 결국은 열을 잃게 만든다. 음주한 후에는 혹독한 추위를 피하는 것이 좋다. 술과 흡연을 함께 하는 것은 좋지 않다는 연구 결과도 있다.

일부 지방을 제외하면 연평균 기온이 7~14℃의 분포를 보이며, 강수량은 1,200mm 내외로 농업 국가로 발전하는 데 큰 요인이 되어 왔다. 우리 민족은 이미 신석기시대부터 농경 문화를 이룩하고 토착 문화를 발달시켰다. 쌀을 주식으로 하는 관습은 역사가 수천 년이며 풍토와 자연 환경에 밀착한 농경 민족의 생활 태도는 우리 민족의 식생활과 문화 전반의 특성을 규정하였다.

우리나라 내에서도 기후, 지형의 지역적 차이에 따라 농작물의 산출이 달라져 각 지방마다 특색 있는 음식물이 발달하였다. 또한 우리나라는 4계절이 명확하여 계절에 따른 시절(時節) 음식이 발달해 왔다. 축산업은 유럽의 경우처럼 크게 발달하지 못하였는데, 여름철에는 고온 다습하여 사료를 재배하기 어렵고, 겨울철에는 사료를 장기간 저장할 수가 없기 때문이다. 따라서 예로부터 소고기를 먹기 힘들었으며 치즈, 버터, 요구르트 같은 유제품을 식품화하지 못했다.

1) 기후와 농업 양식

식물 성장기인 여름이 짧은 것은 농업에 큰 제약을 주나 여름의 고온다우는 열대성 작물인 벼, 쌀보리, 고구마, 목화 등의 재배를 가능케 하였으며, 기후 관계로 벼의 이기작은 불가능하고 논의 그루갈이는 중부 이남 지역에, 가을 보리는 멸악산맥 이남 지역으로 한정되어 있다. 또한 대체로 밭작물의 경우 남부 지방에서는 1년 2작, 관서 지방에서는 2년 3작, 관북 지방에서는 1년 1작의 토지 이용이 행해지고 있다.

각종 작물의 수확기인 가을이 건조하여 농작물의 품종과 결실을 양호하게 하나, 파종기인 봄철이 건조하여 파종과 발아에 불리하고 경우에 따라서는 논에 심는 작물의 파종기와 벼의 이앙기를 놓치는 경우가 많다. 파종기의 건조를 극복하기 위해 우리나라에서는 일찍이 진압이라는 일종의 건조 농법이 발달하였다. 이는 파종한 후 발로 밟아 모세관 현상을 유발시켜 토양의 수분을 최대한 이용하여 발아를 촉진시키는 방법이다.

가을에 심은 겨울 작물의 밭고랑은 대체로 동서 방향인데, 이는 겨울의 한랭한 북서풍을 막기 위한 방법이다. 또 농작물은 두둑과 두둑 사이의 낮은 고랑 안에 파종하는데 이는 높은 두둑이 방풍 역할을 함과 동시에 가을, 겨울, 봄 기간의 건조에 견딜 수 있도록 고안된 경작법이다. 습기가 많은 일본에서는 우리나라와는 달리 낮은 고랑을 피하여 높은 두둑 위에 파종하고 있는데, 이는 많은 습기로 인한 어린 묘의 피해를 막고 성장을 촉진시키기 위한 것이다. 또한 밭을 갈 때 북한 지방에서는 두 마리의 소가 끌고, 남한 지방에서는 한 마리가 끄는데 이는 북한 지방이 봄, 가을을 불문하고 남한 지방보다 건조 현상이 심하므로 심경(深耕)을 하기 위한 것이다.

2) 숟가락의 발달

우리 식생활 문화 현상의 하나로 숟가락과 식기의 발달이 두드러지는 것은 매우 특이한 일이다. 중국, 일본에도 옛날부터 숟가락이 없었던 것은 아니나 오히려 지금까지도 숟가락을 거의 사용하지 않는 편이다. 조선 후기 실학파의 대가인 박지원은 『열하일기』에서 중국에 숟가락이 없는 점에 놀랐다고 기술하고 있다. 숟가락의 발달은 죽, 국 등 마시는 식품의 발달에 기인한 것으로 추정되고 있다.[50] 옛날에는 훌륭한 집안의 며느리가 되려면 죽 끓이는 법을 스무가지는 알아야 했다고 하니 죽은 옛날부터 오늘에 이르기까지 우리 식생활에서 중요한 위치를 차지한다고 볼 수 있다. 우리나라가 이처럼 마시는 식사법이 발달한 것도 비교적 여름보다 겨울이 긴 것과 관계가 깊다. 즉 뜨거운 국물로써 추위를 이겨내고자 한 것이다.

3) 김치의 발달과 김장

김치, 장아찌 등 장기간 보존하는 저장법이 발달한 것은 1년의 반이나 계속되는 추위와 관계가 깊다. 김치에 대한 것으로는 이미 고려 후기 이규보의 시(詩)에 무, 김치에 대한 기록이 보이지만, 지금과 같은 매운 김치를 먹게 된 것은 고추가 전래되기 시작한 조선 중기 이

50 강인희, 『한국식생활사』, 삼영사, 1984.
　윤서석, 『한국음식-역사와 조리법』, 고대민족문화연구소, 1988.

후부터다. 고추는 긴 겨울 동안 채소를 먹기 위해 가공하여 저장하는 김장법의 발달을 가져왔다.

김장의 남북 현상이라고 할 수 있는 특징적 구분은 고춧가루의 많고 적음, 젓갈 사용의 종류[51] 등으로 나눌 수 있다. 일반적으로 북쪽 추운 지방에서는 고춧가루를 적게 사용하며, 백김치, 보쌈김치, 동치미 등이 유명하고, 전라도 지방의 매운 김치, 경상도 지방의 짠 김치 등도 지역의 기후를 반영한 결과다.

4) 기후에 따른 우리 술의 특색

우리 민족은 기원전부터 발효법을 익혔고 술을 담가 마시는 방법을 알았는데 그 중에서도 곡식으로 만든 소주가 크게 발달하였다. 『부녀필지(婦女必知)』에 소개된 '음식총론'에 의하면 음식과 술의 관계에 대하여 "밥먹기는 봄같이 하고, 국먹기는 여름같이 하며, 장(醬) 먹기는 가을같이 하고, 술먹기는 겨울같이 하라"고 한다. 이것은 대체로 음식의 4계절과 그 특색을 말한 것으로 밥은 따뜻한 것이 좋고, 국은 뜨거운 것이 좋으며, 장은 서늘한 것, 술은 찬 것이 좋다는 것을 가리킨 말이다. 일본 사람의 경우 술을 데워 마시는 것을 좋아하는데 우리는 찬 것을 좋은 것이라 한다.

우리나라 내에서도 기후 풍토에 따라 남북이 그 기호가 달랐다. 북쪽 추운 지방은 소주류의 화주(火酒)를 즐겨 마시고 남쪽에서는 막걸리가 더욱 애용되었다.

5) 계절 음식의 특색

우리나라는 봄, 여름, 가을, 겨울의 4계절이 명확하고 비가 알맞게 오며, 비교적 날씨가 따뜻하여 낟알, 나물, 과일 등을 비롯한 음식 재료가 잘 자라고 잘 익는다. 따라서 민족의 식생활도 일련의 계절적 특성을 가지게 되었다. 그것은 모든 음식물이 제철에 나는 것이어야 가

---

51 젓갈은 멸치와 까나리 등을 주로 사용하는데, 지방에 따라 액젓과 육젓을 사용한다. 김치 속으로는 벤댕이, 조기, 갈치 등을 사용하며 추운 겨울에 김치를 이용하여 여러 가지 음식을 만들었다.

장 맛이 좋고 영양가도 높으며 입맛을 당기게 하고 건강에도 이롭기 때문이다.

계절의 변화에 맞추어 질서있게 생활하기 위해서는 책력이 필요하다. 우리 민족의 본래 책력은 태음력을 기준으로 하였지만, 음력의 날짜를 보고 4계절의 변화를 정확하게 인식하기는 어렵다. 음력은 어디까지나 달의 삭망 주기에 의해서 정해진 역으로 태양의 위치와는 무관하기 때문이다. 태양의 천구상의 위치를 나타낼 수 있는 방법을 고안해서 음력의 날짜에 표시를 하면 그 때마다 계절의 변화를 정확하게 알 수 있다. 소위 24절기는 이러한 필요성 때문에 만들어진 것이다. 우리 민족은 이 절기에 따른 계절의 변화에 맞추어 농업, 어업, 사냥, 채집, 가정생활 등의 여러 가지 풍습이 주기적으로 이어진다. 이것은 세시(歲時), 월령(月令), 시령(時令)으로 불린다. 절기와 생활이 결부되어 여러 명절이 정해지고, 그 날은 맛있는 음식으로 조상에게 제사를 올리고 가족과 이웃이 서로 나누어 먹으니 이를 절식(節食)이라 하며, 계절에 따라 산출되는 식품으로 요리한 음식을 시식(時食)이라 한다.

추운 겨울이 가고 새싹이 움트고 꽃 피는 봄이 오면 사람들의 입맛을 당기게 하고 기력을 돋우는 음식이 요구된다. 따라서 산뜻한 맛과 싱그러운 향기, 아름다운 색깔로 잘 조화를 이룬 음식을 만들어 먹기 위해 노력한다. 이와 같은 욕구를 반영하여, 심어 가꾸는 나물들이 나기 전인 이른 봄에는 산과 들에 자라는 쑥, 냉이, 달래 등과 같은 나물을 즐겨 먹는다. 예를 들면 쑥버무리 떡, 쑥 절편, 쑥 밥, 애탕국[52], 진달래꽃전 등이 봄에 먹는 음식이다.

여름에는 땀을 많이 흘리고 더위 때문에 쉽게 피로하며 영양분도 많이 소모되고 입맛이 떨어진다. 따라서 시원한 음식, 기력을 돋우는 음식이 요구된다. 녹두묵, 청포묵, 콩국수, 닭국물에 애호박, 닭고기 칼국수, 영계백숙, 개장국 등으로 원기를 북돋는다.

오곡백과가 무르익고 한 해 농사를 마무리하는 가을에는 햇곡식으로 송편, 무시루떡, 인절미 등을 만들어 먹으며 토란국이 별미다. 햅쌀로 술을 빚으며, 햇 채소로 화양전[53]을 부치고 메밀 만두, 밀가루 만두를 많이 먹는다.

겨울이 되면 김장을 하고 그 뒷마무리를 하면서 시루떡을 해 먹는다. 신선로, 설렁탕[54] 등

---

52 어린 쑥을 끓는 물에 데쳐 곱게 이긴 뒤에 다진 고기를 섞어서 은행알 만큼씩 빚어 달걀을 씌워 펄펄 끓는 장국에 넣어 끓인 국.
53 도라지를 짤막하게 잘라 쇠고기와 버섯을 볶아서 꼬챙이에 꿴 음식.

도 겨울철 음식이다.

정월 설날, 입춘, 정월 보름, 2월 삭일, 3월 3일, 한식, 4월 8일, 5월 단오, 6월 유두, 삼복, 7월 칠석, 8월 추석, 9월 9일 등에는 각기 특별 요리를 하여 먹으면서 그날을 일컫는 풍속인 절식이 있다. 절식의 예는 '세시풍속'에서 소개하겠다.

6) 향토 요리[55]

우리나라는 국토 면적은 작으나 각 지방의 기후, 풍토에 맞는 특산물이 많이 생산된다. 아침, 저녁으로 사용하는 주식 종류만 보아도 남쪽 지방은 보리밥이 주이고, 북쪽 지방은 기장밥, 조밥이 주다. 각 도의 향토 요리에 대해 간략하게 소개하면 다음과 같다.

- 경기도 : 개성은 특히 옛 고도의 음식풍으로 격식이 높다. 경단, 조롱떡국 등이 특색 있는데 특히 설야적(雪夜炙)[56]이 유명하다. 그 외에도 수원 갈비, 양주의 메밀 국수, 용인의 오이지 등이 유명하다.
- 충청도 : 충청도를 대표하는 것은 서산의 어리굴젓이며, 그 외에 담북장, 호박풀대 등이 특색 있다.
- 전라도 : 전라도의 애저는 보신제로 유명하다. 그 외에 조개류와 김 요리에 특색이 있는데, 그 중에서도 전어의 창자로 만든 돔베젓이 유명하다.
- 경상도 : 석이버섯과 나물류
- 강원도 : 추운 지방에서 잘되는 감자의 고장이며 감자를 재료로 감자 경단, 감자떡, 감자 범벅, 감자 부침 등이 유명하다. 각종 산나물이 많이 생산된다.

---

54 선농제(농사를 다스리는 신인 신농에게 풍년을 비는 제사)를 지내고 나서 국왕을 비롯하여 조정 중신, 농민이 함께 밭을 간 뒤 백성을 위로하기 위해 소를 잡아 국밥과 술을 내렸는데, 선농단 → 선농탕 → 설농탕 → 설렁탕으로 변하였다.
55 윤서석, 『한국음식-역사와 조리법』, 수학사, 1988 .
56 소의 갈비나 염통을 기름과 훈채(파, 마늘, 부추 등과 같은 채소)에 조미하여 굽다가 반쯤 익으면 냉수에 잠깐 담그고, 센 숯불에 다시 구워 익히면 눈 내리는 밤의 술안주가 되는데 고기가 연하고 맛이 좋다.

- 평안도 : 기장 가루를 원료로 한 떡노치, 닭 고은 물에 쌀을 넣어 끓인 원반죽.
- 함경도 : 가자미 식혜, 수수떡.
- 황해도 : 오쟁이떡, 팥죽에 칼국수를 넣은 남매죽.
- 제주도 : 시원하게 조미한 냉국에 생선을 넣어 만든 자리회.

이렇듯 각 지방에는 특색 있는 향토 요리가 발달해 왔으나 요즈음은 교통 수단이 발달하여 식품의 운반이 쉬워지면서 이러한 향토 요리가 점점 사라져 가고 있는 실정이다.

7) 세시풍속[57]

(1) 정월

① 입춘 : 민가와 시전에서는 종이를 잘라서 입춘대길(立春大吉) 4자를 기둥이나 문설주에 붙이거나 혹은 축복하는 시로 대용하기를 궁전의 춘첩자(春帖子)의 예와 같이 하기도 한다.

농가에서는 입춘 날 입춘 시에 보리 뿌리를 캐서 풍흉(豊凶)을 미리 점쳐 본다. 대개 뿌리가 4가닥이면 큰 풍년이 되고 두 가닥이면 중간이요 한 가닥뿐이거나 없으면 흉년이 된다고 한다.

② 원일(元日) : 전날에 좋은 쌀로 가루를 만들어 물에 반죽하여 시루에 쪄서 목판 위에 놓고 떡메로 친 다음 조금씩 떼어 손으로 비비어 떡을 만드는데 둥글고 문어발 같이 길게하여 놓는다. 이것을 비빈떡이라 하는데 장국을 끓이다가 펄펄 끓을 때에 그 떡을 잘라서 집어넣는다. 돼지고기, 소, 꿩, 닭의 고기를 섞기도 하며, 섣달 그믐날 밤에 집안 사람의 수를 헤아려 한 그릇씩 먹는다. 이것을 병탕(떡국)이라고 한다.

설날에 남녀 노소가 새 옷을 입는 것을 설빔이라 하며, 친척이나 부근의 어른들에게 두루 다니며 절하는 것을 세배라 하고, 손님이 오면 대접하는 술과 음식을 세찬이라

---

57 세시풍속은 대산(臺山) 김매순의 「열양세시기」에서 주로 인용하였다. 열은 한강의 약칭, 양은 강의 북편이라는 뜻이다. 세시기는 풍속의 연중행사를 기록한다는 것이다.

한다. 원일부터 상원(15일)까지 소년들이 모여 사목희(四木戱)[58]를 하며 상원이 지나면 그것을 걷어 치우니, 속담에 보름이 지나 윷놀이를 하면 곡식이 죽는다고 하였다. 상원(보름날)에 민가에서 강정[59]을 만들어 제사를 지내기도 한다.

③ **상해일(上亥日)** : 상해일에는 부녀들이 콩을 뿌린다. 상말에 이르기를 돼지(亥)날에 콩을 뿌려 얼굴을 씻고 쥐(子)날에 옷을 잘 입고 나가면 친형제가 집에 찾아와도 알아보지 못한다 하였다.[60]

④ **상원(15일)** : 약밥[61]을 만들어 조상에게 제사도 올리고 손님도 대접하고 이웃이나 친지에게 보내기도 한다. 이 날, 날이 훤할 때에 술 한잔 마시는 것을 명이주(明耳酒, 귀밝이술)라 하고, 밤 3개를 깨물어 버리는 것은 교창과(咬瘡果, 부시럼을 깨무는 과실)라 하며 새벽에 정화수(우물에서 첫 번째 뜨는 물)를 길어 오는 것을 노용자(용의 알을 건진다는 것)라 한다. 부인과 아동이 아침에 일어나 친한 사람을 만나면 급히 불러서 그 사람이 대답을 하면 "내 더위 사 가거라" 하고, 그 사람이 대답을 아니하면 못 팔았다고 한다. 전설에 개에게 먹을 것을 주면 개 몸에 파리가 번성한다고 하며 상원일에는 민가에서 개에게 먹을 것을 주지 않는다. 속담에 '개 보름 쇠듯' 이란 말이 있는데 먹을 것 없이 지내는 것을 일컫는 말이다. 김에다 취나물 등을 속에 싸서 먹되, 많이 먹어야 좋다 하고 복쌈이라 한다.

(2) 이월

2, 3월에 가끔 풍우가 쓸쓸하고 춥기가 겨울 같은 때를 화투미(花妒媚, 꽃샘)라 한다. 속담에 2월 바람에 큰 독이 깨지고, 꽃샘추위에 설 늙은이가 얼어죽는다고 하였다.

① **삭일** : 우리 풍속에 2월 삭일(1일)은 노비의 날이라 하여 쌀가루로 떡을 만두 모양 같

---

58 윷 노는 것을 말하며 척사(擲柶)라 일컫는다.

59 전술에다 참쌀 가루를 반죽하여 떡 같이 만들어 가늘고 얇게 잘라서 말린 다음에 기름을 끓이다가 집어넣으면 곧 푸 하고 일어나 둥둥 뜨고 둥글고 크게 된 누에고치 같은 데다가 엿을 바르고 흰 참깨를 볶아서 입히는 것을 말한다.

60 안색이 좋아져서 다시 보게 된다는 말이다.

61 참쌀을 잠간 쪄서 밥을 만들고 기름과 꿀과 진장(眞醬)으로 고루 반죽하여 대추의 씨를 빼고 밤도 까서 잘게 썰어 섞되, 많고 적음은 쌀대로 대중하고 다시 쪄서 만든 밥.

이 만들되, 팥으로 속을 하고 시루 속에다 솔잎을 덮고 찌니, 이름이 송편이다. 노비에게 고루 먹이되 그 연치수(年齒數)대로 준다. 거실의 내외를 청소하되 깊은 구석까지도 다 비로 쓸어낸다.

② **춘분** : 춘분 전후에 양맥(兩麥)을 심은 뒤에 관찰사와 유수(留守)가 각각 관내의 농형(農形)과 우택(雨澤)이 어떠하다는 것을 아뢰고 대궐 안과 관상감, 승정원, 8도 4도 영하(都營下)에 측우기를 배치한다. 춘분 후, 추분 전에는 영, 읍(관찰사, 군수 등)이 가족을 거느리고 시찰 가는 것을 불허하였다. 이는 백성들의 노역을 빼앗으면 농사에 방해가 되기 때문이다.

(3) 삼월

경성(京城)의 화류(花柳)는 3월에 성하다. 남산의 잠두(蠶頭)와 북악의 필운(弼雲), 세심대(洗心臺)[62]는 행락객이 모이는 곳이다. 구름같이 옹기종기 모이고 안개같이 모여들어 한 달 동안은 떠들썩하다.

① **청명** : 이 날은 양력으로 한식의 하루 전날이거나 같은 날일 수도 있다. 청명날에는 내병조(內兵曹)에서 입절(入節)될 시각을 기다려 느릅나무나 버드나무를 뚫고 취화(取火)[63]하여 임금께 올리면 그 불을 홰에 다리어 나누어 준다.

② **한식** : 이 날에 조상의 분묘에 가서 제사하거나 주자 가례를 준행하고, 벌초와 사초(莎草)를 다시 한다. 고을 수령들은 취화된 불을 백성들에게 나누어 주는데 묵은 불을 끄고 새 불을 기다리는 동안 밥을 지을 수 없어 찬밥을 먹는다해서 한식이다.[64]

③ **곡우** : 봄비가 내려 곡식이 기름진다하여 붙여진 이름이다. 강에 서식하는 공지(貢指)[65]라는 물고기는 큰 것은 한 척이나 되는데, 비늘이 작고 살이 많아서 회를 할 수도 있고 국을 끓일 수도 있다. 매년 3월 초에 한강 미음(양주군 와부면 미음리) 전까지 올라온다. 곡우 전후 3일이 가장 많고 이 때를 지나면 없어지는데 강촌 사람들이 이것으

---

62 세심대는 선희궁 뒤 산줄기에 있다. 선희궁은 정조 임금의 조모 사당이 있음.
63 마승(麻繩, 마로 만든 노끈)을 나무 구멍에 넣고 양쪽에서 서로 잡아당겨 비비면 나무에서 불이 나는데, 이것을 취화라 한다.
64 『동국세시기』의 내용을 소개한 글이다.

로 절후(節候)의 조만(早晩: 빠르고 늦은 절기)을 짐작한다.

(4) 사월 파일(8일)

이 날은 민가, 관청, 시전에서 모두 등대를 세운다. 등대는 대나무를 연달아 잇대어 높은 것은 10여 장이나 된다. 채면(綵綿)을 비벼 기를 대 끝에 달고, 기의 아래에 가루나무를 매서 갈고리를 하고 줄을 엮어 그 양 끝이 땅까지 내려온다. 밤이면 등에 불을 밝혀 그 횡목에 다는데 많게는 10개, 적으면 3, 4개의 등을 단다. 민가에서는 아이들의 수 대로 줄에다 구슬을 꿰는 것 같이 주렁주렁 매단다. 등의 모양은 마늘, 오이, 꽃잎, 새 모양 등이고 그 종류는 이루 말할 수가 없다. 아이들은 등대 아래에 자리를 펴고 수부(水缶)놀이[66]를 한다. 중국에서는 15일에 연등을 하되 동속(東俗)은 4월 8일에 한다. 그 원류는 불교에서 나온 것이고 대개 이 날은 석가탄신일을 기념하여 연등을 한다.

(5) 오월 단오

우리나라 사람들은 단오를 수레(水瀨)날이라 하며 수뢰에다 밥을 던져 굴삼려(屈三閭)[67]를 먹인다는 날이다.

머리를 딴 남녀가 창포를 채취하여 물에 끓여 머리를 감고 그 뿌리의 흰 부분을 4촌이 되도록 깎아[68] 그 끝에 주사(朱砂)를 찍어 귀밑머리에 꽂기도 하고 허리에 차기도 한다. 남녀의 연소한 사람들이 추천희(그네 뛰는 것)하는 것은 경향(京鄉)이 다 같으나 평안도에서 더욱 성행하였고 고운 옷과 좋은 음식으로 즐기고 논다.

관상감에서 대궐로 두 가지 부적[69]을 올리면 문 위에 붙이고 임금은 신하들에게 이것을 내린다. 또한 궁중의 장(醬)을 맡은 관청에서는 황두(누런 콩)를 절에 나누어 메주[70]를 만들게 하였다가 단오일에 대궐로 진상하고 끝난 뒤에 찾아간다.

---

65 혹은 공지(貢指)는 곡지(穀至)가 잘못 전해진 것이라 보는 견해도 있다. 곡지는 '곡우 때 온다' 는 말이라고 하였다.

66 느티떡, 소금에 볶은 콩을 먹고 물동이에다 물을 담고 바가지를 덮어 놓고 돌려가면서 두드리고 노는 놀이를 말한다.

67 중국 전국시대 삼려대부 굴원이, 충분(忠憤)을 못이겨 5월 5일에 멱라수에 던져 죽으니 사람들이 이 날이면 물에서 굴원의 혼을 부르고 제사하는 중국 풍속이다.

68 창포를 깎는 것은 악귀를 물리치려 한다는 내용의 유래가 송의 단오첩에 기록되었다.

단오날이 되면 부채를 만들어 대궐에 진상하면 조정의 신하들에게 차등 있게 선사한다. 부채 품질에 대하여서는 호남의 것이 상품이요, 호남 것 중에도 남평 것이 극상품인 까닭에 남평선(南平扇)의 우수성이 천하에 소문이 났다.

(6) 유월 복일(伏日)

이 날에 개를 삶아 국을 만들어 먹으면 양기를 돋운다 하고, 팥으로 죽을 쑤어 먹어서 염병을 예방한다고 한다. 대추나무는 삼복 때에 열매가 열리나 비가 오면 열매가 떨어진다고 한다. 청산, 보은 두 읍은 대추나무가 자라기 적합한 까닭에 그 지방 사람들은 생업으로 많은 대추나무를 심었다. 의식과 혼수 비용이 대추에서 나오는 까닭에 삼복에 비가 쏟아지면 청산, 보은 처녀 눈물이 비 쏟아지듯 한다고 했다.

(7) 칠월

제주 목장에서 해마다 공출하는 말이 이 달이면 서울에 온다. 그 말들 중에 상품은 사복사(司僕寺)에다 두고 그 다음은 동쪽 근교에 있는 전교(살곶이 다리) 목장에서 기르는데 신하들도 모두 한 필씩 하사 받았다.

중원(15일) : 신라의 옛 풍속에 전하여 오기를 왕녀가 육부 여자를 인솔하고 7월 16일부터 6부 뜰에 모여 삼을 삶기 시작하여 8월 15일이 되면 많고 적은 공적을 가려, 지는 사람이 술과 음식을 만들어 이긴 사람에게 사례를 하고 서로 어우러져 가무를 즐기며 그 외에도 여러 가지 놀이를 하였다. 7월 망일(15일)은 백종절(百種節)이라 하고 8월 망일은 가배(가위)날이라고 한다. 혹은 신라와 고려에서는 불교를 숭상하여 불공하던 풍습에 따라 중원에 100종의 꽃과 과실을 공양하여 복을 빌었으므로 백종이라 명명하였다고도 한다.

---

69 부적 내용은 「향토 서울」, 제2호, 서울특별시사편찬위원회, 1958, p. 153 참조.
70 이 메주를 절 메주라 하며, 그 메주로 만든 장은 검고 특별히 진하여 진장이라 하였다.

(8) 중추(추석)

가배라는 명칭은 신라의 풍속이 내려온 것이다. 이 날에 만물이 다 자라고 중추는 또 가질(佳節)이라 하므로 민간에서는 이 날을 중하게 여겨 아무리 궁핍한 집이라도 쌀로 술을 빚고 닭을 잡고 떡도 하고 과실과 좋은 안주를 소반에 가득하게 차렸다. 사람들이 말하기를 "더 하지도 말고 덜 하지도 말고 늘 한가위날 같으라."고 하였다.

(9) 구월

세종 때에 우의정 유관이 청하되 당, 송의 고사를 인용하여 3월 3일과 9월 9일을 영절(令節)로 삼아 대·소 신하들에게 명승지를 선택하여 유락(遊樂)하게 하여 태평성대의 형용을 하게 하시라 하니 왕이 허락하였다. 중엽 이후로 여러 번 난리를 겪으면서 이 풍속은 쇠하여 졌으나 옛 일을 좋아하는 사대부 사람들은 이날 높은 곳에 올라가 시를 지어 하루를 즐기는 일이 많았다.

(10) 시월

맹동(孟冬, 10월)에 추위가 시작되면 겨울을 지낼 백 가지 물건을 준비하는데 그 중에서도 심장(沈藏, 김장)이 큰 일이었다. 심장이라는 것은 무뿌리와 배추 줄거리를 가져다가 소금물에 절인 뒤에 고추, 생강, 파, 마늘 등 여러 가지 재료를 섞어서 항아리에 담고 묻어 얼고 상하지 않게 방비하는 것이다.

두자미(두보, 당의 시인) 추채시(秋菜詩)에 동청반지반(冬菁飯之半)[71]이라고 한 것이 이것을 말한 것이다.

이십일 : 강화 바다 가운데에 험한 암초가 있는데, 이름은 손석항(孫石項, 손돌목)[72]이다. 방언에 산수가 험하고 좁은 데를 항(목)이라 하는데, 예전에 선부(뱃사공) 손석이라는 사람이 10월 20일에 이 지점에서 억울하게 죽었으므로 그 땅에 이름을 붙인 것이다. 지금까지도 이 날이 되면 바람이 몹시 불고 소름이 끼치도록 추워 뱃사람들이 경계를 하고, 집에

---

71 겨울 청채는 양식의 반.

있는 사람도 털옷을 준비하였다고 한다.

(11) 십일월 동지

이 날 관상감에서 임금이 보기도 하고 반사(頒賜)도 하는 역서를 대궐로 진상 한다. 역서는 다 황색으로 포장하고 그 다음으로 청장력(靑粧曆), 백력(白曆), 월력(月曆), 상력(常曆) 등 각 색이 있다. 이것은 지품(종이의 질)의 좋고 야무진 것과 포장으로 분별하는 것이다.

이 달력은 모든 관원들에게 나누어 주는데, 관원들은 이를 다시 친지들에게 나누어 주었다. 단오에 부채를 주고받는 풍습과 더불어 이러한 풍습은 '하선동력(夏扇冬曆)'이라 한다. 『동국세시기』에 의하면 동짓날을 아세(亞歲)라 했고, 민간에서는 흔히 '작은 설'이라 하였다. 그 유풍은 오늘날에도 여전해서 "동지를 지나야 한 살 더 먹는다." 또는 "동지 팥죽[73]을 먹어야 진짜 나이를 한 살 더 먹는다."는 말을 하고 있다.

(12) 십이월

십이월이 되면 제주 목사가 감, 귤을 임금에게 진상하고, 임금은 성균관 학생들에게 반사하고 친히 시제를 내어 시취(詩取)하기를 하여 수등(首等)된 사람은 사제(賜第)하니 명호(名號)는 황감제(黃柑製)다.[74] 내의원과 각 영문(훈련도감, 금위영, 어영 등)에서 음력 12월에 각종 환약을 만들어 공, 사, 경, 향에 나누지 아니하는 데가 없고 그 중에도 청심원, 소합원이 가장 기이한 효과가 있다. 중국 북경에서는 사람들이 청심원을 기사(起死)하는 신약이라 하여 위로 왕족, 귀인부터 아래로 일반 백성들까지 서로 가지려고 하였다. 납평(臘平)의 잡은 짐승들 고기가 사람에게 다 좋되, 참새는 노약자에게 이(利)하다 하여 그물을 치고 잡는다.

제석(除夕, 섣달 그믐날 밤) : 집에서는 마루, 방, 아래 채, 부엌, 화장실 등에 밤이 다 가도록 등을 밝히고, 상하(上下) 노유(老幼) 남녀가 닭이 울도록 자지 아니하는 것을 수세(守

---

72 손돌목에 대한 전설은 많으나 본문대로 말한다.
73 동짓날에는 동지팥죽 또는 동지두죽(冬至豆粥), 동지시식(冬至時食)이라는 오랜 관습이 있는데, 팥을 고아 죽을 만들고 여기에 참쌀로 단자를 만들어 넣어 끓인다. 단자는 새알 크기로 만들기 때문에 '옹시래미(새알심)'라 부른다. 팥죽은 시절식(時節食)의 하나이면서 신앙적인 뜻을 지니고 있다. 즉 팥죽에는 귀신을 쫓아내는 기능이 있다고 보아, 집안 여러 곳에 뿌려 둔다.
74 임시로 과거를 실시하여 사람을 등용하는 일이 있는데, 이를 황감제라 한다.

歲)[75]라 한다. 아이들이 피곤하여 자면 위협하기를 섣달 그믐날 밤에 졸기만 하여도 눈썹이 하얗게 된다고 했다. 제석날 밤에 관상감에서 대궐 뜰에다 대나(大儺)[76]를 설비한다.

75 묵은해를 지키는 것을 수세라 한다.
76 주례에 대나한다는 조문이 있다. 대나는 사귀(邪鬼)를 쫓는다는 것으로 논어 '향당편'에 시골 사람이 나례(儺禮)를 하면 공자가 의관을 정제하고 나섰다는 문구가 있는 주나라 때부터 내려온 풍속이다.

제3장 기후와 주거생활

주거는 인간 생활의 터전으로서 안전하고 쾌적한 생활을 위해 만들어져야 한다. 이미 옛날부터 주거는 각 지역의 기후, 재료, 생활 기반 등에 의해 형성되었다. 주거 형태의 결정 요인으로는 기후적인 측면과 문화적인 측면을 들 수 있지만, 물리적인 구조물로서의 기능에는 기후가 중요한 요소가 된다. 전통적인 주거는 풍토, 문화, 기술 등을 배경으로 자연환경 속에서 쉽게 얻어지는 다양한 건축 재료를 이용하여 주거 공간을 확보해 왔다.

다음에서 기후 유형에 따른 주거 형태, 우리나라의 지역별 가옥 구조 등에 대해 살펴보도록 하겠다.

1. 기후 유형에 따른 주거 형태

1) 열대 기후 지역의 주거

(1) 태국의 항상식(恒上式) 주거

고온 다습한 열대 기후는 하기(3~5월), 우기(6~9월), 건기(10~2월)로 크게 구분할 수 있다. 태국의 대표적인 주거 형태는 항상식 주거다. 이 형태를 기본으로 하여 강을 중심으로 발달한 수상 주거, 북부 산악 지방 특유의 주거 형태가 있다. 이러한 주거 형태는 불교 정신과 무속 신앙이 결합된 독특한 주거 문화를 창출하고 있다.

항상식 주거란 주택의 바닥면을 지면으로부터 대략 1.8~2.4m 정도 올려 지은 집을 말한다. 이러한 주거 유형은 비가 많고 습한 열대 기후를 견디기 위해 생겨났다. 바람이 잘 통하게 하기 위해 창문과 문의 크기는 크며, 벽은 나뭇잎이나 풀잎으로 엮는 것이 일반적이다. 또한 땅 위에 기둥을 박고 집을 지으면, 땅에서 올라오는 습기와 해충을 막고 잦은 홍수에 대비할 수 있다는 장점이 있다.

(2) 수상 주거

수상(水上) 주거는 물 위에 말뚝을 박고 집을 지은 형태로 고온 다습한 열대 기후에 대비하

그림 Ⅱ-13 태국의 항상식 주거

그림 Ⅱ-14 수상 주거

그림 II-15 미얀마 골든 트라이앵글 몽족 대나무 집

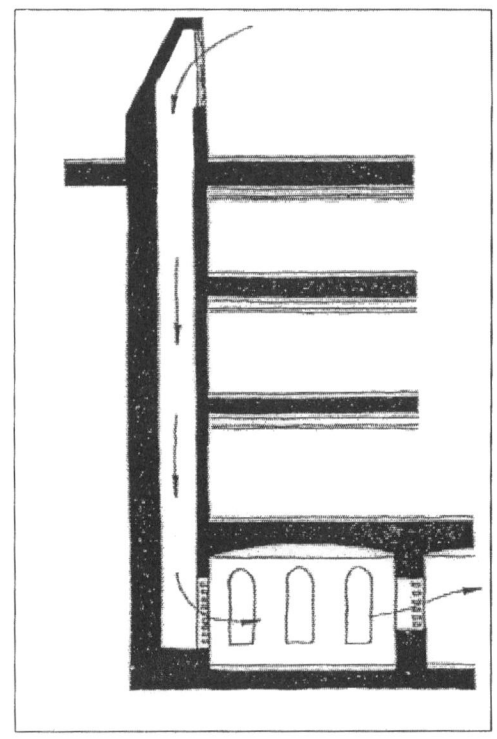

그림 II-16 바람 통로인 바드기르의 단면

(자료 : 주거학 연구회, 『새로 쓰는 주거 문화』)

기 위한 주거다. 벽은 나무 껍질로 되어있어 통풍이 잘되고 지붕은 빗물이 잘 흘러내리도록 경사가 급하며 지붕의 재료로는 나무껍질을 주로 사용한다.

(3) 열대의 대나무 집

동남아시아 정글에 사는 소수 민족들은 대나무로 집을 짓는다. 대나무를 얇게 쪼개 바닥을 깔면 후덥지근한 열대의 더위를 식힐 수가 있고, 바람이 잘 통해 시원함을 느낄 수 있다. 여름 몬순 기간의 많은 비로 인한 침수를 방지하기 위해 앞에서 서술한 바와 같이 지면에서 약간 높게 짓는다.

2) 건조 기후 지역의 주거

증발량이 강수량보다 많고 기온의 일교차가 크므로 나무나 식물이 잘 자라지 못한다. 지구상의 육지 면적의 약 25%를 차지하는 이 지역은 대체로 남, 북 회귀선을 따라 분포하지만 대륙의 내부에서도 널리 나타난다. 특히 건조 기후 지역에서는 기후 완화 장치의 하나로 바람 통로가 있는데, 이것은 지붕 높이 위의 미풍(微風)을 모아 사람이 사는 주거 공간으로 내보내는 시설을 말한다. 북아프리카에서 파키스탄에 이르기까지 바람 통로의 형태는 다양하다. 대표적인 예로 이란의 바드기르(badgir)[77]를 들 수 있다.

(1) 사막 지역의 주거

사막에 거주하는 원주민들은 주로 흙을 사용하여 집을 짓는다. 흙벽돌로 담을 쌓고 진흙을 물로 개어 벽에 바른 후 마른풀이나 나무 가지 등으로 지붕을 덮는다. 북부 아프리카 서쪽의 모리타니아, 말리 등으로부터 동쪽의 차드, 수단에 이르기까지 이와 같은 유형의 흙집을 많이 볼 수 있다. 그러나 수단의 자알린족 유목민들은 나일강변에 사는 덕분에 좀더 쉽게

---

77 바드기르는 대개 북쪽의 바람을 이용할 수 있게 통풍구 혹은 일련의 커다란 구멍이 있는 탑이다. 주택으로 바람이 불어오는 쪽의 높은 압력과 바람이 불어 가는 쪽의 낮은 압력은 통풍구 바닥의 개구부(開口部)로 보내지는 공기 이동을 확실하게 한다. 비록 공기는 방안의 공기보다 더 따뜻하겠지만 이러한 움직임이 땀의 증발을 도와 체온을 낮추게 한다.

그림 II-17 사하라 사막의 자알린족

그림 II-18 나이지리아의 토담집

집을 짓는다. 집의 재료는 파피루스인데, 모래 바닥에 나무 기둥 여러 개를 박고 그 위에 파피루스 줄기를 잘게 쪼개 엮은 지붕을 덮으면 훌륭한 집이 된다.

시리아에서는 토담집을 짓고 사는데, 중앙은 평지붕(平屋)이고, 진흙을 바른 원추형의 집 하부에는 벽돌을 이용한다. 더위를 막기 위해 창문을 사용하지 않고 실내에서는 땅바닥에 융단을 깔고 생활한다. 그 외에도 나이지리아, 카노의 토담집을 들 수 있는 데 더위와 하마탄[78]을 막기 위해 외벽을 에워싼 중정식(中庭式) 주택[79]으로 되어 있는 것이 특징이며 창문은 극히 적다.

또한 중국 산서성에서 하남성에 이르는 광활한 황토고원은 평균 고도 1,200m의 고지대로

---

78 12월부터 2월에 거쳐 사하라 지방에서 아프리카 서해안으로 부는 건조하며 모래를 함유한 열풍.

79 집 안의 안채와 바깥채 사이에 있는 뜰을 말하며, 그 기원은 아트리움에 두고 있다. 공간 이용은 지방마다 차이가 있지만 어떤 것은 단층, 어떤 것은 다층을 이루나 대체로 기후상으로 유사한 역할을 한다. 중정 마당과 평지붕은 밤에 열을 복사하기 때문에 여름에는 잠자기 위해 사용되기도 하지만, 겨울에는 덧문을 쳐서 열을 축적하는 효과가 있다.

서 고비사막으로부터 운반된 황토가 퇴적되어 있는 지역으로, 강수량이 매우 적어 건축 재료가 되는 나무가 자라기 어려운 곳이다. 따라서 건조하기 때문에 강도가 매우 커서 황토층을 파서 주택을 만들었다. 강풍에 의한 먼지를 방지할 수도 있고, 거주 공간을 확대시킬 수도 있는 지하집이 발달하였다.[80]

(2) 반건조 초원 지역의 주거

파오(겔)는 몽골이나 중앙아시아의 유목민들이 사는 원통형의 벽에 돔 모양의 지붕을 얹은 가옥으로 버들가지 등으로 뼈대를 만들고, 양모 펠트, 짐승 가죽 등으로 간단히 조립하는

그림 II-19 몽골 유목민의 겔

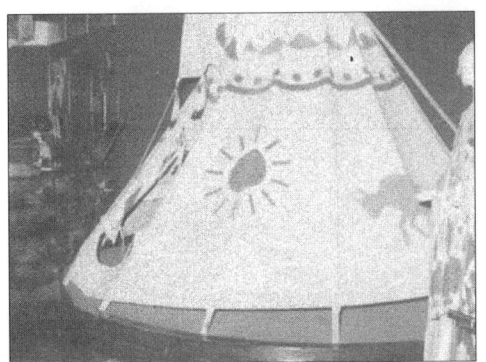

그림 II-20 아메리카 인디언의 티피

---

80 이왕기 외, 『세계의 민속주택』, 세진사, 1996.
　　주거학연구회, 『새로 쓰는 주거 문화』, 교문사, 1999.

가옥 형태다.

티피(tipi, tepee)는 북아메리카 인디언들의 가옥으로 인디언들이 들소를 사냥하면서 들소의 이동 경로를 따라 이동할 때 간편하고 신속하게 세웠다가 허물 수 있는 이동식 천막집이다. 티피의 입구는 항상 태양이 뜨는 동쪽이며 부족이 섬기는 동물 그림이나 전쟁 기록 등을 그려 넣는다. 이 외에도 아라비아 베드윈족의 유르트(yurt) 등이 있다.

3) 온대 기후 지역의 주거

온대 기후 지역은 4계절의 변화가 뚜렷할 뿐만 아니라, 기후가 온화하고 강수량도 비교적 알맞아 생활하기에 가장 적합하다. 최난월의 평균 기온은 18℃ 정도이고, 최한월의 평균 기온은 -3℃ 정도다. 이 기후는 온대 습윤(몬순), 지중해성, 서안 해양성, 온대 동계 건조 기후로 구분된다. 따라서 온대 기후 지역의 주거 형태는 나라별로 특색이 있다. 온대 계절풍 기후에 속하는 우리나라의 경우는 다음 장에서 서술하도록 하겠다.

(1) 영국의 가옥 경관

영국은 대륙 서안의 전형적인 해양성 기후 지역으로 여름에는 선선하고 겨울에는 따뜻한 기후 특성을 나타낸다. 그러나 날씨 변화가 매우 심하여 대체로 냉량한 기후 특성을 보인다. 이러한 기후 조건으로 인하여 나타난 주거 형태의 하나로 집안의 냉기와 습기를 제거하기 위해 옛날부터 벽난로를 이용하고 있다. 또한 안개가 많이 끼는 탓에 햇빛과 신선한 공기를 받아들일 수 있도록 창문을 크고 많이 만들었다.

(2) 프랑스의 가옥 경관

프랑스는 해양성, 대륙성, 지중해성 기후의 특색이 모두 나타나는 전형적인 온대 기후 지역에 속한다. 이러한 기후의 특색으로 나타난 깊은 처마는 여름의 강한 햇빛으로부터 피부를 보호하고, 겨울의 낮은 햇빛을 실내로 끌어들이는 역할을 한다.

(3) 일본의 가옥 경관

일본의 전통적 주거 형태는 지진과 화산 활동이 많고 고온 다습한 기후의 특성을 많이 반영하고 있다. 여름의 많은 비로 인한 습기를 제거하기 위하여 바닥에 까는 다다미와 장식 효과를 갖추며 방의 크기도 조절하는 후스마는 뛰어난 통풍과 습도 조절 기능을 한다.

다다미는 짚으로 만든 판에 왕골이나 부들로 만든 돗자리이다. 이것은 지진이 많아 온돌과 같은 난방 시설을 설치하기가 어려운 기후 풍토에 적합한 바닥 재료이다. 후스마는 목재로 된 양쪽 틀에 천 또는 종이를 발라 화려한 그림을 그려 넣는 등 장식 효과를 나타내며, 용도에 따라 방의 크기를 조절한다.

특히 눈이 많이 오는 지방에서는 출입구에 면한 추녀를 길게 내놓은 '강끼'라는 것이 있어 각 가옥을 연결하고 교통의 편의를 도모한다.[81]

4) 냉대 기후 지역의 주거

최한월의 평균 기온은 -3℃ 이하이고, 최난월의 평균 기온이 10℃ 이상으로, 온대와 한대의 중간에 나타나는 기후이다. 이 기후의 특색은 한서(寒暑)의 차가 심한 대륙성 기후인데, 크게 냉대 하계 고온 기후와 냉대 동계 건조 기후로 나눌 수 있다.

그림 II-21 러시아의 목조 가옥

그림 II-22 캐나다 북부의 목조 가옥

81 김연옥, 『기후학 개론』, 정익사, 1991, p. 509.

가옥의 건축 재료로 가장 많이 이용되는 것은 목재인데 목조 가옥은 세계의 삼림 분포와 밀접하다. 목재는 가장 보편적인 건축 재료로 이용되어 왔다. 기원은 통나무집인데 침엽수 림 지역에는 통나무를 이용한 목조 가옥이 널리 분포하고 있다. 예를 들면 알프스 고산 지역 의 통나무집인 샬레(chalet), 캐나다 북부의 통나무집, 이 밖에도 스칸디나비아 반도 지역의 통나무집 등이 있다. 특히 티베트 고산 지역에 거주하는 유목민들의 주거 형태는 텐트 형태 의 이동식 주거인 것이 특색이다.

5) 한대 기후 지역의 주거

양극 지방과 그 주변으로 최난월 평균 기온이 10℃ 미만으로 수목 생장이 불가능한 지역 이다. 알래스카, 캐나다, 그린란드 등 북극 연안 지역에 이누이트[82], 라프족, 사모에드족 등이 살고 있다. 이 지역에 살고 있는 사람들은 무엇보다도 식량과 보온이 필요하다. 따라서 식량 저장과 보온에 유리한 건조한 눈으로 만든 얼음집(이글루)에서 생활한다. 그러나 오늘날에 는 현대적인 건축물에서 거의 대부분 생활하고 있다.

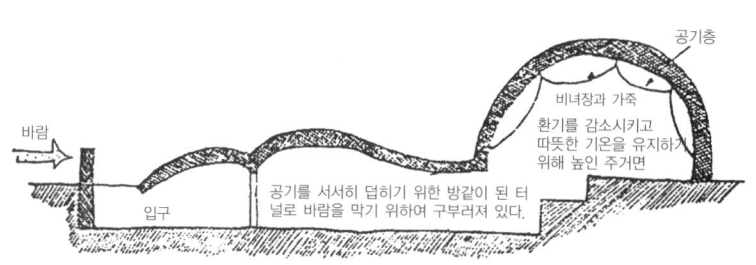

그림 II-23 이글루의 도식적 단면도

(자료 : John F. Griffiths, Climate & Environment)

---

82 에스키모란 '날고기를 먹는 인간' 이란 뜻이나 에스키모들은 스스로를 인간이라는 의미의 '이누이트' 라고 부른다.

2. 우리나라의 가옥 구조

한국의 전통 가옥은 지형적인 특성과 기후 특성을 잘 반영하고 있다. 배산임수(背山臨水)는 추운 겨울철에 북서 계절풍을 막아 주고, 연료를 쉽게 구할 수 있으며, 물이 흘러 식수 및 농업 용수의 해결이 용이하였다. 한반도는 대륙성 기후와 해양성 기후의 특성이 모두 있으므로 이러한 기후에 적합한 주거 형태가 발달하였다.

북쪽 지방은 대륙성 기후의 영향으로 추위가 심해 방한과 방온을 위해 방이 두 줄로 배열되는 겹집 구조를 나타낸다.

남쪽 지방은 평야가 많고 여름이 길고 무더운 기후 특성으로, 여름을 시원하게 지내기 위해 넓은 대청마루와 바람이 잘 통하는 가옥 구조를 보인다. 따라서 주거 공간을 여러 건물로 분산시키는 형태의 가옥이 발달하였고, 살림채는 비교적 규모가 작고 방이 한 줄로 배열되어 통풍에 유리한 홑집 구조가 발달하였다.

1) 지역별 가옥의 특성

(1) 북부형 : 겹집, 전자형

관북형은 방이 전(田)자형으로 방과 방이 붙어 있고 마루 대신에 정주간[83]이 있다. 그리고 부엌과 정주간 사이에 벽이 없고, 외양간과 광이 부엌과 같은 공간에 배치되어 폐쇄적인 공간 구조를 보인다.

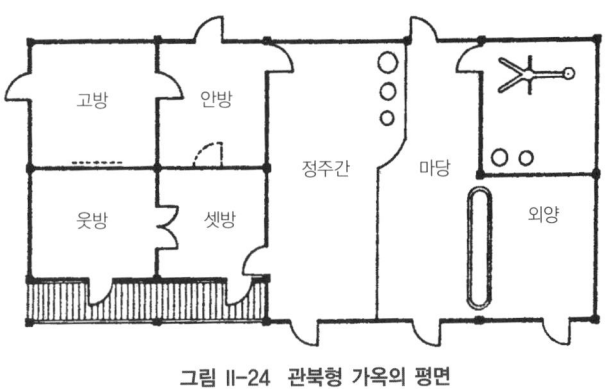

그림 II-24 관북형 가옥의 평면

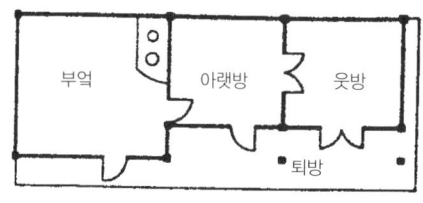

그림 II-25　관서형 가옥의 평면

관서형은 대체로 일(一)자형과 ㄱ 자형이 많다. 일자형의 경우 평면 구조가 대단히 단순하여 한국 가옥의 기본형에 가깝다. ㄱ 자형의 경우에는 부엌과 방 사이에 반드시 문이 있는 것이 특징이다. 안방에는 냉기를 막기 위하여 좁은 골방이나 벽장이 붙어 있고 툇마루가 있다.

(2) 중부형 : ㄱ, ㄷ, ㅁ 자형

기본 구조는 ㄱ 자형이며 안방과 건넌방 사이에 대청마루가 있다. 중부 지방은 과거에 양반이나 관료층의 집이 많아서 가옥의 구조가 ㄷ 자형이나 ㅁ 자형으로 변형된 경우가 많다.

(3) 남부형 : 홑집, 일자형

여름의 고온 다습한 기후를 극복하기 위해 개방적인 일자형 구조를 기본형으로 하고 있다. 방과 방 사이에 대청마루가 있고, 방 앞뒤로 툇마루가 놓여 있는 것을 흔히 볼 수 있다. 방의 넓이는 관북, 관서형에 비하면 약간 좁은 편이나 중부형에 비하면 넓다.

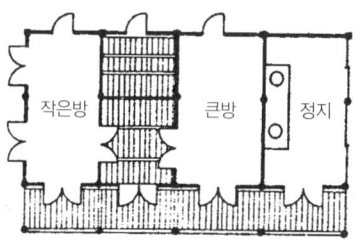

그림 II-26　남부형 가옥의 평면

---

83 정주간은 부엌에 붙은 방이기 때문에 가장 따뜻한 방이다. 침실로 이용하기도 하고, 거실, 식당으로도 이용하는 다목적 용도로 쓰이는 방이다.

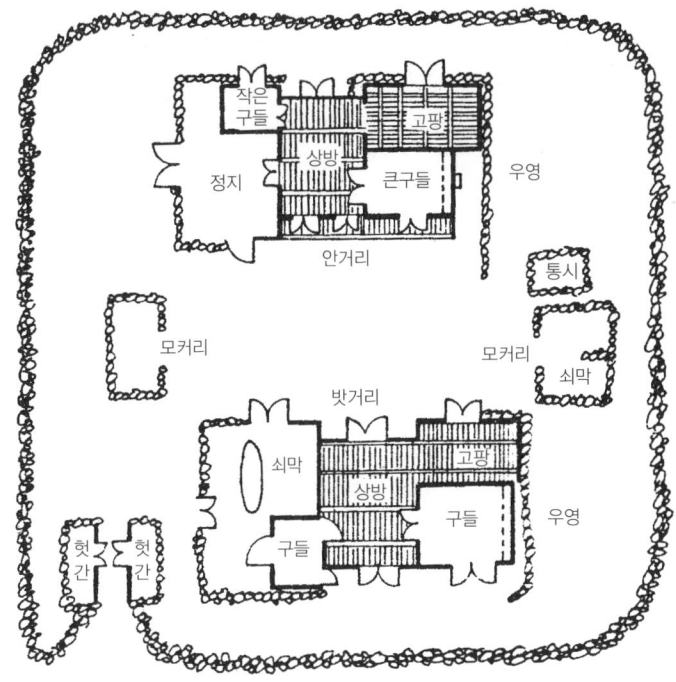

그림 II-27 제주도의 가옥 평면

(4) 제주형

넓은 의미로 남부형에 속하나 육지와 떨어진 섬인 관계로 가옥의 평면 형태에 특이한 점이 발견된다. 중앙에 상방이라는 마루를 두고 좌우에 방과 부엌이 있다. 방 뒤쪽에는 주로 곡류, 두류(豆類), 유채 등을 담는 항아리를 넣어두는 고팡이라는 방이 있다. 기후가 따뜻해 방의 일부에만 구들장을 깔고 그 외에는 흙바닥에 장판을 발랐다. 굴뚝이 없어 연기는 불을 땐 아궁이로 다시 되돌아 나온다.

제주도는 바람이 많이 불기 때문에 지붕 위를 새끼나 그물로 얽어매거나, 현무암으로 돌담을 처마 높이까지 높게 쌓아 바람을 막고 있다.

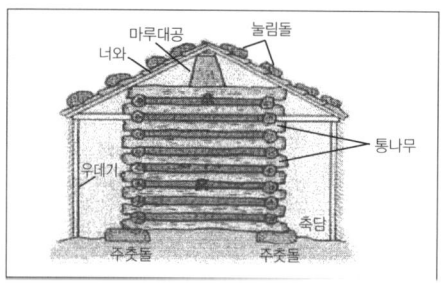

그림 II-28 울릉도 우데기의 외부와 내부, 단면

(5) 울릉도형

한국의 다설지로 알려진 울릉도의 가옥은 방설벽인 우데기라는 특수한 구조를 갖추고 있다. 우데기는 수수대, 새(띠, 억새의 일종), 싸리 등의 재료를 엮어 만드는데, 출입구를 제외하고 집 주위에 둘러막는다. 이는 바람과 비 또는 일사를 차단하는 기능도 동시에 지니고 있다.

2) 전통 가옥 내의 기후 조절

(1) 온돌

한옥의 가장 큰 특징은 온돌과 마루라 할 수 있다. 온돌은 춥고 찬바람이 부는 긴 겨울을 지내기 위한 난방 시설이다. 즉 온돌은 열의 전도, 대류, 복사 작용을 이용한 우리나라 고유의 열 시스템인데, 추운 날 아궁이에 불을 때서 구들장을 데워 방안을 따뜻하게 하였다. 아궁이에 불을 때면 그 열기로 음식이 조리되며 경사진 부넘기를 넘은 열과 연기는 아궁이로

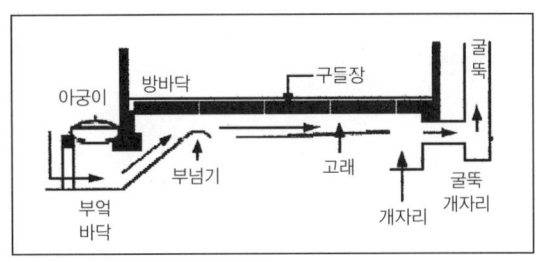

그림 II-29 온돌을 이용한 열 시스템

내닫지 않고 개자리에 이른다. 열과 연기는 개자리에서 머물다가 굴뚝을 통해 빠져나가므로 구들은 오랫동안 따뜻한 기운을 유지할 수가 있다.

같은 온돌이라도 지역에 따라 구조를 달리한다. 우선 굴뚝을 내는 방향이 지방마다 다르다. 굴뚝은 온도가 높은 남쪽에 설치하는 것이 유리하며, 굴뚝이 높을수록 이상적이다. 아궁이 쪽의 기압이 굴뚝보다 높아야 하기 때문이다. 즉 아궁이는 온도가 낮은 북쪽에 설치하고, 굴뚝은 온도가 높은 남쪽에 설치한다.[84]

(2) 마루

습기가 많고 더운 지방에서 발달한 개방형의 오두막집 형태에서 비롯된 것이 마루다. 대청마루는 중부와 남부 지방의 무더운 여름을 지내기 위한 구조이다. 마루 또한 앞뒤가 트인 통풍 구조로 되어 있는 것이 특징이다. 마루의 판마루는 사이를 두고 만들어졌는데, 마루 아래쪽으로 흐르는 바람이 판마루 사이를 통해 위로 올라와 그 위의 공간을 시원하게 만들 수 있는 구조로 되어 있다. 또한 앞뒤 문을 열어 놓으면 공간과 공간이 탁 트여 있어 맞바람을 이용하여 통풍이 잘 되도록 하였다.

마루는 기온 조절뿐만 아니라 습도 조절에도 매우 기능적인 구조다. 다습한 지역의 가옥일수록 마루의 높이가 높아짐을 알 수 있다. 마루와 지면과의 간격은 땅의 습기를 차단하는 역할을 한다.

---

84 온도가 높으면 기압이 낮고, 온도가 낮으면 기압이 높다.

그림 II-30 대청마루(왼쪽)와 누마루(오른쪽)

누마루는 주로 사랑채에 설치되었는데 기단(基壇) 없이 기둥 위에 설치된 형태로 원두막처럼 마룻바닥 밑으로 바람이 통하도록 사방이 트인 노출 공간이다. 누마루는 대청처럼 여름에는 문을 걸어 올려 주변의 자연 경관을 즐기는 공간으로 이용했으며, 겨울철에는 문을 닫아 차가운 공기를 막던 선비들의 레저 공간이었다.

(3) 흙벽

흙은 외부의 열을 차단하는 효과가 있어 더운 여름철 땡볕을 막아 실내 공간을 서늘하게 유지시켜 준다. 또 장마철에는 습기를 흡수하고, 겨울철 건조기에는 품었던 습기를 방출하는 기능도 한다. 이런 이유로 서민의 전통적인 토담집은 모두 흙벽으로 되어 있다. 토담집은 자연에서 얻을 수 있는 흙, 나무, 짚, 돌과 같은 재료를 이용하여 벽체를 만든다. 토벽을 세울 때는 우선 나무로 만든 거푸집[85] 공간에 볏짚을 짧게 잘라 골고루 섞고, 이긴 흙과 돌을 넣으면서 절구공이나 서까래[86] 같은 나무로 다져 놓는다. 그런 다음 거푸집 나무를 떼어 내고 벽체가 마른 뒤에 그 위쪽을 다시 만들어 올리는 방식으로 진행되었다. 토벽집은 비바람에 약하기 때문에 빗물로부터 벽을 보호하기 위해 처마가 깊어지기도 했다.

계절에 따라 자동적으로 온도 및 습도 조절이 가능했던 온돌, 마루, 흙벽 등의 시설은 우리 조상들의 현명한 지혜라고 할 수 있다.

85 부어서 만드는 물건의 모형을 거푸집이라 한다.
86 도리(기둥과 기둥 위에 돌려앉히는 나무)에서 처마 끝까지 건너지르는 나무.

그림 II-31 자동적인 열조절 기능이 있는 흙벽

(4) 처마

한옥은 처마가 깊다. 기둥 위에 있는 도리에 의지하고 서까래가 길게 뻗어져 나와 있어 지붕에서 흘러내리는 빗물이 기둥 밖으로 떨어지게 만들어져 있다. 이런 구조를 깊은 처마라 하는데, 이는 기둥의 높이에 비해 몇 퍼센트나 돌출하였는가에 따라 계산한다. 처마 깊이가 기둥 높이의 50% 이상이 되면 깊은 처마라 한다.[87] 처마는 차양 기능을 하므로 햇빛이 직접 입사되지 못하게 하고 그늘을 만들어 준다. 또한 이러한 직사광선이 차단된 실내에 빛이 생기게 되는데, 처마로 인한 간접 조명이 실내를 밝게 한다.

겨울철에는 해가 낮게 떠서 볕을 처마 밑으로 해서 방안 깊숙하게 보낸다. 볕이 닿은 자리는 그 열기로 따뜻해진다. 더워진 열은 대류 작용으로 찬 공기와 자리바꿈을 한다. 즉 찬 공기는 밑에 내려앉고, 더운 공기는 위로 올라가는데 빠져나갈 자리에 깊숙한 처마가 있어 열의 방출을 막아 준다. 이처럼 처마 밑 작은 공간에서 공기의 소용돌이를 이용한 것이 바로 '처마의 미학' 인 것이다.

---

87 신영훈, 「우리 선인의 지혜」, 삼성소식, 143호, 1989. pp. 6~7.

Ⅲ. 기후와 산업활동

고도의 기술이 발달된 현대 사회에 살고 있는 오늘날, 인간은 기후와 날씨의 영향을 받으며 살아가고 있다. 우리가 이용하고 있는 에너지, 제설 비용, 홍수 예방, 바람의 피해, 농업 활동, 각종 산업 활동의 집적과 확산 등 기후에 대한 영향은 더 이상 국지적이 아닌 전 지구적 의미를 내포하고 있다. 특히 농업 활동은 여전히 기후의 영향하에 놓여 있다. 따라서 여러 국가에서는 기상청 산하에 산업기상과를 설치하여 기상 정보를 활용하고 있다. 세계기상기구(WMO)가 조사한 결과를 보면, 기상 정보를 이용할 때 영국은 농업 생산고가 연간 1%, 뉴질랜드는 0.5~5%, 프랑스는 어획고가 2%, 건설 분야에서는 영국이 0.7% 이상의 이익을 얻었고, 특히 러시아에서는 재해로 인한 재산상 손실이 20~30% 감소되었다고 보고하고 있다.[1]

1. 농업과 기후

농업은 기후의 영향을 매우 많이 받는 산업으로, 작물의 파종에서 수확에 이르는 기간이 길어서 생육 단계에 따라 기후의 영향 정도가 서로 다르다. 특히 최근에는 기상 이변이 빈번하기 때문에 날씨 정보를 이용하여 그 피해를 줄일 수 있다. 이러한 정보로 냉해, 서리 피해, 홍수 피해, 바람의 피해, 작물의 선택, 병충해 방지 대책, 농사 계획 등의 결정을 할 수가 있다.

1) 적산온도

농작물과 날씨와의 관계는 적산온도를 이용한다. 이것은 작물의 종류에 따라 발아에서부터 성숙할 때까지 일정한 열량을 얻어야 생육한다는 점에서 비롯된 것이다. 즉 어느 작물이 발아에서부터 성숙할 때까지 필요한 온도를 매일 합산한 총계를 그 작물의 적산온도라고 한다. 적산온도는 여러 가지 방법으로 구하는데, 가스파린(Gasparin, 1840)은 5℃ 이상의 기온

---

1 朝倉 定 외, 『경제활동과 기상』, 朝倉書店, 1992, pp. 1~5.

을 적산하였고, 독일의 락크만(Lackmann)은 2월 21일 이후의 기온을 적산하여 이것이 작물 생육에 밀접한 관계가 있다고 하였다. 일본에서 조사한 결과는 벼가 3,800℃, 밀이 2,000℃, 보리가 1,800℃로 보고되었다.[2]

또한 유효 적산온도는 작물의 생산 가능 기간내의 일 평균 기온을 적산한 값이다. 유효 적산온도가 1,000℃·day 이하의 한랭 지대에서는 곡류, 온실내의 야채류 재배가 가능하며, 1,200~2,200℃·day의 냉량 지대는 맥류의 주요 재배 지대, 2,200~4,000℃·day일 때는 해바

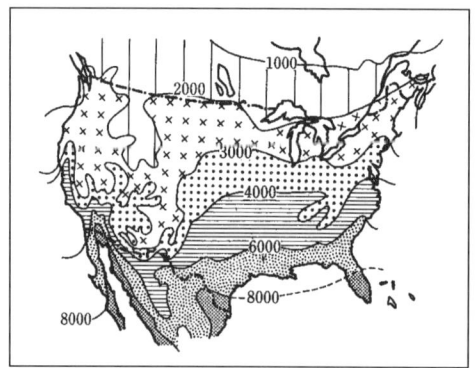

그림 III-1 미국의 10℃ 이상 기간의 적산온도 분포도 (자료 : 『기후환경학』)

표 III-1 주요 농작물의 적산온도

작물명	최저(℃)	최고(℃)	작물명	최저(℃)	최고(℃)
가을밀	1,960	2,250	벼	2,500	4,500
봄밀	1,600	2,275	수수	2,050	2,550
옥수수	2,340	3,000	조	2,350	2,800
감자	1,000	3,000	강남콩	2,400	3,000
담배	1,200	1,850	해바라기	2,200	2,850

(자료 : 차종환 외 『농업기상학』)

2 차종환 외, 『농업 기상학』, 선진문화사, 1993, pp. 73~74.

그림 III-2 우리나라 작물의 북한계선 (자료 : 『한국의 기후와 문화』)

라기, 콩, 벼 등의 재배가 가능하고, 4,000℃ · day의 온난 지대에서는 면화, 감귤 등의 재배가 가능하다.[3]

2) 작물의 재배 한계

작물의 재배 한계는 수평적 한계와 수직적 한계로 구분된다. 수평적 한계는 위도에 따라 (작물의 북한계선) 작물의 분포가 달라진다. 그림 III-2는 우리나라 작물의 북한계선을 나타낸 것이다. 작물의 재배가 가능한 수직적 분포 고도는 남아메리카 안데스 산맥의 티티카카 호수 남쪽의 4,270m에서는 감자, 3,965m에서는 보리, 3,660m에서는 밀, 2,440m에서는 사탕수수, 바나나는 1,830m에서 재배가 가능하다. 히말라야 산맥의 네팔 또는 티베트 지방의

3 吉野正敏 외, 『기후환경학개론』, 동경대학 출판부, 1979, pp. 108~109.

4,400m에서는 메밀 재배도 가능하다. 논벼의 상한 고도는 1,800m, 바나나와 사탕수수의 한계는 2,000m 정도가 된다.[4]

3) 습도와 농업

습도는 농작물의 줄기나 잎으로부터 증산 작용과 밀접한 관계가 있으며 병충해와의 관계도 한층 더 깊다. 대기의 습도가 높으면 농작물은 연약하게 자라기 쉽고 병충해에 대한 저항력도 약해진다. 예를 들면 벼의 도열병은 습도가 높을수록 발생하기 쉽고 온도가 높을수록 왕성하게 번식하므로 특히 장마철에 걸리기 쉽다. 맥류의 병충해 번식 상태도 발생기의 기온과 습도 여하에 따라 영향을 미치며, 맥류가 연약할 때는 한층 피해가 커진다.

4) 강수와 농작물

강우는 농작업이나 병충해 발생에 영향을 주며, 작물의 수확량, 품질 등에도 큰 영향을 준다. 강우의 많고 적음에 따라 농작물의 풍흉(豊凶)이 좌우되거나, 농작물에 주는 영향은 기온에 비하면 간접적이다. 더욱이 농작물에 따라 적합한 강수 형태가 제각기 다르므로 강우와 농작물과의 관계는 매우 복잡하다. 예를 들면 맥류, 면화, 수박, 담배 등은 강우가 많으면 작황이 나빠지는 작물이다.

눈은 한파에 대한 농작물의 보호를 돕는 보온 작용을 한다. 눈은 복사열의 전도도가 매우 낮기 때문에, 적설량이 많으면 눈 속의 온도가 대기의 온도에 크게 영향을 받지 않고 항상 0℃ 내외로 일정하게 유지된다. 대기 온도가 영향을 주는 경우란 적설의 깊이가 50cm 미만일 때이고, 그 이상이 되면 거의 영향을 받지 않음이 밝혀졌다.[5]

---

4 일본생기상학회, 『생기상학 사전』, p. 384, 1992.
5 차종환 외, 앞의 책, p. 152.

5) 식물계절(plant phenology)

(1) 발아

상록수나 초본 식물의 발아일을 결정하는 것은 어려운 일이다. 그러나 낙엽수는 목측 (目測)에 의하여 발아 총수의 약 20%가 발아한 최초의 날을 발아일로 하는 것이 비교적 오차가 적다. 다른 식물들도 여러 개체를 종합 관찰하여 총수의 약 20%가 발아한 날을 발아일로 한다.

(2) 개화

꽃이 피기 시작한 최초의 날을 그 식물의 개화일로 한다. 개화에는 반개(半開)나 만개(滿開) 등으로 관측하는 것이 일반적이다. 반개일이라는 것은 어떤 식물의 꽃이 목측으로 50%가 핀 최초의 날이며, 만개일은 꽃이 만개된 최초의 날을 의미한다.

(3) 단풍

단풍을 관측하기는 매우 어렵다. 식물 전체를 보아서 대부분의 잎이 붉은색 또는 노란색 계통의 색깔로 변하여 초록색 계통의 색깔이 거의 보이지 않게 된 최초의 날을 단풍일로 관측한다. 실제로 관측하는 것이 어렵기 때문에 계절 현상을 관측할 때에는 매일 그 상태를 기록해 가면서 그 기록으로 미루어 보아 어느 날이라고 정한다. 단풍일의 관측을 과학적으로 하려면 색채 측정판이나 천연색 필름을 사용하는 것도 한 방법이다.

(4) 낙엽

잎이 떨어지기 시작하는 시기를 관측하는 것도 쉽지 않다. 목측에 의하여 낙엽수의 잎이 약 90% 떨어진 최초의 날을 낙엽일로 관측한다.

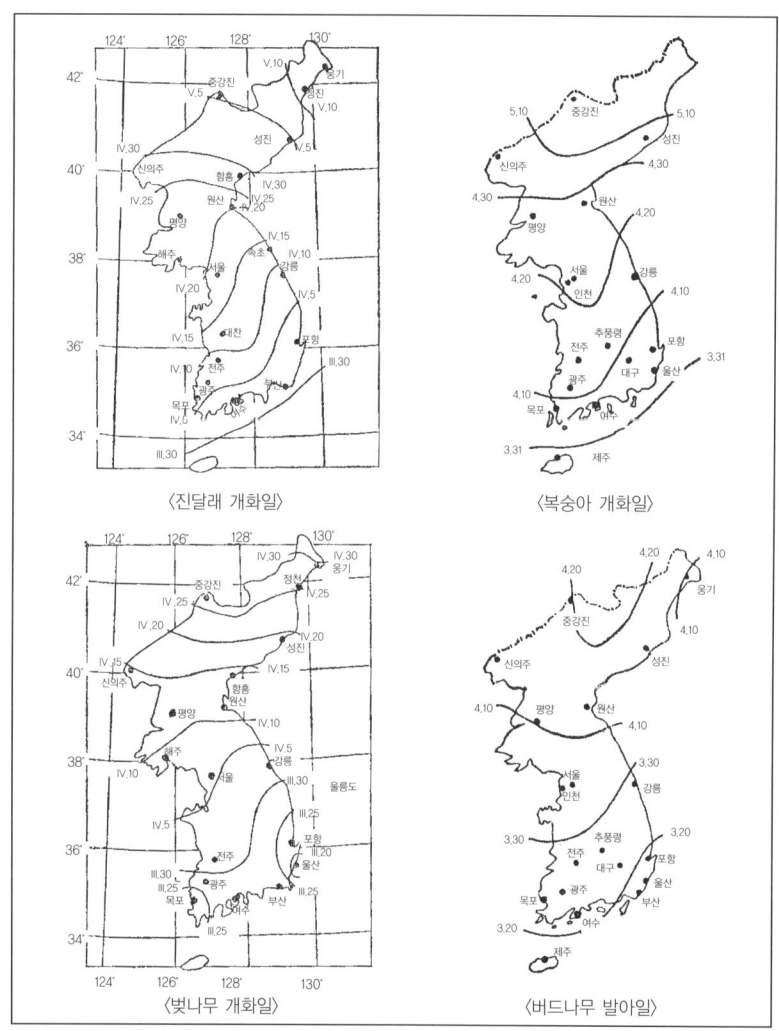

그림 III-3 개화일과 발아일 (자료 : 차종환 외 『농업기상학』)

2. 공업과 기후

1) 공업 입지와 기후

기후의 영향을 받지 않는 공업 생산은 거의 없다. 특히 제조업의 경우 날씨는 공장의 건축물이나 각종 시설 및 실외 제품 저장 등에 영향을 미친다. 또한 공업의 발달로 실내 공기 조절을 비롯한 새로운 기술이 사용되기도 하며 중화학 공업의 입지 선정에서도 기후 요소는 무시할 수가 없다. 공업 입지상의 기후 조건은 다음과 같다.[6]

(1) 섬유
① 누에고치를 비롯한 각종 원료나 제품의 보존에는 기후가 건조해야 하며, 펄프 원목의 저장에도 기후가 건조할수록 펄프의 품질이 좋아진다.
② 제사나 방적에서 실이 끊어지는 것을 막는 데는 일반적으로 60%의 습도가 알맞으며, 습도의 변화가 적을수록 좋다. 그러나 면직물 또는 고급 견직물은 80% 정도의 습도가 알맞다. 특히 기온이 낮은 겨울철에 건조하고 강한 바람이 불지 않는 곳이 좋다.
③ 펄프 제지에는 풍부한 민물이 필요하기 때문에 강수량이 많은 곳이 이상적이다. 펄프 제지의 세척에 알맞은 용수의 온도는 20℃ 내외이어야 하므로 수온이 높고 여름철과 겨울철의 기온 변화가 적은 곳이 좋다.

(2) 화학
① 일반적으로 저온 및 풍부한 용수를 필요로 하기 때문에 될 수 있으면 기온이 낮고 강수량이 많아야 한다.
② 용수를 재이용해야 할 경우에는 냉각탑의 능률을 올리기 위해 습구 온도가 낮은 곳이어야 한다.

6 김광식, 『생활 기상과 일기 속담』, 1979, pp. 94~97.

③ 공기가 건조할 때에는 공장에 화재가 발생할 위험성이 있으므로 겨울철에 습도가 극단적으로 저하되지 않아야 한다.

④ 실외에 건설된 화로의 능률은 저온과 강풍에 의해 나빠지므로 겨울철 풍속이 약해야 한다.

⑤ 수지(樹脂)의 성형이나 가공은 실내 온도가 10℃ 이상되어야 하므로 공장의 겨울철 기온은 빙점 이상이어야 한다.

(3) 금속

① 용수에 있어서는 화학 공장의 경우와 비슷하지만 냉각용수로 바닷물을 이용하는 경우도 많으므로 해수의 온도가 낮아야 한다. 그러므로 우리나라의 경우 동해안 지방이 이상적인 곳이라고 할 수 있다.

② 원광석에는 수분의 양이 적어야 좋으므로 원광석을 실외에 저장할 경우 강수량이 적어야 수분 흡수를 막는 데 도움이 된다.

③ 습도가 높으면 제품에 흠집이 생기기 쉽다.

④ 제련소의 굴뚝에서 배출되는 유해 가스의 확산으로 인한 피해를 줄이기 위해서는 인가나 농경지가 없는 방향으로 강한 바람이 부는 빈도가 높아야 한다. 우리나라의 경우에는 북서 계절풍이 강하게 불기 때문에 동해안 지방이 가장 이상적이다. 남해안 지방도 무방하지만 여름철에는 남동 또는 남서풍이 불기 때문에 역시 남해안 지방보다는 동해안 지방이 더 이상적이라고 할 수 있다.

⑤ 석탄의 실외 저장은 빙점 이하로 내려가지 않는 범위 안에서 기온이 낮아야 한다.

(4) 기계

① 일반적으로 자료의 보존이나 제조 중에 녹이 발생하는 것을 막기 위해서는 습도가 60% 미만이어야 한다.

② 정밀기계 공장이나 전자 관련 공장은 먼지가 적은 곳이어야 하므로 폭풍이나 풍진이 적은 곳이어야 한다.

③ 차량이나 조선 등 실외 작업이 주가 되는 업종은 계획 작업량을 확보해야 하므로 강수 일수가 적고 맑은 날이 많은 곳이어야 한다. 그러므로 동해안 남부 지방이 가장 이상적인 곳이라고 할 수 있다.

(5) 식품

① 양조의 경우 발효실은 공기가 맑고 온도가 5~6℃이어야 하므로 될 수 있으면 먼지가 적고 기후가 다소 한랭한 곳이 좋다.

② 한천과 같이 옥외의 저온을 이용하는 공업에는 겨울철 기온이 빙점 이하 온도(℃)까지 내려가고 맑은 날이 많은 곳이어야 한다. 그러므로 포항을 중심으로한 동해안 남부 지방이 가장 이상적인 곳이라고 할 수 있다.

③ 제분공장 등과 같이 가루를 취급하는 공장에서는 공기가 극단적으로 건조하면 폭발할 위험성이 있으므로 조업상 60% 정도의 습도가 바람직하다.

④ 식품 저장은 부패 방지를 위하여 지나치게 온도가 높거나 습도가 높은 곳은 피하는 것이 좋다.

(6) 요업

① 시멘트나 기타 원료의 채굴에는 맑은 날이 많고 강수량이 적어야 한다.

② 도자기 완성품이나 콘크리트 제품 등을 건조할 때는 제품이 얼지 않도록 겨울철 기온이 빙점 이상이어야 한다.

③ 시멘트 제조시 원료를 치는 실내의 작업 능률을 올리기 위해서는 습도를 낮게 하는 것이 좋다.

④ 유리공장이나 고열을 요하는 공장에서 노동 능률을 높이려면 여름철 기온이 선선해야 한다.

(7) 인쇄

① 습도가 너무 높거나 낮으면 인쇄 작업에 지장이 있으므로 60% 정도의 습도가 알맞고,

특히 겨울철 습도가 지나치게 낮아지지 않는 곳이 바람직하다.

② 종이 저장에도 인쇄 작업의 경우와 같이 60% 정도의 습도 조건이 알맞다.

(8) 목제품, 연초, 도장(塗裝)

① 칠기 제조 때 겉칠의 건조에는 80%의 습도가 필요하므로 습도가 높은 기간이 긴 곳일 수록 좋다. 그러므로 충남과 전라도의 서해안 지방이 가장 이상적이라고 할 수 있다.

② 악기공장 등 목제 부품의 조립 공장은 원자재의 자연 건조상 또는 부품의 조립상 맑은 날이 많고 습도가 낮은 곳이 이상적이다.

③ 담배를 마는 제조 작업에는 60% 내외의 습도가 가장 알맞고 기온도 너무 낮지 않은 곳이 좋다.

④ 자연 건조 도료를 사용하는 칠공장에서는 건조상 습도가 낮고 먼지가 적은 곳이 좋다.

(9) 공장 건설(토목 및 건축)

① 공장 건설 현장의 작업 능률을 높이고 기술적인 곤란도를 제거하기 위해서는 기온이 빙점 이상이어야 한다.

② 콘크리트를 칠 때 양생 기간을 포함하여 급격한 동결이나 건조를 막기 위해서는 기온이 4~40℃ 이어야 하므로 우리나라의 경우 늦가을부터 이른 봄 사이에는 주의해야 한다.

2) 광공업 노동 조건과 기후

노동 능률을 높이는 데 필요한 환경 조건에는 2가지가 있다. 그 하나로 공장내의 실내 기후이다. 연구 조사에 의하면, 노동 환경에 필요한 최적 기후는 표 III-4와 같다. 특히 온도와 습도, 바람 등의 기후 요소를 종합적인 지표로 사용하는 것이 합리적이다. 다른 하나로 체감 기후를 들 수 있는데, 유효 온도의 이용이다. 유효 온도란 기온과 습도를 결합하여 만든 온도로서 습도 계산도상에서 구하거나 계산식에서 산출한다. 즉

표 III-2 **노동에 따른 최적 기후 조건**

작업의 종류		온도(℃)	유효온도(℃)
지적작업	계산하기	7~10	7~9
	컴퓨터 작업		16
	무전 송신	15(높은 습도), 25(저온)	12~23
경작업	직물짜기	21~24(습도 77.5~80%)	17~22.5
	담배 포장	19.5, 23.5(습도 69%)	18.5~21.5
육체 노동	제화 작업	15.5~18	14.5~17
	일반 육체 노동	15~17	14~16
	석탄 채굴	18~29	18~26

(자료: 『기후환경학개론』)

$$Te=0.4(Td+Tw)+4.8$$

이다. 여기서 Te는 유효 온도, Td는 건구 온도, Tw는 습구 온도다.

실외 노동인 경우에는 매일의 날씨, 다시 말하면 일조 시간, 강수 현상, 바람 등의 요소가 중요하다. 일조 시간은 노동 능률과 밀접한 관계가 있다. 또한 가조 시간의 경우도 노동 시간의 길고 짧음에 많은 영향을 미친다.

3) 제조 공정에 따른 기후 환경

인간의 노동에 적합한 기온과 습도 등이 제품 원료의 품질 보존과 제조 공정에 따른 기온과 습도의 최적 조건과 일치하지는 않는다. 그러나 공장내의 기후 환경이 생산성 향상과 품질 향상에 기여하는 공업도 있다. 즉 중소 규모의 재래 공업이 이에 해당하는 경우가 많다. 최근에는 공기 조절 시설이 발달하여 자연적 기후 조건이 별로 문제가 되지 않을 수도 있으나 작업 공간내에서의 실내 환경이 매우 중요한 공업도 많다. 예를 들면 전자, 컴퓨터 공업, 생명공학 등의 첨단 시설이 필요한 공업 등이 대표적이다.

제조 공정에 필요한 온도와 습도 조건을 연구한 결과를 보면 표 III-5와 같다.[7]

이 표를 보면, 특수한 경우를 제외하면 온도의 최적 범위는 18~24℃, 습도는 50~70% 정도이고 인간의 최적 범위와 대체로 비슷하다. 또한 물을 필요로 하는 공업은 강수량에 좌우된다. 이러한 공업으로는 석유정제공업, 펄프, 제지공업, 섬유공업 등이 있는데, 강수량에 따라 원료나 제품이 부패나 손상을 입게 되어 많은 손실을 보게 된다. 부룩스(Brooks)[8]는 물질이 기후 조건에 따라 상태가 악화되는 정도를 표현한 경험식을 구하였다. 즉 어떤 지역의 매월의 평균 기온(T)과 평균 습도(H)를 이용하여 부패지수(A)를 구하는 식은 다음과 같다.

$$A = (H-65)/10 \cdot (1.054)^T$$

표 III-3 제조 공정에 적합한 온도와 습도

종류	제조 공정	온도(℃)	습도(%)
전기기계가구	가구 제조	23	40~50
	부품의 정밀 조립	20	20~40
칠기	건조	20	81
광학기계	렌즈 유리 용해실	24	45
화약	조정, 장약	21	40
화장품	제조	18~21	
악기	목제 부품 조립	20	40~50
합판	저온 프레스	32	15~25
직물	견방	22~25	75
	양모	20~25	70
	나일론	29	60
양조	맥주 발효실	4~7	75
	열성관	18~22	50~60

(자료 : 荒川, 1961)

---

7 吉野正敏, 『기후 환경학 개론』, 1979, pp. 117~120.
8 吉野正敏, 앞의 책, p. 120.

1월에서 12월까지 매월의 A값을 합한 값의 총합이 바로 그 지역의 부패지수다. 이 계산에 따르면 아마존 하류 유역의 부패지수는 100, 일본 부근에서는 25~50 정도다. 이러한 지표는 공업 입지 계획을 세우는 데 매우 유용하다.

3. 유통업과 기후

유통업은 소비자가 요구하는 상품을 판매하는 업종이다. 생산자도 날씨의 영향을 받지만 소비자 역시 날씨에 따라 구매하는 상품이 달라지게 된다. 따라서 유통업은 날씨의 영향을 민감하게 받는 산업이라고 볼 수 있다.

세계적으로 날씨와 경제 활동과의 관계는 웨더-이코노믹 믹스(weather-economic mix)라고도 불리며 이에 대한 많은 연구가 행해지고 있다. 1969년에는 세계기상기구 집행위원회에서 '사회·경제 발전에 따른 기상의 역할 - 현재와 미래'에 대한 전문가 패널이 구성되었다. 1979년 '세계기후회의'에서는 '기상과 경제'라는 주제를 한 분과에서 다루었다. 여기서 와이오밍대학의 랠프 교수는 세계 평균 기온이 1℃ 상승하거나 0.5℃ 하강할 경우 미국 경제에 상당한 영향을 미칠 것이라고 발표하였다. 1980년대 이후 이에 대한 연구가 현재까지 꾸준히 진행되고 있다.[9]

1) 매장 방문객과 날씨

날씨 변화가 소비자의 쇼핑 행동에 어떠한 심리적 영향을 미치는가를 알아 보자.

먼저 앙케이트 조사를 하여 그 자료를 객관화하고 다음에 POS(판매시점 정보관리 시스템, point of sales system) 데이터로 고객 수와 날씨와의 관계에 대해 알아 보기로 한다.[10]

---

9 朝倉 正 외, 앞의 책, p. 1.
10 이 내용은 주로 朝倉 正 외, 『경제 활동과 기상』이라는 책에서 발췌하였음.

(1) 날씨와 소비자의 심리

소비자의 행동과 기상과의 관계를 살펴보기 위해, 일본기상협회에서 1988년 11월 직원들의 가족을 대상으로 앙케이트 조사를 하였다. 대상자는 도쿄에서 근무하는 직원들의 가족 중 쇼핑을 자주하는 85명을 대상으로 하였다.[11] 질문 항목[12] 중에서 쇼핑 행동에 관계되는 내용을 소개하면 다음과 같다.

① 쇼핑하러 갈 때 신경 쓰는 날씨에 대해 : 여름에 가장 신경 쓰는 날씨는 '비' 이고, 그 다음의 약 1/3이 '뇌우', 약 15%가 '더위' 와 '일사' 다. 겨울에는 '눈' 이 오느냐, 안 오느냐에 따라 쇼핑 행동이 크게 좌우되고, 눈이 쌓여 있는 양도 영향이 크다.

② 어느 정도 날씨가 나빠도 단골 가게에 가는지? : 이 질문은 '단골로 다니는 슈퍼로 가려 할 때 비가 온다면 당신은 그 슈퍼에 가겠습니까?' 라는 것으로, 이 응답의 결과를 보면 '안 가는 경우가 많다' 쪽이 '가는 경우가 많다' 보다 약간 많으나 거의 같은 정도다. 즉 보통 정도의 비가 올 때는 쇼핑을 그만둔다는 응답이 50% 정도다. 다음에 '날씨가 나빠서 단골 가게에 안 갔을 경우 그 후 어떻게 하느냐? 는 질문에 대해서는 '피해서 다음 날에 간다' 는 사람의 비율이 가장 많고, 그 다음은 '근처 가게에서 해결한다' 로 나타나고 있다. 고객 수는 장기 경향과 계절 변화에도 영향을 미친다. 주변에 택지 개발이 진행되고 있는 점포에서는 매년 고객 수가 증가할 것이고, 휴양 지역에서는 여름, 겨울의 계절 변화에 따라 상당한 영향을 받는다. 따라서 입지 조건에 따른 주중과 토·일요일 집중형, 토·일요일 집중형, 평일형 등 3개의 유형으로 일반화해 볼 수 있다. 일반적인 경향[13]을 살펴보면, ㉠ 비가 내릴 때는 약 5 %, 눈이 내릴 때는 약 10 %의 고객이 감소한다. 맑은 날과 흐린 날의 차이는 그리 크지 않다. ㉡ 비가 많이 올 때

---

11 응답자의 나이는 50대가 35%, 30대, 60대, 40대가 각각 20%였다. 젊은 층은 독신자가 많았고, 가족과 동거하는 가정의 경우는 주로 어머니가 답하였다.

12 질문 항목을 소개하면, 쇼핑하는 단골 가게는? 특정 슈퍼에 자주 가는 이유, 요일, 시간대, 집과의 거리? 상품 광고의 이용 정도? 쇼핑갈 때 신경 쓰는 날씨? 어느 정도 날씨가 나빠도 단골 가게에 찾아가는지 여부? 안 갈 때는 쇼핑을 어떻게 하는가? 가족 구성, 응답자가 전업주부인지, 나이는? 등의 항목.

13 일본생기상학회, 앞의 책, pp. 418~419.

에는 고객이 감소하는데, 그 값은 일 강우량 10mm 정도일 때다. ⓒ 일 최고 기온이 높을 때는 고객 수가 증가하는데, 최고 15 %에 달한다. ⓔ 바람이 강할 때에도 고객 수가 감소하며, 그 변동은 매우 큰 것으로 나타나고 있다.

(2) 소비 동향과 기온

소비 동향도 기온의 영향을 받는다. 하루 중의 기온이 30℃를 넘어서면 수영복 판매가 시작되고, 산지에 눈발이 날리면 스키용품이 전시된다. 또한 날씨가 쌀쌀해지면 뜨거운 국물을 마시는 냄비우동이나 찌개류의 음식이 잘 팔리게 된다. 이와 같이 소비자는 기온의 변화에 따라 민감하게 달라지게 된다. 다음은 기온에 따라 특정 상품이 잘 팔리는 품목[14]을 열거한 것이다.

19℃ : 반소매 셔츠

22℃ : 맥주 소비 증가

24℃ : 수영복(30℃를 넘어서면 수영복이 잘 팔린다.)

25℃ : 아이스크림, 쥬스, 보리차 등

26℃ : 살충제

27℃ : 수박 판매 급증, 초등학교는 7월 하순경에 여름방학에 들어간다.

29℃ : 파라솔

30℃ : 빙과류, 아이스크림 판매 감소

22℃ : 이하로 내려가는 추분경이 되면 여름 상품의 수요가 끝난다.

17℃ : 긴소매 옷

16℃ : 짧은 코트, 10월 하순경

15℃ : 모포

14℃ : 냄비 요리

14 일본생기상학회, 앞의 책, p. 419.

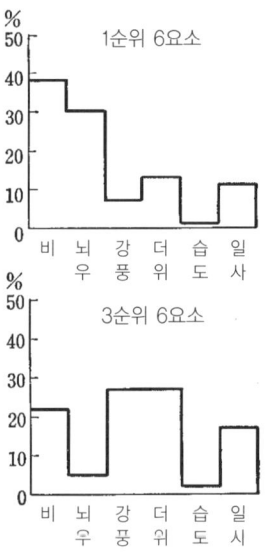

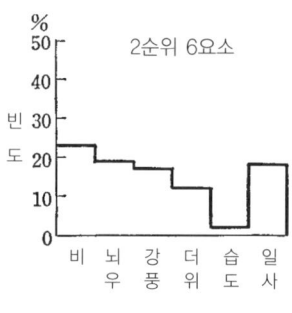

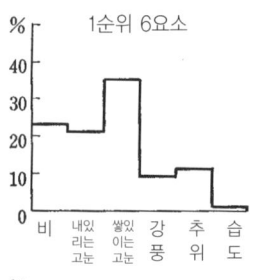

그림 III-4 여름의 구매 행동

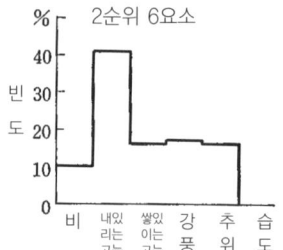

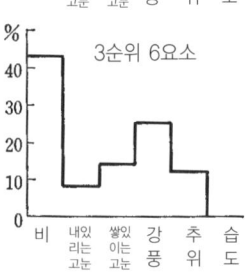

그림 III-5 겨울의 구매 행동

(자료 : 朝倉 正 외, 『경제 활동과 기상』)

13℃ : 생선회 요리

12℃ : 오뎅 요리

11℃ : 털스웨터

10℃ : 긴 코트

8℃ : 난방 기구

7℃ : 기온 저하에 따른 겨울 상품 판매가 시작된다.

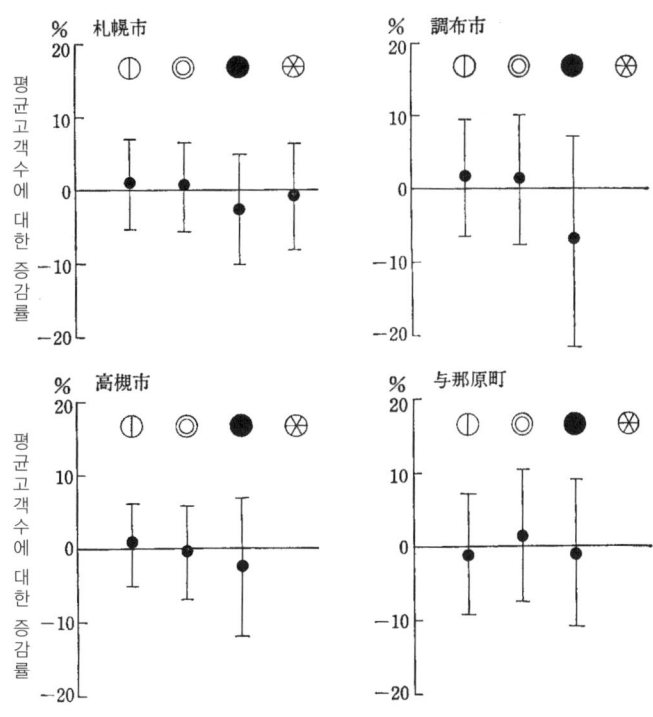

그림 Ⅲ-6 날씨 상태와 방문 고객 수의 증감 경향

(자료 : 朝倉 正 외, 『경제 활동과 기상』)

4. 전력과 기후

날씨 상태와 전력 소비와의 연관성은 꾸준히 연구되어 왔다. 초기 연구로는 데이비스(Davies, 1960)의 연구가 있는데, 그는 날씨 변화에 따른 전력 수요가 매우 민감하여 정확한 전력량을 추정하는 데 어려움이 있다고 하였다. 예를 들면 영국에서는 대략 0℃에서 1℃ 하강할 때 290메가와트의 전력이 소요되는 데 비해 보다 더 낮은 온도에서는 400메가와트의 전력이 소요된다고 지적하였다.

또한 바람, 구름, 안개, 강수 등의 기상 요소에 따라서도 전력 소비량이 달라진다. 영국에서는 기온이 0℃이고, 풍속이 46km/h인 경우 바람이 불지 않았을 때보다 약 700메가와트 정도의 전력 소비량이 증가한다고 조사 되었다.[15]

구름도 조명에 필요한 전기 소비량에 상당히 영향을 미친다. 연구에 외하면 영국의 경우, 구름 낀 날에는 1,200메가와트 이상 더 소비되었고, 특히 어두운 구름(적운형 구름)일 경우 350메가와트의 전력이 더 소비된다고 한다. 무더운 여름에는 냉방 시설이 가동되기 때문에 평상시보다 더 많은 전력이 소비된다.[16]

1) 기온

전력 수요의 변동에 가장 많이 영향을 미치는 요소는 기온이다. 일본의 경우 여름철에 기온이 1℃ 상승하게 되면 300만kw(1980년대 말 전국 전력 수요의 2~3%) 이상의 전력 수요가 증가되었다. 최근에는 냉난방기가 널리 보급되어 기온 변화에 따른 즉각적인 냉난방용 전력 수요의 변화가 뚜렷해지고 있다. 그림 III-7은 일본 동경의 1일 최고 기온과 동경전력회사의 1일 최대 전력을 1년에 걸쳐 그래프로 나타낸 것이다. 최고 기온과 최대 전력의 발생 시간과 대체로 일치하지만, 날씨나 습도에 따라 달라질 수도 있다.[17]

---

15 W. J. Maunder, *The human impact of climate uncertainty*, Routledge, 1989, p. 103.
16 W. J. Maunder, 위의 책, p. 103.
17 일본생기상학회, 앞의 책, p. 420~421.

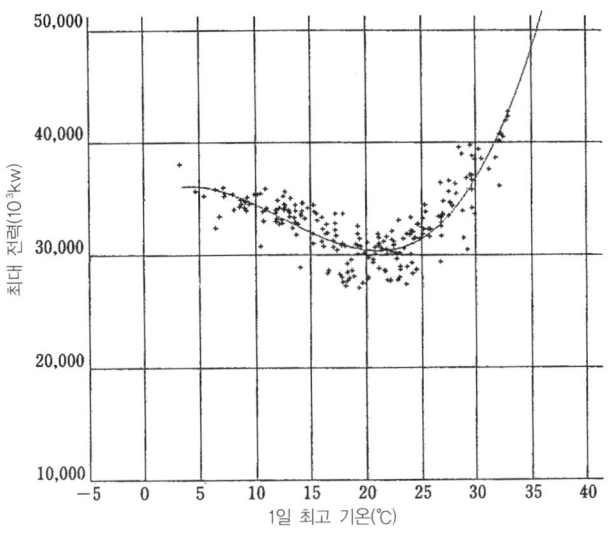

그림 III-7 최대 전력과 최고 기온(동경전력, 1988.4.1~1989.3.31)

전력회사에서는 전력 수요의 정확한 예측을 위해 기온(최고, 최저, 평균), 날씨 상태, 습도, 바람 등 기상 요소의 다중상관 관계를 분석하여 전력 수요에 대처해야 할 것이다.

2) 눈과 비

겨울철 산악 지대에 축적된 눈은 녹으면서 댐이나 저수지에 유입되어 하천 유량을 증가시켜 수력 발전량 증가에 기여한다. 전력회사에서는 대규모 저수지나 댐이 있는 유역의 적설량과 저장될 수 있는 수량을 파악하여, 댐 운용 계획의 기초로 삼아야 한다. 따라서 눈이 녹는 시기를 예측하는 것도 중요한 일이다.

연강수량의 변동은 수력 발전의 변동과 매우 밀접하다. 또 태풍, 전선 등에 따른 집중 호우는 각종 시설 보전에도 매우 중요한 문제다. 최근에 도시화가 진전됨에 따라 도시 주변의 하천에서는 집중 호우로 인한 급격한 유량 증가로 많은 인명, 재산 등의 손실이 발생했다.

뿐만 아니라 주변의 전력 시설물에 심각한 영향을 미치기도 한다. 따라서 전력회사에서는 장·단기의 강수량 예보를 적극적으로 활용하는 시스템 구축이 필요하다.

5. 교통·통신과 기후

1) 교통의 발달과 기후

인간이 자연의 힘을 이용한 것으로는 바람, 물, 가축의 힘 3가지가 있다. 특히 바람을 이용한 범선의 출현은 기원전 3,500년 경으로 추정하고 있다. 기원전 약 3,500년 경에 이집트인들이 동지중해의 이리비이혜를 범선으로 왕래한 기록이 있다(Lilley, 1965). 그 이후 점차 배의 구조 및 항해술의 발달로 바닷길로 여러 나라를 왕래하게 되었다.

동아시아 해역에서는 계절풍을 이용하여 주로 항해를 하였다. 7~9세기 경에는 신라와 일본, 대륙(중국)과의 왕래가 있었는데, 100~200톤 정도의 작은 배로 왕래하였고, 항해는 계절풍의 출현 빈도와 강한 관련이 있다고 인식된다. 표 III-6은 당시의 일본과 신라, 당, 발해 간 사절의 왕복 시기의 빈도를 월별로 연구한 결과다. 신라에서 일본으로의 항해는 주로 겨울철의 북서풍을 이용하였고, 일본에서 신라로의 항해는 주로 여름철의 동-남동풍이 불 때 하였다.

과거와 마찬가지로 현대에 들어와서도 기후와 교통과의 관계는 매우 관련이 깊다. 그 예로 항공기의 이착륙에 기상과 기후 조건이 얼마나 중요한지는 여러분이 더 잘 이해할 것이다. 기후와의 관련은 비행장 건설의 설정에서부터 바람, 안개에 따른 시정 장애를 얼마나 받

표 III-4 7~9세기경 신라와 일본간 사절의 월별 횟수

구 분	1월	2월	3월	4월	5월	6월	7월	8월	9월	10월	11월	12월	연
일본 → 신라	4	2	7	4	6	5	7	2	6	3	3	4	53
신라 → 일본	4	4	6	5	2	2	5	3	4	7	6	11	59

(자료 : 요시노, 1979)

는 지역인지, 난기류와 옆바람을 얼마나 적게 받는지, 활주로의 적설과 동결로 비행장 사용이 불가능한 빈도 등이 있다.

2) 항공과 날씨

비행하고 있는 항공기에 작용하는 양력은 날개에 대한 상대 속도의 2제곱과 공기의 밀도에 비례한다. 활주로상의 기온이 높거나 바람이 약하게 불 때 양력이 감소하고, 옆바람이 강하게 불 때는 조종을 곤란하게 만든다. 하층의 바람시어(wind shear)가 강할 때는 착륙 지점의 거리가 짧아져 위험을 초래 할 수도 있다. 비행의 안전을 위해서는 시정과 구름 등의 요소도 매우 중요하다. 시정, 활주로 가시거리(RVR : runaway visual range), 구름 밑면의 고도 등에 대해서도 각 비행장에서는 최저 기상 조건을 정해 조치를 취하게 한다.

비행 중의 장해 요소로는 난기류, 착빙, 뇌우, 강풍 등이 있다. 난기류(turbulence)는 기류의 요란으로 비행기의 흔들림이 심해지는 현상을 일으킨다. 난기류의 종류에는 대류성 난기류, 역학적 난기류, 산악파 중의 난기류, 청천 난기류(CAT : clear air turbulence) 등이 있다. 난기류의 규모는 직경 수 센티미터부터 수천 미터에 이르며, 대기의 넓은 범위에 걸쳐 나타나지만, 비행기에 영향을 주는 난기류(소용돌이)는 비행기의 크기와 비슷한 정도의 직경 15~150m 정도가 된다. 이러한 난기류는 승무원과 승객에게 불쾌감을 유발시킬 뿐만 아니라

표 III-5 ICAO의 항공위원회에 따른 난기류 등급

난기류의 등급	연직 가속도	체감
약함	0.5g 이하	약간 동요를 느낀다.
보통	0.5~1.0g	비행기의 자세, 고도의 변동이 꽤 있지만, 제어가 가능, 보행은 곤란, 물체를 고정시켜야 함.
강함	1.0g 이상	비행기의 자세와 고도의 변화가 매우 크다. 일시적으로 제어 불능. 고정되지 않은 물체는 온통 뒤섞임.

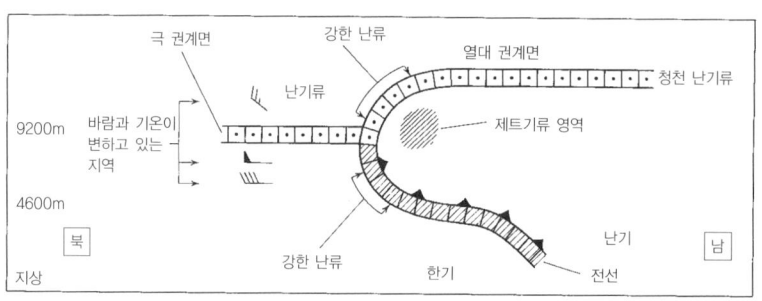

그림 III-8 **청천 난기류가 발생하는 장소** (자료 : 일본생기상학회)

심할 때는 기체의 금속피로 및 파괴까지 일어날 수도 있다. 표 III-7은 중력 가속도 1g부터의 변동과 체감과의 관계를 나타낸 것이다.

청천 난기류(CAT)는 비행 고도와 관련되어 맑은 기상 상태에도 발생한다. 보통은 매우 높은 고도에서 구름이 없는 곳에 발생하는 것을 말한다. 일본 부근에는 세계에서 널리 알려진 강한 제트기류가 있다. 이 기류가 강한 고도는 대략 8,500~10,500m인데, 이 고도에서 청천 난기류가 나타나고, 12,000m 이상 되는 곳에서는 급감하는 것으로 보고되고 있다.

최근에 주목되는 다운버스트(down burst)는 뇌운 아래에서 폭발적으로 발생하는 강한 하강 기류로 풍속이 60~75m/sec에 달하는 것을 말한다. 작은 규모는 수명이 짧고, 레이더로 탐지하기도 힘들다.

3) 통신과 기후

통신 수단이 다양해짐에 따라 날씨, 기후 조건과의 관련성도 복잡해졌다. 그러나 오늘날에도 통신의 가장 큰 장해가 되는 기상 현상은 전선에 눈이 얼어 달라붙는 것과 뇌우에 의한 전선 고장을 들 수 있다. 전선에 눈이 내려 어는 경우는 기온이 0℃ 전후, 풍속이 3m/sec 이하의 경우에 발생하기 쉽다. 각 지역의 첫눈 오는 날과 마지막 눈 오는 날에 많이 발생하고, 혹한기에는 그리 많이 발생하지 않는다.[18]

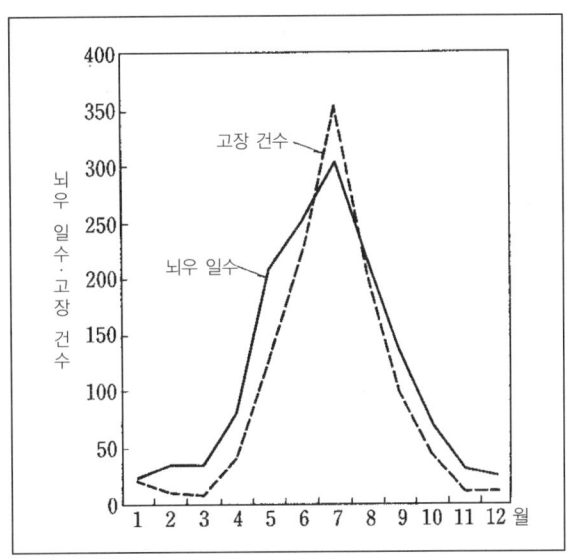

그림 Ⅲ-9 브리튼 섬의 월별 뇌우 일수와 송전선 고장 건수(1934~1947) (자료 : Smith, 1975)

뇌우에 따른 피해도 계절과 지역에 따라 다르게 발생하지만 매우 큰 영향을 미친다. 통신망의 발달로 낙뢰의 발생 빈도가 커지고, 사고의 영향 범위도 큰 것으로 보고되고 있다. 그러나 오늘날에는 거의 모든 통신 시설이 지중 케이블로 설치하게 됨에 따라 피해가 크게 줄어들고 있다.

4) 관광업과 기후

기후는 인간 생활과 건강은 물론 동식물의 성장과 토양 및 지형 변화 등에 많은 영향을 주며, 특히 관광 활동에 큰 영향을 미친다. 적절한 기온과 습도, 쾌청한 날씨, 일사량, 적설량, 계절의 변화 등은 관광에 중요한 기본 요소일 뿐 아니라 관광 자원의 형성과 변화에도 큰 영향을 미친다. 엄밀하게 말하면 관광하기에 좋은 날씨는 정해질 수가 없다. 왜냐하면 각 민족의 생리적, 신체적 조건, 생활 풍습, 제도 등에 따라 달라질 수 있기 때문이다. 그러나 대개의

---

18 吉野正敏 외, 앞의 책, p. 131.

평균적인 사람들에게 관광하기에 좋은 선택 조건은 존재한다. 각 기후대에 따른 독특한 자연 환경은 관광 상품이 될 수 있어, 그린란드 같은 빙하 지역이나 사하라 사막 같은 지역도 관광의 적기는 있다.

　일반적으로 관광 목적지의 쾌청한 날씨는 관광 출발의 좋은 징조로 여겨지고 관광 욕구를 높이며 적극적으로 관광 동기를 부여해 준다. 영국의 경우, 대다수의 해변 휴양지가 따뜻한 남부와 동부에 입지하고 있어 이 지역을 중심으로 관광과 관련된 산업이 발달하고 있다. 또 지중해 연안 지역의 휴양지도 관광 활동에 유리한 기후 조건을 지니고 있다. 이들 지역은 한대나 열대 기후 지역에 비하여 상대적으로 관광 환경에서 우위를 차지하고 있다. 보다 자세한 내용은 '레크리에이션과 기후'에서 다루기로 한다.

Ⅳ. 기후와 예술·종교활동

인류의 탄생 이후 인간들은 끊임없이 자연을 대상으로 무엇인가를 추구해 왔다. 태양과 구름, 폭풍우, 가벼운 비, 폭설은 예술가들이 인간의 감정 등을 표출시키고, 행동을 반영하며, 선과 악 사이의 투쟁의 형상을 만드는 데 이용되어 왔다. 다양한 날씨의 표현은 아름다운 이상과 인간과 자연 사이의 도덕적, 물리적 관계에 대한 생각을 표현하기 위해 사용되어 온 것이다.

1. 날씨 속담

수세기 동안 사람들은 날씨에 대한 관찰과 경험을 쉽게 기억할 수 있는 속담을 전승해 왔다. 오늘날에도 현명한 농부와 뱃사람들은 농사일 또는 항해를 속담의 지혜에 의존한다. 평범한 시민 역시 날씨를 예측하기 위해 전통적인 속담을 떠올린다. 날씨 속담이 현대 기상학의 관점에서 과학적 정확성이 부족하다고 하지만, 날씨가 어떻게 변화할지 어느 정도는 예측이 가능하다. 과거에는 날씨 속담을 비과학적인 단순한 미신으로 취급하는 경향이 있었지만 최근에는 기상학자, 기후학자들의 엄청난 논문들이 많은 날씨 속담의 사실적 요소를 증명해 주는 근거가 되고 있다.

속담은 '현재 같은 민족 사이에서 통용되면서 명백한 사실이 담겨진 간결한 문장'으로 정의[1]되어 있다. 더 상세하게 말하면 속담은 짧게 표현되고, 은유적이며, 고정된 관습으로, 그리고 기억될 수 있는 형태로 지혜, 교훈, 진실, 전통적인 관점이 담겨진 일반적으로 널리 알려진 문장이다.

속담은 한 세대에서 다음 세대로 언어를 통해 전수되어야 한다. 날씨 속담은 속담이라는 지혜의 하위 그룹에 속하며, 주요 기능은 날씨를 예측하는 것이다. 그래서 사람들은 빈번한 이상 기후나 날씨에도 불구하고 두려움 없이 일상 생활을 계획하게 된다. 날씨 속담은 자연 현상에 관한 날카로운 관찰과 조사를 바탕에 둔다. 또한 항상 예측의 문장을 담고 있어서 그

---

1 Stephen H. Schneider, *Encyclopedia of Climate and Weather*, Oxford University Press, 1996, pp. 617.

것들을 예측하는 말들, 날씨 규칙, 농부의 규칙, 날씨 징후 등으로 불린다. 날씨 속담의 목적은 다음 시간, 다음 날, 다음 주, 다음 해 날씨에 대해 합리적인 내용을 말할 수 있도록 자연현상 사이의 인과적이고 논리적인 관계를 세우는 것이다.

구조적으로 날씨 속담은 뚜렷한 유형을 가진다. "A이면 B이다"에서 앞부분은 원인, 뒷부분은 결과로 구성된다. 예를 들면 "4월의 장대비는 5월에 꽃을 가져다 준다."라는 속담이 이 일반적 구조를 명확히 보여 준다. '4월의 장대비'가 요소 A, '5월의 꽃'이 요소 B이다. 즉 요소 A가 날씨 징후의 형태이고, 요소 B가 특별한 날의 예측을 담고 있다고 말할 수 있다.

날씨 속담이 다양한 이미지와 은유를 담고 있지만 그것들은 대부분의 다른 속담이 그렇듯이 항상 비유적인 의미를 전하지는 않는다. 사실 어떤 학자는 날씨 징후를 속담이라고 말하는 것을 별로 탐탁하게 여기지 않는다. 진짜 속담은 문맥에 따라 다양한 의미를 가질 수 있기 때문이라고 주상한다. 다양한 의미의 해석 가능성을 가신 속남의 예를 하나 들어보자. "구르는 돌은 이끼가 끼지 않는다." 이 속담에서 유동성은 부패(이끼 끼는 것)를 피할 수 있음을 암시한다. 또한 유동성은 결코 정착과 가치(이끼=돈)를 얻을 수 없음을 암시하고 있다. 반면 예시적인 말들은 항상 글자 그대로 해석된다. 오로지 한 가지 뜻을 명확하게 지니고 있다. 그러므로 "눈이 오는 해는 풍성한 해"라는 말은 겨울에 내린 눈이 땅을 덮어 주는 역할(토양이 어는 것을 막아 준다)을 한다. 여기에는 의미의 은유적 해석이 없다. 날씨 속담은 단지 말하는 그대로를 의미하지 그 이상은 아니라는 것이다.

그러나 가장 인기 있는 날씨 속담 중 일부는 역시 비유적이다. 예를 들면 "번개는 결코 같은 곳에 두 번 치지 않는다.", "한 마리의 제비가 여름을 만들지는 않는다"와 같은 문장은 다양한 상황에서 다른 의미를 지닌다. "햇볕이 나는 동안 건초를 말려라"는 말 역시 가장 빈번히 사용되는 영어권 날씨 속담이다. 농부에게 좋은 충고가 되고, 무슨 일이든지 이익을 추구하려는 기업가에게도 격려가 될 수 있는 말이다.

날씨 속담은 그 내용과 대상에 따라 다양하게 분류되어질 수 있다. 지역, 국가, 국제적인 수천 개의 속담의 범위를 정할 수 있다. 대부분의 연구자나 수집가는 방대한 자료를 해(年), 계절, 달(月), 주간, 태양, 달, 별, 비, 안개, 구름, 서리, 눈, 무지개, 천둥과 번개, 바람, 동식물, 신성한 날 등과 같은 관련된 정도에 따라 분류하기도 한다.[2]

① 해(年)
- 눈 내리는 해는 풍성한 해 - 영국, 프랑스, 독일, 한국 등

② 계절
- 추운 봄은 장미를 죽인다. - 아랍
- 따뜻한 겨울은 건조한 봄을 초래한다. - 프랑스
- 나비가 날 때 여름이 온다. - 미국 인디언
- 따뜻한 가을은 긴 겨울을 초래한다. - 독일

③ 달(月)
- 3월에 바람 불면, 4월에 비 오고, 5월엔 맑을 것이다. - 영국, 프랑스, 독일

④ 구름과 노을
- 비늘 하늘[3]과 말꼬리 구름[4]은 배를 순항하게 한다. - 영국
- 검은 구름은 비를 만든다. - 페르시아
- 어떠한 구름도 뒷면은 은빛으로 빛난다. - 영국
- 구름은 비 올 징조다. - 아프리카
- 저녁에 하늘이 붉으면 날이 좋겠다 하고 아침에 하늘이 붉고 흐리면 오늘은 날이 궂 겠다 하나니, 너희가 천기는 분별할 줄 알면서 시대의 표징은 분별할 수 없느냐. - 마 태복음 16:2-3.

⑤ 바람
- 바람이 불면 항상 추울 것이다. - 이탈리아
- 모든 바람은 그곳의 날씨를 반영한다. - 미국
- 바람이 많으면 비가 적다. - 네덜란드
- 바람이 강하면 항해에서 돌아오라. - 필리핀

2 우리나라의 날씨 속담은 김연옥 저, 『한국의 기후와 문화』, 김광식 저 『생활 기상과 날씨 속담』 참고.
3 권적운 또는 고적운의 열이 고등어의 등과 같은 하늘 모양
4 가늘고 길게 뻗치는 권운

⑥ 동물

- 개가 달 보고 짖으면 심한 서리가 내릴 것이다. - 독일
- 오리가 개울로 헤엄쳐 가면 그날 밤 날씨가 바뀔 것이다. - 스코틀랜드
- 제비가 물에 닿을 정도로 낮게 날면 비가 곧 올 것이다. - 영국, 한국

⑦ 식물

- 많은 도토리 열매는 매우 추운 겨울을 초래한다. - 독일, 한국
- 양파의 표면이 매우 얇으면 따뜻한 겨울이 올 것이다. - 영국
- 말라 비틀어진 잡초는 서리의 피해를 받지 않는다. - 포르투갈

날씨 속담의 기원, 역사, 보급은 꽤 복잡하며 개별적 속담은 역사적 연구를 뒷받침하고 있다. 속담의 대부분은 한 세대에서 다음 세대로 진해 오면시 문자 이진의 시대까지 거슬러 올라간다. 고전적 작품인 아리스토텔레스의 『기상학』, 그의 제자 데오파라스투스가 쓴 『날씨 징후에 관하여(On Weather Signs)』, 『바람에 관하여(On Winds)』에 기록되어 있다. 성경이라는 지혜의 문학에도 날씨 속담이 있다. 선원, 양치기, 여행자 등이 관찰한 하늘의 징조로 날씨가 다양하게 예측되기도 하지만, 이러한 속담은 성경을 통해 현재 많은 언어로 번역되어 알려지게 되었다. 다음은 영국의 한 예다.[5]

저녁이 붉고 아침이 잿빛으로 흐리면
선원(여행자)이 가던 길을 가게 할 것이고,
저녁이 흐리고 아침이 붉으면
비가 그의 머리 위에 떨어질 것이다.

저녁도 흐리고 아침이 붉으면
선원은 머리가 축축히 젖음이 확실하다.
밤에 하늘이 붉으면, 선원(양치기)은 기쁨을 느끼고
아침에 하늘이 붉으면, 그는 경고를 받게 된다.

5 Stephen H. Schneider, 앞의 책, p. 619.

마지막 예는 '붉은 하늘'이 '무지개'로 바뀐 형태로 널리 알려져 있다. 현대 기상학자들은 붉은 하늘에 대한 날씨 속담에서 어느 정도 과학적 근거가 있다는 것을 증명하였다. 즉 저녁 하늘이 붉은빛을 띠는 것은 건조한 먼지 입자 때문이고, 잿빛 저녁 하늘은 공기가 수증기 입자(물방울)로 가득 차 있어서 다음날 비가 올 것이라는 것을 의미한다. 또 다른 속담들도 날씨 징조를 지역적으로 관찰한 사람들에 의해 만들어졌다. 다음과 같은 구체적 속담을 예로 들 수 있다.

맨스필드 산에 눈이 내리면 계곡이 6주 동안 눈으로 덮일 것이다.
뉴잉글랜드에서 9개월 동안 눈이 오면 힘든 썰매를 3개월 동안 타야 한다.

여러 가지 농사력 중에서 벤자민 프랭크린이 저술한 농사력(1732~1757)[6]은 신세계의 전통적인 날씨 속담을 보급하는 데 도움이 되었다. 그리고 많은 이주자들은 그들 고유의 날씨 속담으로 받아들였다. 날씨 속담 중에서 기독교를 통해 보급된 성인(聖人) 기념일과 관련된 내용도 있다. 그 예로 "5월 13일(St. Servatius의 날) 전에 양의 털을 깎는 자는 양보다 양털을 더 사랑한다"는 속담은 갑작스런 추운 날씨가 5월 중순까지 가는 경우로 미루어 볼 때 이해할 수 있다. 그러나 "11월 11일(St. Martin의 날)이 건조하면 겨울은 그리 길지 않다"는 속담은 조금 의문스럽다. 비록 특정한 지역에서는 11월 11일에 춥고 건조하면 상대적으로 겨울이 짧은 것은 사실이지만, 이러한 속담이 다른 지역으로 또는 다른 기후 환경으로 전해진다면 그 유효성이 떨어질 것은 당연하다.

또한 성모 마리아의 정화와 그리스도의 봉헌을 기념하는 성촉제(聖燭祭, 2월 2일)는 교회 축제와 관련이 깊다. 축제의 날짜 때문에 대부분의 속담은 봄을 예측한 것이 많다.

성촉절이 따뜻하고 화사하면
당신의 말에 안장을 얹고 건초를 주어라.
성촉절이 어둡고 폭풍이 칠 것 같으면
겨울이 멀리 돌아갈 것이다.

6 Poor Richard's Almanac(1732~1757)을 의미한다.

미국의 메사추세츠에서는 위 구절의 변형이 보급되었다. 조금은 덜 은유적이나 같은 메시지를 담고 있다. 또 소수의 연구자들은 특별한 날씨 현상과 관련된 민속적 교리 등을 연구해왔다. 핀란드의 마티 쿠시(matti Kuusi)는 그의 저서[7]에서 "비 내리는데 해가 비치는 것은 악마가 그의 할머니와 싸우는 것이다."는 날씨 속담이나 세계에 널리 퍼져 있는 변형된 속담 등을 적고 논의하고 있다. 그러나 이러한 속담들은 민속적 미신으로 보고 있다.

영어 번역을 통해 몇 가지 변형된 속담에 대해 알아보면 다음과 같다. 햇빛과 비가 동시에 나타나는 것에 대한 대부분의 변형은 'A이면 B'라는 유형을 따른다. 요소 A는 "비오는데 햇빛 비치면"이라는 일반적인 문장에, 요소 B는 "여우가 결혼하는 것이다."(일본), "호랑이가 장가 가는 날이다."(한국), "악마가 결혼하는 것이다."(불가리아), "악마가 부인과 싸우는 것이다."(헝가리), "마녀가 씻는 중이다."(폴란드), "집시가 아이를 씻기는 것이다."(핀란드), "재단사가 지옥으로 가는 중이다."(덴마크), "버섯이 자라는 중이다."(러시아), "곧 날씨가 좋아질 것이다."(독일), "부부 싸움 중이다."(베트남) 등이 있다.

이런 속담과 같은 미신은 현대 기상학에서 다루고 있는 과학성과 객관성이 결여되어 있다. 그럼에도 불구하고 일반적인 속담은 여전히 사실적인 가치를 지니고 있고, 현대 사회에서도 계속적으로 이해되고 사용될 것이다. 결국 날씨에 관한 많은 속담은 경험에 근거를 두었으며, 날씨 속담에 담긴 진실은 미래에까지 전해질 것이다. 심지어 교육받지 못한 이들도 날씨 속담의 풍자적인 결점을 잘 알고 있다. 날씨에 대한 인간의 집착에 다르게 재미있게 반응한 속담으로는 17세기에 나온 "날씨의 변화는 바보들의 이야기와 같다."는 말을 들 수 있다. 또 미국인들은 20세기 초 "모두 날씨에 대해 이야기하지만 어느 누구도 그것에 대해 무언가를 할 수는 없다."고 말하고 있다.

날씨 예측은 항상 사실과 미신, 이치에 맞는 것과 그렇지 않은 것, 과학성과 민속 민담 등의 혼합물이 뒤섞여 있다.

미국에서 날씨에 관한 지식을 수집한 책으로 앨버트 리(Albert Lee)가 지은 『날씨의 지혜(Weather Wisdom)』라는 책이 있다. 이 책은 자연적인 날씨 예측의 사실과 민속 지식을 독특

---

7 *Ragen bei Sonnenschein*(헬싱키, 1954)

하게 편집하였다. 자주 언급되는 몇 가지 내용을 소개하겠다.

① 주의 봉헌축일(Groundhog day, 성촉절) : 북미산 마모트는 2월 2일에 겨울잠에서 깨어난다고 믿었다. 이 동물은 자신의 그림자를 보면, 겨울이 6주가 더 남았다고 생각하여 다시 굴로 되돌아간다는 것이다. 이러한 믿음은 독일에서 펜실베니아 등 미국 곳곳에 전해지게 되었다.

② 성 스위딘의 날(Saint Swithin's day) : 성 스위딘의 날인 7월 15일에 비가 오면, 40일간 계속하여 비가 온다고 전해져 온다. 이러한 믿음은 964년 7월 15일로 예정되어 있던 성 스위딘의 시성 의식이 오랫동안 지체된 데에서 유래하였다. 스위딘은 영국 윈체스터의 사제였고, 862년에 죽었으며, 천국의 달콤한 비가 자신의 무덤에 떨어지도록 교회의 뜰에 묻어 줄 것을 요구하였다. 964년에 수사들이 시성 의식을 위해 그의 시신을 성당 성가대 자리로 옮기려 하자, 일의 진행을 지연시키며 40일 동안 비가 내렸다. 비를 오게 하는 성인의 전통은 많은 유럽 국가에서 다양한 형태로 발전되었고, 영국 정착민에 의해 북아메리카로 전파되었다.

③ 도그 데이(Dog Days) : 북반구에서 이 날은 7월 3일에서 8월 10일까지의 기간 중 가장 더운 시기이다. 고대 로마인들이 가장 더운 주간을 지칭했던 라틴어 'caniculares dies'에서 유래하여 이름이 붙여졌다. 그들의 믿음은 천국에서 가장 밝다고 하는 천랑성(天狼星, Dog Star)인 시리우스가 떠오를 때 태양과 결합하고, 태양에 별의 열을 더해 주어 태양의 힘을 강화시킨다는 속설이 생겨났다.

④ 불나방 유충 애벌레(Wooly Bear Caterpillar) : 크고 털이 많은 불나방 애벌레 몸의 중간쯤에 있는 갈색 줄무늬 폭을 측정하면, 다가오는 겨울의 추위 정도를 알 수 있는 것으로 전해온다. 매년 미국의 언론에서 언급하고 있지만, 그러한 예측이 적중한 경우는 없었다고 한다.[8]

2. 문학과 기후

날씨에 관한 풍부한 상상력이 문학 작품과 언어 속에 함축되어 있는 것을 우리는 많이 볼 수 있다. 수메르인, 아시리아인, 바빌로니아인들의 창조 신화에서부터 오디세이 또는 성경에 이르기까지 천지 창조와 계절의 변화까지도 언급하고 있으며, 태양은 창조적 에너지의 원천이 되어 왔다. 태양의 빛은 지구에 쏟아지고, 계절의 변화와 대기 온도, 수분 분포 뿐만 아니라 문학 작품 속에서도 영향을 미치고 있다. 기후와 기상학적 상상력은 항상 문학 작품의 단순한 주제나 제재 이상으로 이용되었다.

1) 성경에 나타난 날씨 현상[9]

- 그 실과는 동풍에 마르고 그 건강한 가지들은 꺾이고 말라 불에 탔더니(에스겔 19:12)
- 동풍이 오리니 곧 광야에서 일어나는 여호와의 바람이라 그 근원이 마르며 그 샘이 마르고(호세아 14:15)
- 동풍이 부딪힐 때에 아주 마르지 아니 하겠느냐(에스겔 17:10)
- 해가 뜰 때에 하나님이 뜨거운 동풍을 준비하셨고(요나 4 : 8)

이처럼 동풍이 불면 가뭄과 열기를 내뿜고, 서풍은 지중해로부터 수분을 가져와 비를 내린다는 것은 팔레스타인 지역에서 사는 사람들을 인식한 것이다.

누가복음 12장 54절에 보면 "구름이 서에서 일어남을 보면 곧 말하기를 소나기가 오리라 하니 과연 그러하고" 남풍은 폭풍우와 불안정한 날씨를 나타낸다. 성경에도 이 방향으로부터 부는 소용돌이 바람을 언급하고 있다.

---

8 Stephen H. Schneider, 앞의 책, pp. 838-839.
9 각 성경의 구절은 톰슨 대역, 『한영성경』(기독지혜사)의 번역문을 그대로 옮겨 적었다. 그리고 필자가 앞뒤 문맥을 맞추기 위해 성경 구절을 첨가하였다.

- 두려운 땅에서 남방 회리 바람같이 몰려 왔도다(이사야 21:1)
- 주 여호와께서 남방 회리 바람을 타고 행하실 것이라(스가랴 9: 14)
- 남방 밀실에서는 광풍이 이르고 북방에서는 찬 기운이 이르며(욥기 37:9)

2) 영미문학 작품[10] 속의 날씨

일반적으로 문학사적 의미를 볼 때 날씨를 소재로 한 작품은 이루 말할 수 없을 정도로 많다. 대표적인 몇몇 작가들의 작품을 소개하기로 한다.

영문학 최초의 서사시인 8세기 초기의 「베어울프(Beowulf)」에서는 베어울프가 겪어나가야 할 고난과 시련이 날씨와 관련되어 있는데, 폭풍, 해일, 그가 당면할 알지 못하는 운명의 한 요소인 북풍 등을 언급하고 있다.

셰익스피어(1564~1616)는 날씨에 대한 풍부한 상상력을 발휘하여 작품 속에 이용하고 있다. 영국에서는 대서양 폭풍우가 접근하기 전에 온화하고 습윤한 공기를 몰고 오는 남풍이 영국 제도에 불게 된다. 작가는 바로 훌륭한 날씨 관찰자인 셈이다.

작품 「As You Like It」에서

바람과 비를 몰고 오는 안개 낀 남풍이 불어오듯이

또한 「헨리 4세」 제2장에서

남쪽의 소란스러운 폭풍우가 검은 구름과 더불어 몰려오면

등으로 표현하고 있다.

셰익스피어는 인간 투쟁의 드라마 속에서 기상학적 용어를 빌려 상상의 날개를 펼친 것이다. 『햄릿』을 보면 무대를 폭풍우가 몰려오기 이전의 음침하고 조용한 상태로 설정하였다.

---

10 Richard A. Anthes, Hans A. Pannoofsky, John J. Cahir, Albert Rango, *The Atmosphere*, Charles E. Merrill Publishing Company, 1981, pp. 311~315.

당신이 종종 폭풍우를 바라보게 될 때에

하늘은 침묵을 지키고, 바람에 날려 가는 조각구름이 조용히 머무른다.

그 밖에도 『겨울 이야기』, 『리어왕』, 『맥베드』에서도 폭풍우를 다루고 있다.

밀턴(1608~1674)은 일생을 통하여 기후의 영향에 대해서도 연구하였다. 그는 모든 사람이 구름, 눈과 비, 번개, 천둥에 대하여 알아야 한다고 주장하였다. 다니엘 데포우(Daniel Defoe)의 『로빈손 크루소』, 스위프트(Swift)의 『걸리버 여행기』 등의 소설에서도 역시 주인공들이 폭풍우로 인한 배의 난파로 내용을 전개시키고 있다. 낭만주의 시인인 쿠울리지(Coleridge), 워드워즈(Wordsworth), 셸리(Shelly), 키이츠(Keats) 등은 날씨를 소재로 시를 썼다. 독일의 대문호인 괴테(Goethe)는 에세이에 '구름의 형성', '날씨의 이론' 등을 소개하였다.

미국의 작가들도 소설 소재로 기후, 날씨를 이용하였다. 워싱톤 어빙(Washington Irving)은 『립 반 링클(Rip Van Winkle)』에서 신비적인 색조와 형상을 기후 변화와 연결시켜 스토리를 전개하였고, 호손(Hawthorne)의 날씨를 소재로 쓴 『눈송이』, 『눈-이미지』 등은 날씨에 관한 상상력을 묘사한 글이다. 해리에트 비쳐(Harriet Beecher)의 『톰 아저씨의 오두막』에서 여자 노예 엘리자가 추적자들에게서 도망치기 위해 얼음 강을 건너는 장면 등도 좋은 예가 된다. 엘리어트(T. S. Eliot)의 『황무지』에서 "봄은 잔인한 달, 갑자기 내리는 비, 겨울 정오의 갈색 안개" 등은 뇌우에 의해 발생되는 날씨 현상을 비유하고 있는 말이다.

영어는 많은 관용구에 날씨 용어를 이용하고 있다. 예를 들면, "분위기 있는 레스토랑(a restaurant with atmosphere)", "형편이 좋을 때 친구(a fair-weather friend)", "그는 사무실로 성내어 돌진하였다(he stormed into the office).", "그녀는 막연한 생각을 하지 않았다(she didn't have a foggy notion).", "그들은 만일에 대비하여 저축을 한다(they save for a rainy day).", "그 학생은 시험에 쫓겼다(the student was snowed under with exams)." 이러한 예의 뒷면에 숨어 있는 논리와 이치는 무언가 미묘한 뉘앙스를 풍기지만, 쉽게 그 반향을 이해할 수 있다.

3) 일본문학에 나타난[11] 날씨

노벨문학상을 수상한 가와바다 야스나리(川端康成)의 『설국(雪國)』에서 기후와 관련된 내용을 소개하면 다음과 같다.

집들마다 처마 끝에 차양이 길게 뻗쳐 나오고, 그 끝을 받치는 기둥이 도로에 나란히 줄지어 서 있었다. 예도 거리의 다나시타(상점의 처마)라고 하는 것과 흡사한데, 이 고장에서는 옛날부터 '강끼'[12] 라고 하여 눈이 많이 쌓이는 동안 이것이 통로가 되었다. 한쪽은 이렇게 처마를 가지런히 잇대어 차양이 계속되었다.

이웃과 이웃이 잇달아 있어서 지붕의 눈을 길바닥 한가운데로 쓸어 내리는 수밖에 없었다. 실제로는 지붕에서 길게 쌓인 눈둑 위로 던져 내리는 것이다. 그러니까 건너편으로 건너가기 위해서는 눈둑을 군데군데 도려내어 구멍을 뚫어 터널을 만든다. 이 고장에선 이것을 '태내 빠지기'라고 일컫는 것 같았다.

다리 저쪽으로 저물어 가는 산은 이미 하얗게 보였다. 이 고장은 나뭇잎이 떨어지고 바람이 차가워질 무렵이면 으스스하게 춥고 흐린 날씨가 계속된다. 눈이 내릴 조짐인 것이다. 멀고 가까운 높은 산들이 하얗게 된다. 이런 것을 '산악 돌림'이라고 했다. 또한 바다가 있는 곳에선 바다가 울고, 산이 깊은 데선 산이 운다. 이것은 먼 우레와도 같다고 한다. 이것을 '몸통 울림'이라고 한다. 산악 돌림을 보고, 몸통 울림을 들으면 눈이 머잖아 내릴 것을 짐작하게 된다고 옛날 책에 씌어 있는 것을 시마무라는 기억하고 있다.

날씨와 관련된 속담을 소개하면, "내일은 내일의 바람이 분다(明日は明日の風が吹く).", "불에 날아드는 여름철의 벌레(飛んで火に入る夏の)", "풍전등화(風前の燈)", "기다리면 항해에 좋은 날씨가 있다(待てぼ海路の日和あり).", "어느 구름에 비가 들었는지, 장래의 일은

---

11 이 글은 교원대학교 이민부 교수의 글에서 발췌한 내용이다.
12 눈이 많이 쌓이는 지방에서 거리의 집집마다 처마로부터 차양을 내밀고 그 밑을 통로로 사용하는 설비.

예측할 수 없다(來年の事を言えば, 鬼が笑う)." 등이 있다.

또 일본에는 맑은 날씨를 기원할 때 테루테루보즈(てゐてゐ坊主)라는 작은 인형을 만들어 처마 밑에 다는 풍습이 있다. 꼭 눈사람이 목부터 치마를 두른 것 같은 모양의 이 인형을 똑바로 걸어두면 다음 날 날씨가 맑고, 반대로 거꾸로 매달아 놓으면 비가 온다고 생각한다. 이 풍습은 에도 시대부터 전해 내려오는 것으로, '소원대로 맑은 날씨가 되면 금방울과 맛있는 술을 주겠다'는 내용의 테루테루보즈 제목의 동요도 일본인의 많은 사랑을 받고 있다.

4) 한국문학 작품과 날씨

한국문학은 크게 신화, 전설, 고대 소설, 시가(詩歌), 근·현대 문학 작품 속에서 기후나 날씨와 관련된 내용이 많이 있지만, 내용이 방대해서 다 열거할 수가 없다. 따라서 근·현대 문학을 제외한 몇몇 작품을 살펴본다.[13]

(1) 신화와 날씨

• 단군신화 : 이에 환웅이 부하 3천 명을 거느리고 태백산 꼭대기 신단수 아래에 내려가 신시를 여니, 이 분이 곧 환웅대왕이라는 이인데, 곧 풍백(風伯)·우사(雨師)·운사(雲師)에 명하여 곡, 명, 병, 형, 선악, 기타 인간에 관한 삼백 육십 여사(餘事)를 주간(主幹)케 하고……

• 신라 시조 혁거세왕 : 몸에서 광채가 나고, 새와 짐승이 따라 춤추며 천지가 진동하고 일월이 청명한지라. 인하여 그를 혁거세왕이라 이름하였다……

• 김알지 탈해왕 : 자색 구름이 하늘에서 땅에 뻗치었는데, 구름 가운데 황금궤가 나무 끝에 걸려 있고……

• 연오랑 세오녀 : 이 때 신라에서는 일월이 광채를 잃었다. 일관이 아뢰되 일월의 정(精)이 우리나라에 있던 것이 지금 일본으로 간 때문에 이런 변이 일어났다고 하였다.

---

13 참고 서적으로 삼은 것은 전규태 편저인 『한국 고전문학 대전집』(서강출판사, 1976)이다.

(2) 전설과 날씨

- 처용랑과 망해사 : 홀연히 구름과 안개가 자욱하여 길을 잃을 정도였다. 괴상히 여겨 좌우에게 물으니, 일관이 아뢰되, 이것은 동해 용의 조화이므로 좋은 일을 행하여 풀 것이라 하였다.……. 왕명이 이미 내리매, 구름이 개이고 안개가 흩어졌다. 그래서 개운포(開雲浦)라 이름 지었다.
- 일월 전설 : 그러나 누이는 낮에 다니려 하니 여러 사람이 쳐다보아 부끄러우므로, 강렬한 광선을 발하여 보는 사람의 눈을 부시게 하였다.
- 홍수 전설 : 선녀는 천상으로 돌아가 버리고, 갑자기 큰비가 내리기 시작하여, 연일 연월의 대우(大雨)는 마침내 이 세계를 바다로 화하게 하였다.
- 며느리 바위 : 갑자기 하늘이 검게 비구름이 덮이고, 폭우가 쏟아지기 시작했다.(황해도 옹진군 부민면 부암리)……. 우르꽝 우르꽝 뇌성과 번개가 친다.
- 서산과 사명 : 사명당은 손을 들었다. 그러곤 하늘을 짚었다. 그러자 먹구름 속에선 번개가 번쩍이면서 천지를 뒤흔드는 천둥이 요란하게 치는 것이 아닌가. 뿐만 아니라 갑자기 굵은 빗줄기가 쏟아져 내리는 것이었다.
- 조선 태조와 남해 : 갑자기 거센 바람이 모래를 휘몰아쳐 왔다. 이 태조는 바람을 맞고 무릎을 꿇은 채― 하늘을 우러러보며― 그 천둥이 멎고 하늘에서 들리는 우렁찬 소리가 있었다.

(3) 고대 소설과 날씨

- 춘향전 : 애고 이 애 달아났다. 저도 염치가 사람이지 부끄러워 달아났다. 일정 소식 없었으니 아주 갔다. 반점도 생각 말아라. 밥을 많이 주니 마파람에 게눈이라.
- 심청전 : 목이 매어 말 못하고 눈물 흘려 내려 옥면(玉面)에 젖는 형용 춘풍세우(春風細雨) 도화가지 잠기었다.

오경시를 함지(咸池)[14]에 머무르고, 내일 아침 돋는 해를 부상(扶桑)[15]에 매었으면,
하늘같은 우리 부친 더 한 번 보련마는, 밤이 가고 해 돋는 일 게 뉘라서 막을손가.

춘풍에 지는 꽃이 지고 싶어지랴 마는, 바람에 떨어지니…….

- 홍부전 : 슬근슬근 칠팔 분이나 타다가 놀부, 궁금증이 또 나서 톱을 멈추고 양편에 마주 앉자 들여다보니 별안간 박 속에서 모진 바람이 쏟아져 나오며…….
- 배비장전 : 반쯤 가다 왜풍(倭風)을 만나 표풍(漂風)하면……,
  난데없는 대풍이 졸지에 일어나며 사면이 침침, 물결이 왈랑왈랑, 태산 같은 물마루가 뒤치어 우르릉 콸콸 뒤퉁 굴러…….

강촌모설(江村暮雪) 눈이 내려 천수만수(千樹萬樹) 이화백설(李花白雪)이 아주 펄펄 흩날릴 제─설청운산 북한풍(雪晴雲散北寒風)이 소로로 몹시 불제 차마 귀 시려 어찌 살리…….

(4) 시가(詩歌)[16]와 날씨

- 용비어천가 2장 : 뿌리 깊은 나무는 바람에 아니 흔들리고, 꽃 좋고 여름에 하나니, 샘이 깊은 물은 가뭄에 아니 그치고 내를 이루어 바다로 가나니.
- 용비어천가 30장 : 뒤에는 모진 도적, 앞에는 어두운 길에 없던 번개를 하늘이 밝히시니.
- 용비어천가 114장 : 세존이 위신력(威神力)으로 용왕을 칙(勅)하사 기우국(祈雨國)에 비 줄일 이르시니.
- 자연한거(自然閑居)의 시조

화개동 북록하에 초암을 얽었으나
바람, 비, 눈, 서리는 그렁저렁 지내어도
어느 제 다사한 햇빛이야 쬐여볼 줄 있으랴.(김수장)

샛별지자 종다리 떴다 호미메고 사립나니

14 해가 지는 곳
15 동쪽 바다의 해 뜨는 곳
16 전규태 편저, 『한국 고전문학 대전집』, 제6권, 서강출판사, 1976.

긴 수풀 찬이슬에 베잠방이 다 젖는다
아희야 시절이 좋을세면 옷이 젖다 관계하랴.(이명한)

삿갓에 도롱이 입고 세우중(細雨中)에 호미메고
산전을 홋매다가 녹음에 누웠으니
목동이 우양을 몰아다가 잠든 나를 깨운다.(맹사성)

• 사랑의 시조

동짓달 기나긴 밤을 한 허리를 둘에 내어
춘풍 이불 아래 서리서리 넣었다가
어른님 오신 날 밤이어드란 구비구비 펴리라.(황진이)

북천이 맑다커늘 우장없이 길을 나니
산에는 눈이 오고 들에는 찬비로다
오늘은 찬비 맞았으니 얼어 잘가 하노라.(임제)

비는 오신다마는 임은 어이 못 오시노
구름은 간다마는 나는 어이 못 가는고
우리도 언제 구름 비 되어 오락가락 하리오.(신흠)

• 무상취락(無常醉樂)의 시조

춘산에 눈 녹인 바람 건 듯 불고 간데 없네
적은 듯 빌어다가머리 위에 불리고자
귀밑에 해 묵은 서리를 녹여 볼까 하노라.(우탁)

삼동에 베옷 입고 암혈에 눈비 맞아
구름 낀 볕 뉘도 쬔 적이 없건마는
서산에 해지다 하니 눈물겨워 하노라.(조욱)

- 우국모군(憂國慕君)의 시조

삭풍은 나무 끝에 불고 명월은 눈 속에 찬데
만리 변성에 일장검 짚고 서서
긴파람 큰 한소리에 거칠 것이 없어라.(김종서)

심신에 밤이 드니 북풍이 더욱 차다
옥루(玉樓) 고처(高處)에도 이 바람 부는게오
간밤에 치우신가 북두 비켜 바래노라.(박인로)

- 교훈의 시조

만조(萬釣)를 늘려내야 길게 길게 노를 꼬아
구만리 장천에 구만리 가는 해를 잡아매야
북당의 학발쌍친(鶴髮雙親)을 더디 늙게 하리다.(박인로)

- 민요[17]

헤헤헤 헤헤헤 바람불고 비올 줄 알면
어느 잡년이 빨래하러 가나.(답전요(踏田謠), 경산 지방)

17 민요는 날씨와 관련된 일부분만 인용하였음.

하늘에다 배를 놓고 구름 잡아 잉어 걸고

짤각짤각 짜느라니 편지왔네 편지왔네—(베틀요, 제주 지방)

하늘과 땅이 생길 적에 미륵님이 탄생한즉

하늘과 땅이 서로 붙어 떨어지지 아니하소아

하늘은 북개 꼬지처럼 도도라지고

땅은 사(四)귀에 구리 기둥을 세우고

그 때는 해도 님이요 달도 님이요—(창세요, 함흥 지방)

새벽 서리 찬바람에 울고 가는 저 기러기

한양 성내 가거들랑 도령님께 소식 전해주오(이별요, 경기 지방)

이 밖에도 계절요로 '단오 노래'가 있으며, 문답요인 '목화 따는 처녀 노래' 등 민요 가사 중에 날씨 용어를 이용하여 노래를 불렀다. 특히 떡타령이나 범벅타령은 우리나라 세시풍속에 맞추어 노래를 부른 점이 특색이다. 아리랑 중에서도 '원산아리랑' 가사에 나오는 구절은 날씨와 대비하여 노래를 읊고 있다.

우리야 사랑은 이내 품에서 논다.

슬슬 동풍에 궂은 비는 오고

세화연풍에 님을 만나 논다.

　　—중략—

• 가사(歌辭)

칠분(七分)은 풍년이요. 삼분(三分)은 흉년이라 천만가지 생각 말고 농업을 전심하소. 이 뜻을 본 받아서 대강을 기록하니 이 글을 자세히 보아 힘쓰기를 바라노라.(농가월령가, 12월령 후반부)

포의(布衣)로 조대(釣臺)에 건너오니 산우(山雨)는 잠깐 개고

태양이 비추는데 맑은 바람 불어오니

경면(鏡面)이 더욱 밝다. 검은 돌이 다 보이니—(노계가(蘆溪歌), 박인로)

분별하여 무엇하며 구름이나 바람이나 된들 무엇할꼬

각시님 잔 가득 부으시고 한 시름 잊으소서.(별사미인곡(別思美人曲), 김춘택)

엊그제 겨울 지나 새 봄이 돌아오니

도화행화(桃花杏花)는 석양리에 피어 있고

녹양방초(綠楊芳草)는 세우중(細雨中)에 푸르로다.(상춘곡(賞春曲), 정극인)

3. 미술 · 조각 작품과 기후

1) 그림과 날씨

16세기 비잔틴 화가와 모자이크 디자이너들은 종교적이건 세속적이건 모든 공공 건물에 날씨와 기후에 관한 의인화된 상징물을 장식하였다. 지금은 사라진 가자(Gaza)목욕탕의 천장에 그려진 우주는 사계절과 동서남북 방향의 바람, 천둥, 벼락, 구름의 이미지를 담았다고 전해진다.

그림 IV-1 터너의 작품

(Rain, Steam, and Speed–The Great Western Railway)

그림 IV-2 에드윈 처치의 작품 (Niagara Falls from Goat island in the Snow)

북부아메리카 평원의 인디언들은 그들의 전장을 뇌신조[18]로 장식하였다. 평원에 그려진 다섯 마리의 뇌신조는 전사들에게 자연의 가장 강한 표출인 정신적 에너지를 불어넣었음을 의미하고 있다.

풍경화를 그리는 유럽 전통의 화풍 출현으로 로마 시대 이후의 미술가들은 자연의 고유한 형태, 색깔, 그리고 자연의 변화를 인간 감정과 도덕 상태를 묘사하기 위해 사용했다. 비평가들은 화가 알베르흐트 알트도르퍼(Albercht Altdorfer)를 풍경화가의 시조로 간주하고 있다. 그의 작품은 구름과 태양 사이의 우주적 충돌이 일어나는 그 아래에서 인간 활동의 의미와 분위기를 강화시켜 준다. 르네상스의 종교적 작품 중 16세기 이탈리아의 파올로 베로네세(Paolo Veeronese, 1528~1588)의 「왕들의 숭배(the Addoration of Kings)」를 보면, 어둠과 구름을 헤치고 비치는 태양광선은 그것이 비추는 인간을 품위 있고 돋보이게 하며 영웅주의, 충성심 같은 덕목을 강조하는 데 사용되었다.

대기의 효과는 대륙이나 바다의 풍경을 그리는 영국 화가 터너(J. M. W. Turner, 1775~1851)의 작품 속에 두드러지게 나타난다. 1805년 터너는 비 내리고 쌀쌀한 여름날, 템즈강 하곡을 탐험하면서 태양, 비, 구름의 변화하는 모습을 수채화로 담았다. 그의 관찰은 「안개 속의 떠오르는 태양(Sun Rising through Vapour)」(1807), 「눈 폭풍 : 알프스를 넘어가는

---

18 천둥과 벼락으로 무장되어 있는 신성한 조각품

그림 Ⅳ-3 앨버트 비어스태드의 작품 (Thunderstorm in the Rocky Mountains)

한니발과 군사들(Snowstorm : Hannibal & His Army Crossing the Alps)」(1812) 등과 같은 유화를 탄생시켰다. 또한 그는 「비, 증기, 속도감-위대한 서부횡단 철도(Rain, Steam, and Speed-The Great Western Railway)」(1844)에서 색깔의 소용돌이로 대기의 움직임이 가득 찬 그림에 기관차가 또 다른 자연의 힘이 되어 보이도록 만들었다.[19]

　　날씨 조건을 적절히 선택하여 도덕적 교훈을 전하는 방식의 자연 묘사는 19세기 중엽 미국의 허드슨 리버파[20]의 프레드릭 에드윈 처치(Frederic Edwin Church, 1826~1900)의 작품에서 엿볼 수 있다. 그의 작품 「산지에서 몰아치는 폭풍우(Storm in the Mountain)」(1847), 「눈 내리고 있는 고트 섬으로부터 나이아가라 폭포(Niagara Falls from Goat island in the Snow)」(1856)[21]에서 미국 풍경화의 영웅적 특징을 강조하기 위해 날씨 현상을 이용했다. 또 남아메

19 이 작품은 프랑스 인상주의 화풍의 영향을 받은 후기 작품으로 간주됨.
20 19세기 중엽의 미국 풍경화가의 한 파로 수법은 낭만적 화풍임.
21 터너의 영향을 받은 작품임.

리카 여행에서 그린 작품 중 「타마카 팜스(Tamaca Palms)」(1854)는 흰눈이 쌓인 산봉우리와 그것에 가려진 습한 저지대의 기후적 대립을 표현하였다.

처치와 동시대의 인물인 알버트 비어스태드(Albert Bierstadt, 1830~1902)는 미국 서부의 선구적 화가이다. 그는 콜로라도와 와이오밍 지역의 풍경에서 발견한 시각적 자극과 도덕적 의미를 극적으로 표현하기 위해 눈부신 햇빛, 시커먼 폭풍 구름의 대비를 이용했다. 1859년 작품인 「로키 산맥에서의 뇌우(Thunderstorm in the Rocky Mountains)」와 1869년 작품 「버팔로 트레일 : 임박한 폭풍(The Buffalo Trail: The Impending Storm)」이 바로 그 예가 된다.

마린 존슨 헤드(Marin Johnson Heade, 1819~1904)가 1859년부터 1870년 사이에 그린 4개의 주요 작품에는 급변하는 여름의 뇌우가 인간사에 엄청난 피해를 준다는 메시지를 담고 있다. 이 작품들은 자연에 대해 이전의 허드슨 리버파의 낙관적인 시각을 달리하여 좀더 어두운 일면을 나타냈다. 허드슨 리버파의 화풍은 화폭이 빛나는 완벽함으로 마무리될 수 있게 세부적인 것에까지 주의를 기울이라고 요구한다. 19세기 후반에는 도덕적 교훈을 이야기하는 도구와 수단으로 이용되던 날씨가 기상 현상의 힘과 고유한 아름다움을 강조하는 데 이용되기 시작하였다.

풍경화를 그리는 프랑스의 바르비종파(Barbizon School)[22]의 화가들은 날씨의 그림같이 아름다운 효과보다는 일시적인 날씨 현상을 묘사하는 데 심혈을 기울였다. 에드워드 바니스터(Edward M. Bannister, 1828~1901)는 한때 선원이었다가 미국에서 최초로 알려진 아프리카계 미국인 미술가다. 그는 빛과 어둠의 대비를 사용했고, 자세한 세부를 묘사하기보다는 형상(이미지)을 제시하였다. 예를 들면 1886년의 작품 「다가오는 폭풍우(Approaching Storm)」에서 한 외로운 인물이 희미한 풍경 사이로 걸어가는 모습은 자연의 힘과 아름다움을 작아 보이게 하는 이미지를 보여 주었다.

아시아의 미술가들은 심미적인 시각을 표현하기 위해 날씨 이미지를 이용했다. 중국의 가오 코쿵(Kao K'okung, 1248~1310), 일본의 뛰어난 판화가 카추시카 호쿠사이(Katsuscika Hokusai, 1760~1849)와 앤도 히로시게(Ando Hiroshige, 1797~1858)는 바람과 물결, 눈, 안개,

22 19세기 중엽 프랑스 파리 근교의 바르비종에서 그림을 그린 풍경화가의 일파. 밀레, 코로 등이 대표적임.

그림 IV-4 앤도 히로시게의 작품

세차게 내리는 비를 형식적인 디자인 요소로 표현하였다.

프랑스 화가들 중에는 인상주의파 모네(Claude Monet, 1840~1926)와 구스타브 칼리보 (Gustave Caillebotte, 1848~1894)가 있다. 모네의 「건초더미(haystack)」 시리즈는 빛과 대기 란 요소를 배경으로 농부가 일하고 있는 들판을 묘사하기 위해 날씨 조건이라는 파레트를 사용했다. 이 25장의 그림들은 실외에서 그려졌기 때문에 날씨 조건은 직접적으로 모네의 작품에 영향을 주었다. 칼리보의 유명한 작품 「비오는 날의 장소」(1877)에서는 길을 걷고 있 는 파리 시민의 우산이 주요 구성 요소가 되었다.

미국의 사실주의 화풍의 화가 윈스로우 호머(Winslow Homer, 1836~1910)는 날씨의 변 화, 또는 날씨의 예측할 수 없음을 - 특히 그의 핵심 주제인 바다를 두고 - 강조하였다. 1898 년 수채화 작품 「허리케인, 바하마」와 1904년 작품 「여름 소나기(A Summer Squall)」 등은 매 우 특색이 있다. 날씨에 대한 추상적 의미는 축소되면서 미국 사실주의파들에 의해 그림 속 에 담겨졌다.

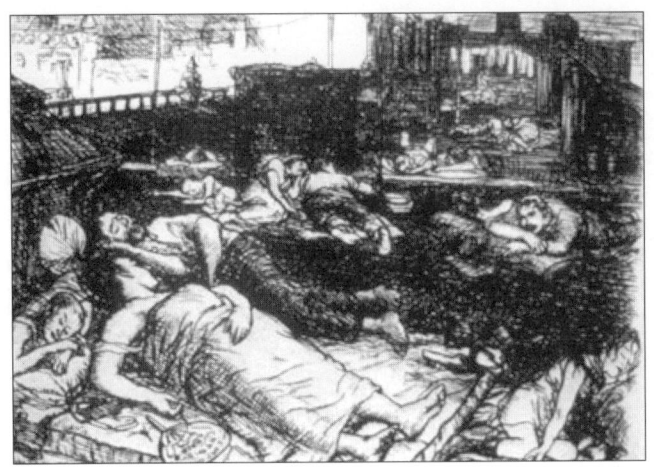

그림 IV-5 존 스로앤의 작품 (Roof, Summer Night)

풍경화가들이 전통적이고 추상적으로 자연의 힘과 위대함에 몰두해 왔다면 도시의 화가들은 자연과 도시 인공물 사이의 경계를 넘나드는 데 날씨를 사용해 왔다. 존 스로앤(John Sloan, 1871~1951)은 그의 동판화 「지붕, 여름 밤(Roof, Summer Night)」(1906)에서 무더위에 지친 셋방 가족들이 더럽고 불편한 그러나 이상스럽게도 재미있어 보이는 지붕 위에서 바람을 찾는 모습을 보여 주고 있다. 스로앤의 유화 작품인 「하얀 길(The White Way)」(1926~1927)에서는 브로드웨이에 내린 폭설이 뉴욕에 전시되어 있는 현대의 기술을 마비시킨다. 즉 폭설은 네온 불빛으로 화려하던 '그레이트 화이트 웨이(Great White Way)'[23]를 눈더미로 바꾸어 놓은 것이다.

에드워드 호퍼(Edward Hopper, 1882~1967)의 많은 작품에서 보면, 태양은 초라하고 단조로운 도시의 지붕, 창문, 거리를 무자비하게 내리쬐고, 그 뜨거운 태양 아래 이따금씩 잡히는 사람의 모습을 사실 그대로 보여 주고 있는 것이 대부분이다. 유화 작품인 「도시의 아침(Morning in a City)」(1944)과 강렬한 광선에 그을린 남녀가 햇볕 내리쬐는 발코니에 있는 모습의 「이층의 태양 빛(Secondary-story Sunlight)」(1960)이 그 좋은 예가 된다.

23 뉴욕의 극장 지구를 일컫는다.

그림 IV-6 에드워드 호퍼의 작품 (Secondary-story Sunlight)

우드러프(Hale A. Woodruff, 1900~1980)는 아프리카계 미국인 화가이며 미술대학 교수다. 작품 「토네이도」(1933)에서, 그는 날씨가 인간 질서에 어떻게 영향을 미치는지에 초점을 맞추었다. 이 그림에서는 깔때기 구름이나 심지어 하늘조차 보이지 않는다. 반면 태풍이 지나간 흔적만을 보이지 않는 힘으로 형성된 광란의 소용돌이(나뭇가지, 울타리, 농장의 동물, 세탁물, 헛간 등이 한데 섞여)를 통해 보여 주고 있다.

2) 조각 작품과 날씨

조각 작품에서는 그림과 같이 날씨 요소를 이용한 다양한 작품은 볼 수 없지만, 그래도 어느 정도 반영된 예를 찾아 볼 수 있다. 실제로 볼품없는 풍향계가 18, 19세기에 뉴잉글랜드의 민속 예술의 한 분야가 되었다. 금속과 목재를 가공하던 기술자는 이 단순한 날씨 기구를 환상적이고 멋진 모양으로 바꾸었다. 홀로 외로이 서 있는 농장이나 마을에 풍향을 알려주는 기능을 유지하면서 예술로 승화시킨 것이다. 양철공인 셈 드로운(Shem Drowne, 1683~1774)이 만든 두 개의 풍향계는 오늘날 보스톤의 교회와 페니얼 홀(Faneuil Hall)[24]의 지붕을 장식하고 있다. 드로운이 구리로 만든 제비 꼬리 모양의 깃발은 미풍에 휘날리는 깃발

그림 IV-7 셈 드로운의 작품 (Grasshopper)

을 흉내낸 전통적인 형태이다. 이후에 풍향계 조각은 새, 물고기, 고래잡이 배, 개, 양, 뱀, 말, 불꽃 엔진, 가브리엘 천사[25]등으로 다양해졌다.

1970년대 미국에서 일어난 랜드 아트[26](land art, earth art) 운동의 개척자들은 많은 조각 작품을 만들었는데, 이 작품들은 매우 커다라서 다른 장소로 옮길 수 없는 것이 특징이다. 또 풍화 작용에 변질된 형상이 바로 이러한 예술적 의미를 부여하고 있다. 뉴멕시코에 설치되어 있는 월터 마리아(Walter de Maria)의 「전기장(Lighting Field)」은 번개를 이끌어 내기 위해 의도적으로 수십 개의 강철로 만든 버팀목을 배열한 작품이다. 또 뉴잉글랜드에 있는 데니스 오펜하임(Dennis Oppenheim)의 「원(Circle)」은 계절의 변화를 담아 내기 위해 설치되었다. 알렉산더 칼더(Alexander Calder, 1898~1976)의 유명한 모빌 작품은 구름이 창조와 재창조의 지속적인 과정에서 만들어지듯이, 모든 방향의 공기 흐름에 따라 반응하게 만든 작품이다.

24 미국 보스톤의 시장 건물. 혁명 전쟁 당시에 애국자가 집회 장소로 썼기 때문에 '자유의 요람'이라고 불림. 페니얼(1700~1743)이 페니얼 홀을 세움.
25 구약성서 다니엘 8장 16절 참조.
26 지형, 경관을 소재로 한 공간 예술을 일컫는다.

4. 음악과 날씨

음악은 날씨와 기후의 영향을 많이 받는 또 다른 형태의 예술이다. 우리는 날씨나 기후와 관련된 많은 노래 제목들을 기억할 수 있다. 예를 들면 거슈인(Gershwin)의 「여름(Summertime)」, 「내일을 향해 쏴라」의 영화 주제곡인 「빗방울은 머리 위에 떨어지고(Raindrops Falling on My Head)」 등과 비발디의 「사계(Four Seasons)」와 같은 클래식 음악, 포크 음악, 블루스 음악에 이르기까지 음악의 소재로 기후 요소를 이용한 많은 작곡이 이루어졌다. 블루스 음악으로는 「텍사스 토네이도 블루스」, 「세인트루이스 사이클론 블루스」 등이 있다.

1) 계절에 따른 음악

(1) 봄을 노래한 음악

봄은 일 년을 시작하는 계절로서 인생에 비유하면 유년기에 해당되며, 하루에 비유하면 아침에 해당된다. 만물이 소생하는 봄철에 새로운 시작의 의미를 되새기면서 힘차게 첫발을 내딛을 때 활기찬 음악이 있어 준다면 더욱 기쁨을 느낄 것이다. 봄을 노래한 음악은 매우 많다. 비발디의 「사계」[27]중 제 1악장은 봄이라는 부제를 담고 있다. 요한스트라우스의 '봄의 소리 왈츠' 도 파릇파릇 돋아나는 새싹이 움트는 모습과 힘찬 대지의 맥박을 잘 묘사하고 있다.

베토벤의 9번 교향곡 「합창」 중 4악장 '환희의 송가' 는 봄 기운을 만끽할 수 있는 곡이다. 또한 베토벤의 바이올린 소나타 9번 A장조는 '봄 소나타(Spring Sonata)' 로 잘 알려져 있다. 슈만의 교향곡 1번 B장조도 '봄' 이라는 부제를 달고 있다. 1악장과 4악장은 약동하는 봄의 기운을 나타내고 있으며, 특히 4악장은 '화창한 봄' 이라는 제목이 붙어 있다.

---

27 모두 4곡으로 구성된 비발디의 사계는 봄, 여름, 가을, 겨울 등 사계절의 추이에 따라 변화하는 자연의 모습을 묘사하고 있으며 각각의 곡은 모두 3악장으로 구성되어 있다. 이 곡은 KBS와 한국갤럽조사연구소가 공동으로 실시한 '국민 음악 감상 지수조사' 에서 우리나라 국민이 가장 좋아하는 클래식으로 뽑힐 정도로 많이 알려진 곡이다.

(2) 여름을 노래한 음악

여름철은 야외에서 음악이 연주되는 계절이다. 여름철에 어울리는 음악으로는 거슈인 (1898~1937)의 「포기와 베스(Porgy and Bess, 1935)」 중 '여름'이다. 「피서지에서 생긴 일」도 여름에 자주 들을 수 있는 곡이다. 천둥소리와 빗방울 소리가 곁들여져 있어서 더위를 가시게 할 만큼 오싹한 느낌을 준다. 이 외에도 말러의 교향곡 3번 「여름날의 꿈」, 본 윌리엄즈의 교향곡 1번 「바다」, 멘델스존의 「한여름밤의 꿈」과 「고요한 바다와 행복한 항해」 등이 여름철을 배경으로 한 곡으로 볼 수 있다.

(3) 가을을 노래한 음악

가을철은 결실의 계절이다. 여름철 내내 산과 들로 향하던 우리의 마음을 정리하고 깊이 있는 내면의 세계로 향하는 계절이다. 대표적인 곡으로는 「고엽」을 들 수 있다.

(4) 겨울을 노래한 음악

겨울은 밤이 길고 날씨가 추워져 실내에서 생활하는 시간이 많고, 실내 문화의 꽃이라는 음악회가 지루한 저녁을 보낼 수 있는 좋은 여가 활동이 된다.

차이코프스키의 음악은 거의 겨울 내음을 풍기고 있다. 차이코프스키의 교향곡 제1번 G단조 '겨울날의 몽상'은 작곡가 자신이 직접 표제를 붙인 곡이다. 미하일 글링카 작곡의 「외로운 방울 소리」, 「어두운 밤」, 러시아 설원을 달리는 마부들의 애환을 담은 「먼 길」, 「끝없이 거친 들판」 등도 시베리아 평원을 연상시키는 아름다운 곡이다.

2) 날씨와 관련된 음악 요법[28]

음악은 듣는 사람에게 신호로 작용하며 주의 환기로 받아들여진다. 또한 마음의 긴장을 풀어 주며 모든 장 기능, 신체 기관, 신체 조직의 활동을 변화시키고 불쾌한 소리를 지워주며 불쾌한 심리 상태나 병적인 정신 상태를 바꾸어 준다. 더군다나 의식하지 않으면서 자연스럽고도 솔직하게 받아들일 수 있다.

사람마다 날씨에 따라 느끼는 기분이나 감정이 다를 것이다. 여기서는 날씨에 따라 들을 수 있는 음악보다는 보편적으로 흐리고 비 내리는 날씨의 우울하고 어두운 기분을 극복할 수 있게 만들어 주는 음악과 맑은 날의 상쾌하고 명랑한 기분처럼 생활을 더욱 활력있게 만들어 주는 음악으로 나누어 살펴본다.

(1) 흐린 날의 기분에 어울리는 음악
① 우울한 비오는 날을 상쾌하게 만들어주는 곡 :
쇼팽의 '빗방울', 드뷔쉬의 '물의 반영'이 들어 있는 영상 제1장 등.
② 자살 충돌이 들 때 이를 해소할 수 있는 곡 : 베토벤의 '운명교향곡',
'비창', 드보르작의 '신세계 교향곡' 등.
③ 우울증에 걸린 사람들에게 좋은 곡 : 바하의 '브란덴부르크 협주곡',
브람스의 '대학축전 서곡', 하이든의 오라토리오[29] '천지창조' 등.
④ 무기력한 상태나 기분이 좋지 않을 때 들을 수 있는 곡 :
하이든의 현악 4중주곡인 '세레나데'나 '종달새' 등.

(2) 맑은 날의 상쾌한 기분처럼 생활을 활력있게 만들어 주는 음악
① 상쾌한 아침에 듣는 곡 :
멘델스존의 '한여름 밤의 꿈', 페르귄트 중 '아침의 전경'

---

28 다나카 타몽의 『모차르트씨의 음악요법』(한교원)의 내용을 읽고 정리한 것임.
29 종교적 제재에 의한 대규모의 서사적 악곡

② 하루의 피로를 풀어 주는 세레나데 : 슈베르트나 쇼팽 같은 낭만파 음악

③ 식탁을 풍성하게 하는 곡 : 비제의 모음곡 중 '아를르의 여인'.

　요한 스트라우스의 '비인 숲 속의 이야기', '아름답고 푸른 도나우' 등의

　왈츠 곡, 한국의 풍경 소리

④ 미인을 만드는 곡 : 슈만의 '트로이메라이', 구노의 '아베마리아' 등.

⑤ 심장이 두근거릴 때 듣는 곡 : 바하의 음악

⑥ 긴장을 풀어주는 곡 : 현악기를 주체로 한 선율이 긴 곡이 효과적이다.

　바하의 '관현악 모음곡', 멘델스존의 '바이올린 협주곡',

　드보르작의 교향곡 '신세계' 등.

5. 레크리에이션과 기후

　우리의 삶을 더욱 흥미롭고 즐겁게 만드는 레저 시간에 추구하는 활동으로 스포츠나 여행 같은 활동이 있다. 공원을 산책하거나 고요한 호수의 징검다리를 건너는 활동, 또는 행글라이딩, 열기구 타기와 같은 복잡한 활동까지 모두 레저에 속한다. 개인적이든 팀별 활동이든 모든 형식의 활동이 다 포함된다. 이러한 활동은 시간과 이동이 필요하기 때문에 전통적 시대, 근대화 시기까지 일부 부유층에게만 제한되어 왔다. 레저 여행의 형태와 같은 관광은 수천 년 동안 존재해 왔지만, 최근 몇십 년 동안 빠르고 저렴한 교통 수단으로 인해 전지구적으로 수백만 명의 사람들이 여행하는 것이 가능해졌다.

　레크리에이션과 스포츠는 대개 실외에서 하고, 관광은 돌아다니는 것이기 때문에 이러한 활동은 그 지역에서 특히 잘 나타나는 날씨와 그날 그날 날씨의 불안정한 변동에 직접적으로 영향을 받는다. 따라서 실외의 여가 활동은 날씨와 지리에 의해 직접적으로 결정된다. 사람들은 바다나 강 가까이에서 수영과 항해와 낚시를 즐기며, 산지에서는 하이킹, 등산, 스키를 즐긴다.

추운 날씨에서는 스케이트나 크로스컨트리 스키를 즐긴다. 도시민들은 팀별, 개인별 스포츠나 전문 스포츠 경기 관람을 선호할 수도 있다. 격렬한 레저 활동은 주로 냉량한 기후 지역 또는 연중 냉량한 날씨가 나타나는 기간 동안 행해지고 보다 일정한 보조(pace)를 필요로 하는 레크리에이션 활동은 열대 지역에서 행해지고 있다. 자신이 사는 곳에서는 할 수 없거나 인기가 없는 활동에 참가하고 싶은 사람들은 여유가 된다면 그러한 활동을 즐기기 위해 다른 지역을 관광하게 될 것이다.

스포츠 경기를 위해 선호되는 계절은 대체로 기후에 직접적으로 의존하고 있다. 아이스하키는 여전히 주로 겨울에 경기를 하고, 야구나 골프와 같은 경기는 주로 여름에 한다. 수영은 일반적으로 가장 인기가 있고 즐겁게 할 수 있는 스포츠이다. 또 미식축구, 마라톤, 축구 같이 움직임이 많이 요구되는 활동은 주로 시원한 날씨나 기간에 적당하다. 윈드서핑이나 연날리기와 같은 활동은 바람의 성질에 달려 있다. 열기구는 가벼운 공기와 시원하고 안정적인 대기가 필요한 반면 글라이더[30]조종사는 주로 위로 뜨는 대류성 기류를 찾는다.

기후 조건은 운동 선수의 경기력 향상에도 영향을 미친다. 마라톤 선수는 시원하고 습도가 적절한 10~15℃의 기온에 가장 좋은 기량을 발휘할 수 있다고 한다.

스키는 건조한 가루눈이 좋다. 잘 미끄러지고, 회전이 잘 되며, 옷에 눈이 달라붙어도 털면 되기 때문이다. 건조한 눈은 -10℃ 이하에서 내리는 눈이며 이를 건설(乾雪)이라 한다. 바람은 스키점프와 트랙, 필드 경기에 영향을 미치기 때문에 풍속은 매우 중요하다. 특히 육상 경기는 배풍(背風)이 2m/sec 이상이면 기록은 인정하지 않고 순위만 인정한다. 100m, 200m, 3단 뛰기, 허들 경기 등이 이에 해당한다.

관중의 쾌적감도 날씨 조건의 한 기능적 측면을 반영하고 있다. 예를 들면 남부 캘리포니아는 연중 건조하고 온난한 날씨가 지속되므로 스포츠 경기에는 안성맞춤이다. 일 년 중 대부분이 무더운(고온과 다습) 텍사스 주의 휴스턴(Houston) 시는 아스트로돔[31](Astrodome)으

---

30 여기에는 행글라이딩과 패러글라이딩이 있다. 행글라이딩은 산이나 언덕에 올라가 오후에 발생하는 상승류를 동반한 바람을 탄다. 시속 50km 정도의 강풍에서도 비행이 가능하며 고속 비행이기 때문에 추락이나 고속 낙하의 위험이 따른다. 날씨 조건을 민감하게 확인해야 한다. 패러글라이딩은 낙하산의 낙하 기능과 글라이더의 활공 기능을 결합한 스포츠다. 바람이 시속 10~15km 정도 불 때가 적당하다. 이륙에서 착륙까지 항상 맞바람을 이용해야 한다.
31 반투명의 둥근 지붕이 있는 경기장. 텍사스 주 휴스턴이 유명하다.

로 일 년 내내 쾌적하게 경기를 관람할 수가 있다.

심지어 실내 레크리에이션도 간접적이지만 날씨 조건에 영향을 받는다. 볼링, 실내 수영, 스쿼시, 라켓볼, 농구와 같은 활동은 시원하고 서늘한 날씨가 지속되는 기간에 더 많이 참여한다. 이 실내 활동의 참가는 실외의 날씨 조건이 좋아지면 감소하기도 한다.

1970년대 이후부터 미국에서 스포츠와 레크리에이션에서 절대적 우위를 차지하고 있는 헬스클럽은 실내운동 기회에 대한 욕구가 증대되면서 번성하고 있다. 최근 한국에서도 건강에 대한 관심이 고조됨에 따라 곳곳에 헬스클럽이 들어서고 있다. 이러한 클럽들은 경제적으로 존립하기 위해서 실내 및 실외 교육 프로그램을 개발하여 운영하고 있다.

날씨와 기후, 관광과의 관계는 앞에서도 언급하였지만 몇 가지 경우의 예를 생각해 볼 수가 있다. 관광을 하려는 동기 가운데 하나로, 불쾌한 날씨의 고향을 떠나 더 편안하고 즐거운 조건을 찾으려는 욕구가 있다. 무더운 지역에서 온 관광객들은 여름 동안 산과 해변과 고위도 지방으로 이동하고, 추운 기후에 사는 사람들은 겨울에 열대 지역을 방문한다. 결과적으로 많은 관광객들의 목적은 그들의 지역경제 안에서 독특한 계절적 사이클을 갖는다. 관광지의 매력적인 상품이 개발되고, 사람들의 활동이 증가함에 따라 관광객들의 계절이 길어지자 그 노력에 대한 성과가 나타났다. 1960년대 이후 미국에서는 겨울 레크리에이션과 스키를 즐기는 인구의 폭발적인 증가로 관광에 기초한 많은 지역의 경제가 안정을 유지하게 되었다. 예를 든다면 콜로라도는 전통적으로 여름과 가을 관광객의 관광 수입에 대부분 의지하며 겨울 레크리에이션은 콜로라도 주의 주요 관광 계절 상품이 되었다.

우리나라에서도 최근에 계절의 정취, 일출, 일몰, 낙조 등을 눈꽃 여행, 억새 여행, 철쭉 산행, 단풍 여행, 벚꽃 여행 등의 관광 상품으로 개발하고 있으며, 도시 생활에 찌든 마음과 스트레스를 해소하기 위해 관광 여행을 떠나는 인구가 폭발적으로 증가하고 있다.

여행과 관광의 즐거움 중 일부는 우선 한 지역의 기후를 결정하는 날씨 요소를 경험하는데 의미를 둘 수 있다. 바하마를 방문하는 동안 허리케인이 휩쓸고 지나간 기억, 죽음의 계곡에서 건조한 열풍에 그을린 기억, 캘리포니아의 삼나무 숲에서 짙은 안개 때문에 엉금엉금 기다시피 한 기억, 7월에 로키산맥에서 눈 때문에 놀라 잠을 깬 기억 등, 이 모든 경험은 관광의 기쁨을 줄이는 것이 아니라 높이기도 한다.

6. 종교와 기후

종교의 역사를 살펴볼 때, 대부분의 문화는 인간, 자연, 선과 악의 모든 신성한 상호 작용에 관한 세계관을 반영하고 있다. 인간은 위대한 지혜나 권력과 같은 신성한 특성을 소유할 수 있으며, 신은 때때로 인간의 관점에서 지각하고 판단한다. 같은 방법으로 동물들도 인간과 신적인 특성을 갖고 있는 것처럼 여겨진다. 인류는 종종 동물의 힘, 특히 번식력의 힘에 의존하고자 어떤 동물의 특성을 부여하게 되었다. 예를 들어 대부분의 고대 문명에서 황소는 비[32]뿐만 아니라 천둥[33]과 관련되어 있다. 황소처럼 크지만 힘의 원천을 통제하기 어려운 날씨를 통제하는 신은 번식력(적당한 때의 적당한 비)과 파괴(홍수와 가뭄을 통해)의 근원으로 여겨졌다. 그래서 그들은 황소와 동일시되었다(인드라[34], 시바[35], 제우스[36], 바알[37] 등).

인류는 스스로 용(득히 동아시아에서)이나 뇌조(아메리가 인디언)와 같이 상상의 동물들에게 부여되는 기상학적인 힘[38]을 가진 신에게 승인받아야 한다는 믿음으로써, 그들을 이해하고, 달래고 또는 위협하면서 신들에게 영향을 미치기를 시도하였다. 다시 말하면 인류는 상상적인 동물이나 형상에 신적 능력을 부여하여 현세의 관심을 초월하여 자신들의 운명을 조정하고자 시도하였다.

---

32 황소의 성적인 용맹 때문에 정액은 비와 관련된다.
33 황소들은 달릴 때 시끄러운 소리를 내기 때문에.
34 힌두교에서 인타라(因陀羅)라 한다. 비와 천둥의 신.
35 힌두교 시바파의 주신.
36 고대 그리스의 최고 신, 로마 신화의 쥬피터에 해당함.
37 고대 셈족의 신화에서 바알 신, 태양, 산, 숲, 샘 등에 무수히 많이 있는 신으로 자연의 생산력의 상징임.
38 기상학적 힘이란 가물 때 비를 내리게 해 달라는 기우제 또는 기청제 등을 의미한다.

1) 신적(神的) 능력

종교적 삶에서 자연 환경이 미치는 영향으로 보이는 예는 고대 이집트와 메소포타미아의 신전에서 찾아볼 수 있다. 고대 이집트는 비가 거의 오지 않아 농작물의 관개를 나일강의 범람에 의존하였다. 이것은 예측할 수 있었고, 측정 가능한 현상이었다. 북풍은 생활이 가능하도록 시원한 미풍을 제공해 주었다. 반면에 메소포타미아에서는 티그리스 - 유프라테스강의 예측 불가능한 범람에 속수무책이었다. 타는 듯한 건조한 바람은 사막에서 불어 왔으며, 또다시 폭우로 바뀌게 되었다.

이집트의 자연은 자연을 극복하려는 인간의 노력과 조화를 이룬 반면, 메소포타미아의 자연은 인간의 노력이 무의미하다는 것을 인식하게 해주었다. 결론적으로 이집트의 자연 신들은 온화하였으며, 메소포타미아의 신들은 난폭했고 가혹했다. 예를 들어 엘람인(Elamites)들이 세운 고대 우르(Ur) 도시의 멸망은 메소포타미아의 바람의 신인 엔릴(Enlil)이 보낸 폭풍 때문이라고 이해되었다. 이 바람은 너무 심해서 바람의 힘만으로도 하늘과 땅을 갈라놓는다고 믿었다.

엔릴의 성격과 구별되는 많은 표상들은 원시 바다인 티아맷(Tiamat)을 없애 버린 폭풍의 신이며, 기상의 힘을 이용해 훗날, 신들의 왕이 된 바빌로니아의 신 마르둑(Marduk)으로 옮겨갔다. 이 우주적 전쟁의 모든 것은 기원전 약 12세기 때 전해지는 에누마 엘리시(Enuma Elish)라는 바빌로니아의 창작 이야기에 쓰여져 있다.

유대인의 성서(구약성서)에서 신(여호와)이 날씨와 그 밖의 자연 현상에 대한 자신의 지배력을 보여 주는 많은 예 중의 하나는, 여호와가 이스라엘이 아닌 이집트에 우박을 떨어뜨리고, 메뚜기가 몰려오게 하는 바람을 일으키고, 3일 동안 태양 빛을 차단했을 때, 파라오의 마술사와 모세가 대립하는 이야기에 기록되어 있다(출애굽기 9~10장). 고대 유대인들은 여호와가 그의 법을 어긴 죄를 벌하거나, 그들에게 경고를 하기 위해 천둥이나 번개를 통해 말하고, 행한다고 믿었다. 비록 찬송가 309장과 310장[39]에서 때마침 비와 눈과 우박과 서리와 바람과

---

39 찬송가 309장과 310장, 관련 가사만 소개하면 다음과 같다. "메마른 모든 땅에 단비를 주시고", "사시사철 따라 햇빛과 단비를 저 밭에 내려주나" 등.

햇빛을 내려 주는 것을 찬양하지만, 여호와는 폭풍의 신이 가진 모든 능력을 소유하고 있다.

예수님은 또한 '날씨를 다스리는 능력' 도 소유하고 있다고 믿고 있다. 그는 바람과 폭풍의 바다를 가라앉히고[40], 바다 위를 걸음으로써 글자 그대로 자연의 초월성을 보여준다.[41] 기독교 성자(선지자)들은 이러한 능력을 공유하고 있었다. 성녀 제노베파(Genovefa, 423~502)는 이웃들이 추수할 때에 비가 오자, 구원의 기도를 올리는데 곧바로 기도의 응답이 이루어졌다. 이와 유사하게 성 레데군드(Redegund, 525~587)와 성녀 제르투르드(Gertrude)는 항해사들의 보호자가 된 성모 마리아처럼 폭풍의 바다를 잠잠하게 잠재웠다. 사실상 마리아의 날씨를 통제하는 능력은 교회를 세우는 데 방해가 된 1571년 터키군과 기독교인들의 레판토(Lepanto) 투쟁 이후에 매우 특별한 하늘의 징후를 보여 주었다. 즉 교회를 세우기 원하는 장소에는 꼭 눈이 내렸다는 것이다.

자연외 현상과 조건에 대한 성경이 해석은 많은 나라에서 기독교인들과 함께 근대에도 계속되고 있다. 예를 들어 네덜란드에서는 날씨와 지리학이 네덜란드인들의 자기 이해를 형성하는 데 매우 중요한 의미를 부여한 것 같다. 시몬 스카마(Simon Schama, 1988)는 논문에 매력적인 글을 써 놓았다. 그것은 바다로부터 땅을 일구어 낸 네덜란드인들의 노력과 그들의 죄를 벌하기 위하여 신이 폭풍과 홍수를 일으킨 것에 대한 성경적 해석에 관심을 두었다.

이슬람의 전통에서 이슬람 성인들 역시 날씨와 그 밖의 자연의 힘을 조절하는 데 관여한다고 믿었다. 12세기 페르시아 신화의 하비브 알 알자미(Habib al Ajami)는 바람을 가라앉히고, 물 위를 걸었다고 한다. 터키와 이란인들은 자비를 의미하는 라마트(rahmat)를 '비' 라는 단어를 사용함으로써 이러한 믿음을 환기시켰다.

---

40 마태복음 8장 23~27절, "배에 오르시매 제자들이 좇았더니 바다에 큰 놀이 일어나 물결이 배에 덮이게 되었으되 예수는 주무신지라, 그 제자들이 나아와 깨우며 가로되 주여 구원하소서 우리가 죽겠나이다. 예수께서 이르시되 어찌하여 무서워하느냐 믿음이 적은 자들아 하시고 곧 일어나사 바람과 바다를 꾸짖으신대 아주 잔잔하게 되거늘 그 사람들이 기이히 여겨 가로되 이 어떠한 사람이기에 바람과 바다도 순종하는고 하더라." 이외에도 마가복음 4장 37~39절, 누가복음 8장 22~25절에 자세히 기록되어 있음.

41 마가복음 6장 45~49절, "예수께서 즉시 제자들을 재촉하사 자기가 무리를 보내는 동안에 배타고 앞서 건너편 벳새다로 가게 하시고, 무리를 작별하신 후에 기도하러 산으로 가시다, 저물매 배는 바다 가운데 있고 예수는 홀로 뭍에 계시다가, 바람이 거스리므로 제자들의 괴로이 노 젓는 것을 보시고 밤 사경 즈음에 바다 위로 걸어서 저희에게 오사 지나가려고 하시매, 제자들이 그의 바다 위로 걸어오심을 보고 유령인가 하여 소리 지르니."

수많은 신, 성자, 부처 등도 날씨에 대한 그의 지배력을 보여 주어야만 했다. 그들의 놀라운 힘은 부처의 은총을 방해하기 위해 번개와 폭풍을 일으키는 악마 마라(Mara)와의 싸움에서 분명히 승리하였다.

2) 비

비를 기원하는 종교 의식은 제임스 프레이저 경(Sir James Frazer, 1922)이 '모방 마술' 이라고 말한 것과 관련이 깊다. 이러한 종교 의식은 마술과 종교를 구분하는 임의적 특성을 나타내고 있다.

미국 인디언의 비를 기원하는 다양한 춤은 좋은 예가 된다. 춤은 대지에 물을 뿌리듯이 비를 모방하고, 천둥소리는 이와 유사한 의식용 악기를 두드리며, 비구름을 그림으로 그린다. 이러한 방법으로 그들이 바라는 효과를 모방하고, 신의 능력을 인정하기도 한다. 오스트레일리아의 원주민인 아보리진(Aborigines)은 구름이 그들의 의식 때문에 비를 내리는 바탕이 된다고 믿고 있다. 결과적으로 비를 만드는 남자는 피를 흘리고, 그의 피가 그 부족의 나머지 남자들 위로 뿌려진다. 이러한 의식에서 의미가 있는 것은 여자가 아닌 남자의 피가 사용되고, 남성 참가자는 비가 올 때까지 아내와 접촉을 피해야만 한다.

이와 유사한 믿음이 한국과 자바, 고대 바빌로니아에도 존재하였다. 한국에서는 기우제를 올릴 때 제관이 목욕재계하여 하늘에게 제사를 드리며, 호주 원주민들은 '비와 남성다움' 의 연상 작용, 즉 그들은 가뭄이 있을 때 비를 내리는 힘은 음경의 표피를 할례 동안 제거하기 때문이라고 생각하여 조심스럽게 여자가 보이지 않는 곳에서 할례를 행하였다. 고대 유럽이나 인도 아프리카의 사하라 주변 지역 등에서는 여성들이 비의 남신에게 누드를 보여주거나 음란한 노래를 불러 남자의 욕망을 자극함으로써 비를 부르는 역할을 하였다. 아메리카 인디언 중에서도 남성 비(세찬 비)와 여성 비(약하고 부드러운 비)를 구별하였다. 거의 최근까지 유럽 일부 지역에서는 비를 기원할 때 잎으로 만든 옷을 입은 남자와 여자 모두에게 물을 뿌리거나, 잎을 뒤집어쓴 애완 동물을 씻기곤 하였다.

비(홍수)를 피하거나 적에게 가뭄을 보내기 위해 비를 내리지 않도록 하는 방법 가운데 하나는 물의 반대 요소인 불을 사용하는 것이다. 불타는 나무와 달구어진 돌은 모두 비를 물러가게 한다. 이런 물건들이 비를 말려버려, 비를 사라지게 만드는 이와 같은 방법을 사람들이 더 이상 원하지 않는 비의 신에게 제공함으로써 비를 그치게 한다. 예를 들어 동남아시아인들은 날씨가 변하기를 원할 때, 그 요소를 상징하는 신의 형상을 드러낸다. 빗속에 그것을 꺼내 놓으면 햇빛을 가져오는 반면에, 태양 밖으로 그것을 꺼내 놓으면 비를 불러온다고 믿었다.

동식물들도 하늘에서 내리는 비와 관계가 있다. 구름으로 날아오르고, 신의 메시지를 실어나르는 새, 뱀, 개구리, 도롱뇽, 거북이, 물고기, 도마뱀, 거미 등이 있다. 이러한 동물들은 비를 부르는 의식에 사용된다. 예를 들면 아메리카 인디언 어느 부족은 개구리의 울음소리가 비의 신을 달래고 비를 내리게 한다는 믿음 때문에 개구리를 뜨거운 곳에 가두어 둔다. 또한 많은 사람들은 연꽃처럼 물에서 자라는 식물은 비를 내리는 힘을 지니고 있다고 생각하기 때문에 기우제는 물웅덩이나 샘, 우물 근처에서 행하여졌다.

성경 구절 중 열왕기상 18장에 나오는 유대 민족의 기우제의 증거를 비교해 보는 것은 흥미로운 일이다. 이 구절을 보면 여호와는 믿음이 없는 히브리인들에게 벌로써 가뭄을 내리고, 예언자 엘리야는 물과 불로써 정성들인 의식(바알의 성직자와 겨루며)을 행한다고 나온다. 이 의식은 여호와의 우월성을 증명하고 비가 오길 바라는 의식인 것이다. 히브리인들은 물이 너무나 필요한 메마른 땅에 사는 사람들 이었다. 그래서 그들은 여호와가 비를 내려줄 수 있다고 굳게 믿었다. 시편 65장 10절에 보면 "주께서 밭고랑에 물을 넉넉히 대사 그 이랑을 평평하게 하시며 또 단비로 부드럽게 하시고 그 싹에 복 주시나이다", 135장 7절에 "안개를 땅 끝에서 일으키시며 비를 위하여 번개를 만드시며 바람을 그 곳간에서 내시는도다", 147장 8절에 "저가 구름으로 하늘을 덮으시며 땅을 위하여 비를 예비하시며 산에 풀이 자라게 하시며", 요엘 2장 23절에 "시온의 자녀들아 너희는 너희 하나님 여호와로 인하여 기뻐하며 즐거워 할지어다. 그가 너희를 위하여 비를 내리시되 이른 비를 너희에게 적당하게 주시리니 이른 비와 늦은 비가 전과 같을 것이라", 아모스 4장 7절에 "또 추수하기 석달 전에 내가 너희에게 비를 멈추어 어떤 성읍에는 내리고 어떤 성읍에는 내리지 않게 하였더니 땅 한 부분은 비를 얻고 한 부분은 비를 얻지 못하여 말랐으매", 스가랴 10장 1절에 "봄비 때에 여호와 곧 번개를 내는 여호와께 비를 구하라 무리에게 소낙비를 내려서 밭의 채소를 각 사람에게 주리라" 등에 전지전능하신 하나님 여호와의 능력을 굳게 믿고 있었다.

더군다나 그들은 가뭄이 신의 벌이라고 믿었다. 그 성경 구절은 다음과 같다. 예레미아 14장 4절에 "땅에 비가 없어 지면이 갈라지니 밭가는 자가 부끄러워서 그 머리를 가리우며", 12절에는 "칼과 기근과 염병으로 그들을 멸하리라", 학개 1장 11절에 "내가 한재(旱災)를 불러 이 땅에, 산에, 곡물에, 새 포도주에, 기름에, 땅의 모든 소산에, 사람에게, 육축에게, 손으로 수고하는 모든 일에 임하게 하였느니라" 등이다.

서양인들에게 특별히 부족민들의 신비적인 의식과 비교해 볼 때, 이것은 신성하며 심지어 궤변적인 사건으로 보일지 모른다. 또한 엘리야의 이야기도 마찬가지로 신비적 요소를 내포하고 있다. 그는 황소를 제물로 바쳤고, 12개의 돌(이스라엘의 12부족을 상징하는)로 제단을 만들었고, 제물로 바쳐진 황소와 제단을 물로 세 번 적셨으며 그 다음에 여호와에게 그 모든 것을 태워 주길 간구하였다. 여호와는 응답하였으며, 곧 비를 내려 가뭄이 끝났다.[42] 비를 부르는 사람은 이를 연구하는 학자들에 의해 마법사, 마술사, 치료사, 무당, 요술쟁이 등 다양한 이름으로 알려졌다. 이러한 명칭은 종종 유럽인과 미국인들의 편견이 잘 드러나 있다. 기독교 성직자나 목사는 들판에 축복이 내리길 기원하며 적절한 때에 비를 내릴 것을 신에게 기도한다. 사실 그들은 부족의 비를 부르는 사람들과 실제로 그렇게 다른 행동을 하지 않는다.

---

42 구약 성경 열왕기상 18절 참고.

43 창세기 9장 13~17절, "내가 내 무지개를 구름 속에 두었나니 이것이 나의 세상과의 언약의 증거니라, 내가 구름으로 땅을 덮을 때에 무지개가 구름 속에 나타나면, 내가 너희와 혈기 있는 모든 생물 사이의 내 언약을 기억하리니 다시는 물이 모든 혈기 있는 자를 멸하는 홍수가 되지 아니 할지라, 무지개가 구름 사이에 있으리니 내가 보고 나 하나님과 땅의 무릇 혈기 있는 모든 생물 사이에 된 영원한 언약을 기억하리라, 하나님이 노아에게 또 이르시되 내가 나와 땅에 있는 모든 생물 사이에 세운 언약의 증거가 이것이라 하셨더라."

44 미국 북캐롤라이나, 남캐롤라이나에 살던 인디언.

45 미국 알래스카 주의 남부 인디언 부족.

3) 무지개

무지개는 이승과 신의 세계를 연결해 주는 다리로 가장 보편적인 상징물이다. 시베리아, 한국, 일본, 호주, 폴리네시아, 북·남아메리카 등의 많은 무당들은 무지개를 타고 천국으로 오를 수 있다고 믿고 있다. 폭풍 뒤의 고요는 신이 또 다시 인류에게 가져다 줄 수 있는 평화를 의미한다. 구약성경에서 여호와는 노아(Noah)와 홍수로 모두 파괴된 그 곳에 생존한 생물들에게 다시는 홍수로 멸망시키지 않겠다고 약속하였다.[43]

고대 그리스신화에 나오는 무지개는 신의 사자인 무지개 여신, 아이리스(Iris)다. 아메리카 인디언 중 카토바족[44]이나 틀링깃 족[45]에게 무지개는 죽음과의 통로를 의미한다. 북·남아메리카의 인디언, 호주 원주민, 서아프리카인, 고대 페르시아인 등 많은 사람들은 무지개를 뱀의 일종으로 생각했다. 중국에서는 용을 도치에 존재하는 비의 여신으로 생각했다.

무지개는 또한 기근과 관련이 있었다. 고대 중국에서는 용-무지개-여성-비-풍요-달-죽음을 같은 연속선상에서 보았다. 물의 여신은 독일의 로렐라이 전설과 같은 에로틱한 이야기의 주제와 유사하게 남자들을 유혹했다. 고대에 등장하는 비의 여신은 생산력(다산)을 전하기 위해 의례적으로 왕과 결혼하였다.

로마에서는 무지개가 성전환과 관련이 있다고 전해진다. 즉 무지개 아래로 지나가는 자는 남성은 여성으로, 여성은 남성으로 바뀌게 된다는 것이다. 티베트 지방에서 무지개는 일반적으로 좋은 징조로 이해되었다. 티베트 불교에서는 가장 보편적으로 산재해 있는 벼락을 상징적인 기상학적 이미지로 사용해 왔다. 이것은 바로 불굴의 초월적인 힘을 상징하고 있다.

4) 천둥과 번개

비를 동반하는 천둥과 번개는 전세계에 걸쳐 신으로 섬기거나 의인화되었다. 이것은

---

46 러시아 브랴트 공화국에 거주하는 몽골로이드를 일컫는 부족.

북·남아메리카의 전통적 토착 문화에서 하늘 신의 분노의 표시로 간주되었다. 예를 들어 노르웨이 신화에서 지배의 신 '오딘(Odin : 지식, 문화, 시가 전쟁의 신)'과 '토르(Thor : 우레, 비, 농업의 신)'는 서로 폭풍의 신으로서 특별한 기능과 다른 종류의 힘을 가지고 있다. 고대 바빌로니아인, 헤브루인, 힌두교인, 그리스인, 로마인 등은 천둥과 번개를 경고와 징벌에 이용되는 신의 무기로 이해하였다. 번개가 친 곳은 신성한 장소가 된다.

시베리아의 브랴트족[46]은 번개를 맞은 사람을 무당으로 선택했다고 한다. 따라서 번개는 시베리아 무당의 의복에 종종 그려지며, 무당의 북의 손잡이 나무는 번개에 맞은 나무로 제작되었다고 한다.

5) 바람

만질 수 없는 바람의 힘은 많은 사람들에게 신 또는 반신(半神)의 존재를 암시하고 있다. 이스라엘인들은 여호와가 물을 움직이게 하는 바람을 창조하였다고 믿고 있으며[47], 고대 켈트족은 바람이 무엇인가에 의해 요정이 살고 있는 지방에서 불어온다고 믿었다. 대부분의 사람들은 바람이 동굴이나(북서부 아메리카 인디언) 가방(고대 그리스, 아메리카 원주민) 속에 바람이 모여서 살고 있다고 상상하였다. 고대 그리스의 문명을 살펴보면, 바람의 힘에 대하여 여러 가지 예를 볼 수가 있다. 아테네인들은 공격해 오는 페르시아 함대를 격파시켜 준 것에 감사하기 위해 북풍의 신 '보레아스(Boreas)'를 위해 국가적 의식을 마련했다.

위대한 서사시인 호머(Homer, 기원전 8세기경)의 작품에서는 오디세우스가 고향까지 안전하게 배를 타고 오도록 바람의 신 '아이올로스'가 바람이 든 마법의 가방을 그에게 주었는데, 그의 신하가 가방을 풀어보는 바람에 배가 폭풍우에 시달렸다고 한다. 에게해 사람들은 바람이 마법처럼 손수건과 같은 3개의 매듭으로 묶여 있다고 믿었다. 항해사들이 항해를 하기 위해 바람을 가득 채울, 묶지 않은 손수건이 팔렸다.

많은 사람들은 회오리바람을 위험한 악마로 간주했다. 어떤 사람들은 그것이 죽음의 영

---

47 창세기 1장 2절에 "땅이 혼돈하고 공허하며 흑암이 깊음 위에 있고 하나님의 영은 수면에 운행하시니라"고 적혀 있다.

혼이나 마녀를 실어 나르며 따라서 그 안에 갇히거나, 심지어 그러한 꿈을 꾸는 것조차 고통과 죽음을 예고했다. 그러나 회오리바람의 힘은 때때로 자비와 구원의 상징이 되었다. 구약 성경의 출애굽기 13장 21~22절, 33장 9~10절에 보면[48] 여호와는 모세와 이스라엘의 어린 백성을 약속의 땅 가나안으로 인도하기 위해 회오리 기둥으로 나타났다.

아마도 날씨와 신성(神性), 인간성이 가장 극적으로 잘 혼합된 것은 끔찍하고 파괴적인 중국해의 태풍일 것이다. 전통적으로 일본인들은 카미(kami, 신성), 특히 과거 영웅의 영혼들이 일본을 보호한다고 믿었다. 예를 들면 1281년 일본으로 출정한 원나라와 조선의 대 함대가 태풍에 의해 실패한 예와 같이, 제2차 세계대전 당시 일본의 전투 조종사들은 카미가제(神風) 특공대로 스스로 자살 임무를 수행했다.

사이클론, 토네이도, 허리케인 등의 엄청난 파괴적인 힘이 세계 곳곳에서 상상의 괴물로 나타난다. 예를 들어 북아메리카의 세네가(Seneca)인디언들은 허리게인이 무시무시한 괴물 곰의 활동이라 믿었으며, 또한 영어의 허리케인의 어원은 중앙 아메리카의 키체(Quiche) 인디언의 끔찍한 바람의 신인 후르칸(Hurucan)에서 기원하였다고 한다.

성직자, 무당, 종교적 전문가, 이들은 신들을 달래거나 그들의 영혼의 힘을 통해 기후 요소들을 다스리거나 최소한 날씨를 예보함으로써 날씨에 대한 지배력을 행사했다고 볼 수 있다. 신뢰할 수 없을 정도로 정확하지 않은 예보 때문에 일반인들이 텔레비전이나 라디오 기상캐스터들에 대한 관심보다도 종교적 전문가들에게 관심을 갖는 것을 이해하기가 그리 어려운 일이 아니었다. 그러나 오늘날 과학 기술의 발달로 각 국가에서는 첨단 기상 장비를 갖추어 일기예보의 정확도를 높이는 데 노력하고 있으며, 일반 대중들은 상당한 신뢰를 보이고 있다.

---

48 "여호와께서 그들 앞에 행하사 낮에는 구름 기둥으로 그들의 길을 인도하시고 밤에는 불기둥으로 그들에게 비춰사 주야로 진행하게 하시니", "낮에는 구름 기둥, 밤에는 불 기둥이 백성 앞에서 떠나지 아니하니라"(13: 21~22). "모세가 회막으로 들어갈 때에 구름 기둥이 내려 회막문에 서며 여호와께서 모세와 말씀하시니", "모든 백성이 구름 기둥이 섰음을 보고 다 일어나 가기 장막문에 서서 경배하며"(33: 9~10).

V. 기후와 인체

인체는 추워지거나, 더워지는 등 기온변화에 반응해서 체온의 변화를 막는 생리적인 메커니즘의 작용과 동시에 체온을 유지하기 위한 여러 가지 조치가 행해진다. 가장 일반적인 것은 의복에 의한 조절이다. 추워지면 옷을 껴입고, 더워지면 얇게 입는다. 중국에서는 의복의 '카사네(かさ ね)[1] 라는 말이 기온을 표현하는데, 온난한 기후를 '1카사네'라고 하며, 기온이 낮아지면 2, 3카사네라고 표현한다. 가장 혹독한 추위를 '12카사네'라고 했다. 이것이 일본에서는 '12히도에(ひ とえ)[2]의 기원에 관계하고 있다고 전해진다.[3]

왜 나체로?

1963년 1월 16일 오후 9시 30분경, 코펜하겐 근교의 숲에서 37세의 미혼 여성이 사체로 발견되었다. 전날 밤의 기온은 영하 14℃였는데도 10cm 정도의 눈 속에 엎드린 그녀는 완전히 알몸이었다.

주위의 눈은 약간 녹아 있었다. 나체의 등에는, 한 번 녹았다가 다시 얼었기 때문에 시들어 버린 낙엽이 몇 개 붙어 있었다. 손목 시계는 허리 부근에, 옷과 구두는 그녀의 주위에 흩어져 있었다. 싸운 것 같은 흔적은 전혀 없었다. 거기에 남겨져 있던 발자국은 그녀의 것과 발견자의 것으로 확인되었다. 그 외에는 꿩과 여우의 발자국이었다.[4]

수사 결과 그녀의 사망 원인은 노이로제 증상으로 수면제를 복용한 징후가 있었으며 술을 마신 후 동사한 것으로 밝혀졌다.

덴마크 뿐만 아니라 노르웨이, 핀란드, 일본 등에서도 이와 유사한 사건의 기록이 있다. 나체에 가까운 상태로 동사하여 항상 성범죄를 의심하였지만, 그런 흔적은 없었다고 한다. 연령도 제각각으로 60세가 넘은 사람도 적지 않았다. 알코올 의존증이나 노이로제 등 정신적 질환이 원인이라는 견해도 있으나 건강한 희생자도 적지 않다. 노르웨이의 등산가가 방한용 의류가 가득 찬 배낭 옆에서 가벼운 복장인 채로 동사한 예도 있다. 북유럽의 혹독한 추위 속에서 알몸에 가까운 모습으로 동사한 것이다.

1 옷을 겹치거나 포갠 것을 세는 말이다.
2 안을 받치지 않은 홑옷을 말한다.
3 佐藤方彦, 『인간과 기후』, 中公新書, 1987, p. 14.
4 佐藤方彦, 위의 책, p. 15.

동사하는 사람들은 마지막 순간에 타는 듯한 뜨거움을 느낀 것 같다. 극도의 추위에 장기간 놓여지면 피부 혈관은 수축하는 기능을 잃고 신체 중심부에서 따뜻한 혈액이 피부 조직에 대량으로 흐르게 된다. 차가운 피부는 따뜻해지고 기분이 좋아지기까지 하는 것 같다. 그러나 열의 흐름은 파국적으로 커지고 타는 것 같은 뜨거움을 느껴 옷을 벗어버리고 싶어지면서 신체의 열을 완전히 잃어, 죽음을 가속시키는 것이다. 극심한 추위 속에서 동사하는 이 같은 불행한 희생자들은 체온조절중추 자체의 온도가 저하되어 정상의 중추 기능을 잃어버린 것이다.

1. 인체의 체온 조절

조류나 포유류와 같은 고등 동물의 체온은 극히 좁은 범위에서 안정되어 있다. 체온의 항상성(homeostasis)[5] 은 건강 유지에 있어 대단히 중요하며 1℃를 넘는 체온 변화는 무언가 이상 징후가 된다. 이와 같이 체온은 물질대사를 담당하는 효소의 예민한 온도감수성을 기초로 엄격히 조절되고 있다. 여기서 체온이란 코어(core)라는 몸 중심부의 온도이며 뇌 심장, 위장 등 내장이 있는 부분의 온도다. 이를 둘러싼 근육-피부 온도, 즉 셸(shell)의 온도는 환경 온도의 영향을 받기 쉽다. 코어와 셸은 온도적으로 본 것이며 항상성이 유지되어 있는 내부를 코어, 환경 온도의 영향에 따라 변화하는 부분을 셸이라 한다. 따라서 환경 온도가 높을 때는 셸이 얇고, 낮을 때는 두꺼워진다(그림 V-1 참조).

코어의 온도라고 해도 그 중심부의 온도를 직접 측정하기는 어렵다. 보통 체온계를 사용하며 장소에 따라 다소 차이가 있으나 일반적으로 직장 온도 〉구강 온도 〉겨드랑이 온도의 순이다. 안정시에는 평균적으로 직장 온도 37℃, 겨드랑이 온도 36.3℃ 정도이고 부위의 차가 1℃를 넘지 않는다. 니시이(Y. Nishi)[6] 의 연구 결과에 따르면 직장 온도는 36.9~37.1℃, 평균 체온은 36.3~36.5℃, 평균 피부 온도는 33~34℃로 보고되었다.

---

5 체액 성분이나 생리적 기능은 환경 변화나 노동, 음식, 수면 등의 생활 활동에 의해 좁은 범위에서 변화하나 거의 안정을 유지하고 있다. 이를 항상성이라 한다. 예를 들면 정상인의 경우 혈액의 수소이온 농도(pH)는 7.3~7.4이고, 7.1 이하에서는 의식이 없어지며, 7.6 이상이면 경련을 일으킨다.

6 Nishi Y., *Measurement of Thermal Balance of Man*, 1981, p. 30.

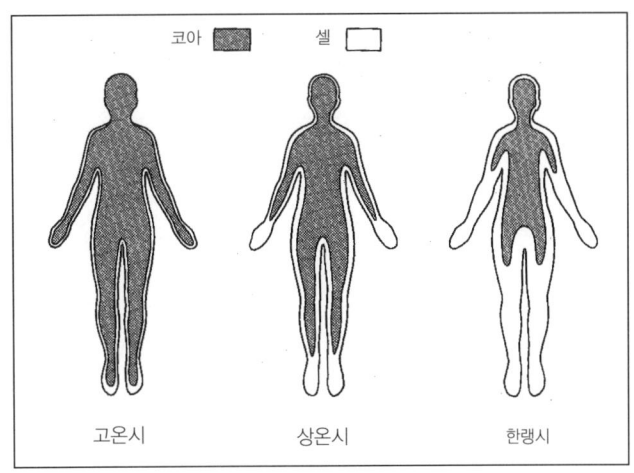

코아 ▨   셀 ☐

| 고온시 | 상온시 | 한랭시 |

그림 V-1 코어와 셀의 개념도

살아 있는한 체내에서는 항상 에너지를 소비하고 있다. 그 양은 열량 단위인 칼로리 (kcal)로 나타내며 소비열량, 또는 대사량(代謝量)이라고 한다. 대사량은 각종 조건에 따라 다르지만 공복 상태에서 조용히 누워 있을 때의 대사량을 기초대사량이라 하며 보통 체격의 성인 남자가 약 60kcal/h이다. 이 중 1/4은 심장 기타 내장의 운동, 1/4~1/3이 골격근의 긴장, 나머지가 조직내의 산화에 의한다고 본다. 대사량에 큰 변화를 주는 것은 근육 활동이다. 예를 들면 의자에 앉아서 가만히 있을 때는 72kcal/h, 보통 속도로 걸어가면 약 200kcal/h, 조깅은 500kcal/h를 넘는다. 그 다음으로 식사가 있다. 음식물을 소화, 흡수하기 위한 에너지 소비가 일어나므로 식후에는 대사량이 수 퍼센트 상승한다. 마지막으로 수면이 있다. 수면시에는 골격근의 긴장이 풀어지므로 기초 대사량보다 약 10% 정도 적어진다.

1) 추위와 더위에 대한 조정과 적응

추위와 더위에 대해 체온이 항상성을 유지하기 위해서는 그 변화에 따라 생산열량과 방출열량을 조절해서 새로운 평형 상태를 만들어 내야 한다. 온도 조건의 저하(기온, 습도, 기류, 복사 저하 등)가 일어나면 방출 열량이 증가하므로 열축적(heat srorage)의 증가를 초래하여 몸은 냉각을 향해서 체온을 낮춘다. 그러므로 몸의 조정에 따라 우선 방출열을 감소시키고, 대사량을 증가시켜 평형을 회복하려고 한다. 구체적으로 말하면 피부 온도를 낮추어서 피부로부터 전도, 대류, 복사, 증발을 감소시킨다. 또한 간장 등에서 대사를 촉진하고 근육의 긴장을 높이며, 때로는 몸서리에 의해 생산열을 증대시킨다. 이와 같은 추위에 대한 조정을 대한반응(對寒反應)이라고 한다.[7]

추위를 접하면 대사량이 증가하는데, 이와 같은 적응에는 내분비계(호르몬)[8]가 중요한 역할을 한다. 즉 부신(副腎)에서의 아드레날린, 당질 호르몬, 갑상선에서의 사이록신, 교감신경(交感神經)[9]에서의 노르아드레날린 등이 협동해서 대사를 통제하고 있다. 아드레날린은 에너지원으로 당분을 동원하는 호르몬, 노르아드레날린은 지방을 동원하는 호르몬, 당질 호르몬은 단백질을 당질로 바꾸어 당분 저장을 보충하는 호르몬, 사이록신은 이들 에너지원의 소비를 촉진시키는 호르몬이다. 이것들이 가을에서 겨울에 걸쳐 분비되고 대사를 높여 한랭에 대비하며, 또한 급격한 한랭에 접하였을 때 아드레날린, 노르아드레날린 분비가 빨리 일어나 혈관을 수축시킴과 동시에 대사량을 증가한다.

추위에 대한 적응은 한랭 지역의 인종적 특징에도 영향을 미친다. 예를 들면 에스키모의 경우 식사시 다량의 지방을 섭취하지만 백인에 비해 기초 대사가 매우 높아 추위를 만나도 대사량은 그다지 증가치 않는다고 한다. 이와 같은 한랭 적응이 한층 진보된 유형은 북부 노르웨이의 랩족, 아프리카의 부시맨, 오스트레일리아와 뉴기니아의 원주민 등에서 볼 수 있다. 부시맨의 경우 야간에 10℃ 이하로 내려가면 불도 피우지 않고 지면이나 동굴에서 잠을 자는데, 피부 온도는 약간 저하되지만 대사량은 증가하지 않는다고 한다.

---

7 신건축학대계편집위원회, 『신건축학대계』, 대광서림, 1990, pp. 20~25.
8 내분비계는 다수의 내분비 기관으로 구성되며 혈액 중의 호르몬으로 총칭되는 화학 물질을 분비하여 체내의 물질 대사를 조절한다. 예를 들면 뇌하수체(성장 호르몬 등), 갑상선(사이록신), 췌장(인슐린 등), 부신(아드레날린, 노르아드레날린 등), 성선(남성, 여성 호르몬 등) 등을 들 수 있다.
9 자율신경계에는 교감신경과 부교감신경, 두 종류가 있다. 두 종류의 신경은 거의 모든 기관에 도달해 있으나 작용 방법이 반대이고 그 기능이 조절된다. 예를 들면 심장의 움직임은 교감신경의 자극에 의해 왕성해져서 맥박 수가 증가하고 한 번 수축할 때마다 송출되는 혈액량은 증가한다. 반대로 부교감신경의 자극에 의해 심장의 수축 운동은 억제되고 맥박 수가 감소한다. 위(stomach)에서는 교감신경이 수축 운동을 억제하고, 부교감신경은 촉진된다.

더위에 대한 조정은 추위에 대한 반응과 반대다. 즉 방출 열량을 증가시키고 생산 열량을 억제하는 반응이 일어난다. 피부 혈관이 확장되어 혈류가 증가되고 피부 온도가 상승하여 복사, 대류에 의한 방출열이 증가된다. 또한 발한(땀)으로 증발에 의한 방출열도 왕성해진다. 증발에 의한 방출열은 땀이 나지 않을 때에도 일어난다. 땀샘에서는 항상 수분이 증발하고 있는데, 이를 불감증설(不感蒸泄)이라 한다. 증발은 기온이 높고 피부 온도가 높을수록 왕성해지므로 불감증설도 촉진된다. 보통 체격의 사람이 보통 기온에서 하루에 증발시키는 수분량은 약 900g이라고 한다. 기온이 30℃ 가까이 되면 눈에 보이는 발한이 시작된다. 그러나 분비된 땀이 모두 증발하는 것이 아니기에 흘러서 떨어지는 땀의 방열 효과는 적다. 그러므로 더울 때 나체로 있는 것보다 내의 등에 땀을 흡수시켜 그 표면에서 증발시키는 것이 방열에는 유리하다. 그러나 발한 속도에는 계절에 의한 차이가 있다. 겨울에 비해 여름철 발한은 빠르고 다량이다.

땀의 농도(Na 농도)는 반대로 여름이 적다(그림 V-2).

더위에 대한 적응도 발한 기능에 나타난다. 일본인이 동남아시아에 가면 현지의 더위에 곧 땀을 흘리지만 그곳의 주민은 그다지 땀을 흘리지 않는다.[10] 그러나 현지인도 좀더 더워지면 일본인보다 월등히 많은 땀을 흘리며 땀의 염분 농도는 1/3 정도인데 그 원인은 땀샘의 수에 있다고 한다. 즉 더운 지방에 거주하는 주민들은 땀샘의 수가 훨씬 많은 것으로 조사되었다. 현지에서 태어난 유아의 경우 현지인과 같다고 한다.

10 乾 正雄 외, 앞의 책, p. 29.

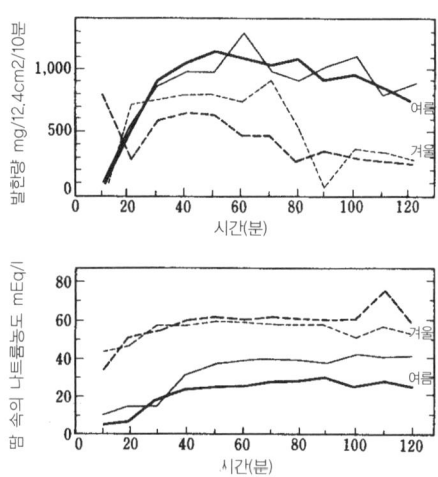

그림 V-2 더위에 노출되었을 때 팔 부위의 발한 평균(겨울, 여름 2회)

(자료 : 長田泰公 외)

표 V-1 여러 인종의 땀샘 수

인종	검사인 수	땀샘 수(단위 : 1000)		
		최소	최대	평균
아이누족	12	1,069	1,991	1,443
러시아인	6	1,636	2,137	1,886
일본인	11	1,781	2,137	2,282
타이완인	11	1,783	3,415	2,415
태국인	9	1,742	3,121	2,422
필리핀인	10	2,642	3,062	2,800

2. 기후 요소와 적응

1) 일조

날씨는 태양의 활동에 지배되고 있으며, 햇볕을 쬔 결과로 중요한 인종 특징의 하나인 피부의 색소 침착이 나타난다. 뷰퐁(Buffon, 1707~1788)은 "인간은 유럽에서는 백색, 아프리카에서는 흑색, 아시아에서는 황색, 아메리카에서는 적색을 하고 있으나, 이것은 같은 인간이 기후라는 색으로 칠해진 것에 지나지 않는다."고 썼다.[11] 그 후 그로오자(1833)는 가장 오랜 동물 생태학의 법칙으로 이것을 다음과 같이 종합하였다. "멜라닌 색소는 덥고 습한 지역일수록 많다." 그렇기 때문에 처음에는 분명히 태양 광선에 원인이 있다고 생각하지 않고 단지 더위때문이라고 생각했다. 왜냐하면 더위와 그곳에 살고 있는 사람들 피부의 검은 정도 사이에 명백한 상관 관계가 있기 때문이다. 그러나 예외도 있다. 예를 들면 사하라의 투아레그족이나 부시맨 그리고 특히 에스키모는 예외라고 볼 수 있다. 일반적인 적응은 과학적으로 상당히 증명되었으므로 그것을 살펴보기로 한다.

(1) 일조의 역할

태양 광선이 함유하고 있는 자외선의 대부분은 성층권내의 20~30km 범위에 있는 오존층에 의해 차단되고 있다. 자외선은 많으면 세포를 파괴하고 화상을 입히지만, 비타민 D의 합성을 돕기 때문에 생물에게는 없어서는 안 된다. 비타민 D는 칼슘의 대사, 동화, 그리고 정상적인 골화(骨化)에 필요하다. 자외선이 피부에 닿으면 보호 작용, 즉 멜라닌 색소 산출을 유발한다. 멜라닌 색소는 특별한 세포 중에 함유된 색소로, 표피의 심층면에 존재하고 있다. 멜라닌 색소가 유일한 색소 인자는 아니지만, 그것은 피부에 색을 줄 뿐만 아니라 눈이나 머리털에도 색을 준다. 멜라닌 색소는 누구나 가지고 있는데 그 밀도는 각 사람의 게놈

---

11 권숙표 역(올리비에 저), 『인류생태학』, 삼성문화문고, 1978, p. 30.

(genome)[12] 혹은 개체군의 게놈에 따라서 변화한다. 뇌하수체 중간부에 의하여 촉진되고, 부신피질에 의해 억제된다. 혈관 확장에 따라 색소 세포는 확장되고, 혈관 수축에 따라 수축한다. 그렇기 때문에 공포감을 느꼈을 때 얼굴이 창백해지는 것이다(색소의 함유량은 변하지 않는다). 즉 자외선은 색소의 산출을 높이는데, 흔히 해안이나 산에서 '햇볕에 태우는 것(sun tan)'이 바로 이러한 자외선 작용을 이용하는 것이라 볼 수 있다. 만약 적응이 나타날 시간적 여유가 없을 때에는 피부에 화상(火傷)을 입게 된다.

(2) 일조에 대한 색소의 반응

자외선 결핍증은 온대 지역이나 북극 지방에서 잘 일어난다. 유럽인들은 태양 광선을 적게 받기 때문에 피부는 극히 소량의 멜라닌 색소를 함유하고 있다. 그리하여 온대 기후에서는 담색의 피부가 필요하게 되었다. 만약 영양 불량인 유럽의 아이가 일조가 제한된 장소, 예컨대 안개에 덮인 마을에 산다면 비타민 D의 결핍으로 구루병에 걸리게 된다. 구루병이란 유아기의 병으로 발육과 함께 연골의 골화가 늦어져서 뼈가 굽는 '곱사'라는 특징이 나타나고, 일반적으로 정신적, 육체적으로 결함이 생기게 된다. 과거 유럽에서는 구루병으로 인한 사망률이 높았다. 의사는 구루병을 치료할 때 피부에 더 많은 자외선을 줄 목적으로 바다에서 일광욕을 하거나, 산에서 생활하도록 권했는데, 최근에는 칼슘의 대사를 안정시키기 위해 비타민 D를 먹는다.

에스키모는 북극 지방에 살지만, 황갈색 피부도 멜라닌 색소를 어느 정도 함유하고 있음을 드러내는 사례로 인용되고는 한다. 그러나 그들은 비타민 D가 풍부한 생선을 많이 섭취하기 때문에 적응할 필요가 없었다고 볼 수 있다. 자외선 과잉은 더운 나라에서는 보통이며, 햇빛이 매우 강하고 건조한 지방, 즉 열대 지방에서는 보다 심하다. 그렇지만 멜라닌 색소의 막이 자외선 과잉으로부터 몸을 지키고 보호 필터의 역할을 하기 때문에 피부의 색소 침착은 자외선의 양에 따라 결정된다. 그러므로 일찍이 검은 피부의 사람은 나무 그늘 밑을 걸을

---

12 생물의 생활 기능을 유지하기 위한 최소한의 유전자군을 함유하는 염색체의 한 세트.

필요도 없이 "자기의 피부로 만들어진 그늘 밑을 산책한다."고 말했다.[13]

이와는 반대로 북아메리카의 자외선은 아프리카보다 약하고 조상들의 적응(요컨대 유전적 색소 침착)에 의해 차단되고 있으므로, 백인보다 흑인 쪽이 구루병에 걸릴 빈도가 높았다. 최초의 인류는 갈색 피부였으나, 그 후에 분화하여 한편은 색소를 잃어버리고, 다른 한편은 색소 침착이 강해졌다고 생각하게 되었다.

2) 기온

생물은 일종의 열기관으로 일하고 있으므로 기온은 생태학적 기본 요소다. 인간은 항온동물이고 태어나면서부터 특정한 온도로 체온을 유지하는 특성을 지니고 있다. 우리들은 자신들이 잘 적응하고 있다고 생각하지만 실제로는 적은 온도 변화에도 민감하게 반응한다. 여기서 기온에 대한 적응적 반응이란 열 발생과 열 방출의 두 가지를 말한다.

열 발생이란 세포 레벨에서의 대체 작용의 결과로 열을 생산하는 것이다. 풍부한 음식의 섭취나 의복, 근육 운동을 필요로 하는 추운 지역에서는 열 발생이 미치는 영향이 매우 강하다. 반대로 더운 지역에서는 열 발생의 저하가 필요한데, 이것은 절대 안정에서 절식 중에 소비하는 열량의 저하에 의해서 일어나고 있다. 열 소산이란 열 방출과(대류) 증발(발한)에 의해 체표면 레벨에서 일어나는 열의 소실을 말한다. 메커니즘은 단순하다. 몸의 길이(신장)에 대하여 체중은 그 3승에 비례하여 증가하고, 체표면적은 2승에 비례하여 증가한다. 그 결과 체중/체표면적의 비는 키가 높으면 커지고, 낮으면 작아진다. 결국 키가 낮은 편이 체중에 비하여 상대적으로 체표면적이 커지는 것이 되므로 더운 지방에서는 키가 작은 편이 열 소산에 유리하다. 그러나 손발을 뻗으면 라디에이터(radiator)의 원리에 따라 체표면적이 커지므로, 손발도 열소산 기관이 된다.

13 권숙표 역, 앞의 책, p. 35.

(1) 베르그만(Bergmann)의 법칙(1847)

동일 종으로, 보다 소형의 지리적 품종은 온난한 지역에서 볼 수 있고, 보다 대형의 품종은 한랭한 지역에서 볼 수 있다. 이것은 기온이 높아질수록 몸의 크기가 작아진다는 것을 의미한다.

(2) 알렌(Allen)의 법칙(1877)

종의 서식처내의 보다 한랭한 지역에서는 손발이나 부속 기관이 상대적으로 짧아진다. 즉 한랭 지역에서는 땅딸막하고 포동포동한 몸매가 되고 열대 지역에서는 이와 반대가 된다.

(3) 슈라이더(Schreider)의 법칙(1951)

대상을 인간에까지 확대한 슈라이더는 이 2개의 법칙을 종합하여 다음과 같이 일반화하였다. 서로 유사한 품종이나 종은 적어도 1년 중 어느 시기에 열 방출의 메커니즘을 강제하는 기후에서는 체중이나 체적과 비교한 체표면적의 상대치가 커진다. 즉 상대적 체표면적이, 더운 지역에서는 커지고 추운 지역에서는 작아진다. 그리하여 체온 조절은 베르그만의 법칙(더운 지역에서는 소형이 된다.), 혹은 알렌의 법칙(체형이 커진다.)에 따르든가 또 아니면 양쪽이 동시에 작용하는 것이다.

뚱뚱하고 무거운 사람은 더위에 약하고, 북극에 사는 사람은 작으나 비만에 가까우며 중앙아프리카의 주민은 작으나 날씬한 세장형(細長型)이, 혹은 쌍방이 합쳐져 있다는 사실이 관찰된 것은 오래되었다. 그림 V-3은 다리가 짧고 키가 작은 '에스키모' 와 다리가 매우 길고 키가 큰 '나이로틱' 의 대비를 잘 보여 주고 있다.

기후에 대한 이와 같은 형태적 적응은 체중/체표면적의 비가 어떤 경향을 갖고 변화하는 것으로 나타나고 있다. 이 값은 에스키모나 안데스인으로 39kg/㎡, 남인도인은 35kg/㎡, 앤다만 원주민은 32kg/㎡이다. 이스라엘 이민자의 체중/체표면적의 비는 그 나라에서는 그대로지만, 이스라엘에서 태어난 그들의 자손은 새로운 기후에 대한 적응에 따라 보다 적은 차이 밖에 나타나지 않는다. 그러나 어떤 경향을 갖는 차이는 계속 존재하고 있으며, 이것은 환경의 변화에 따라 없어지지 않는 유전적인 부분을 나타내고 있다.

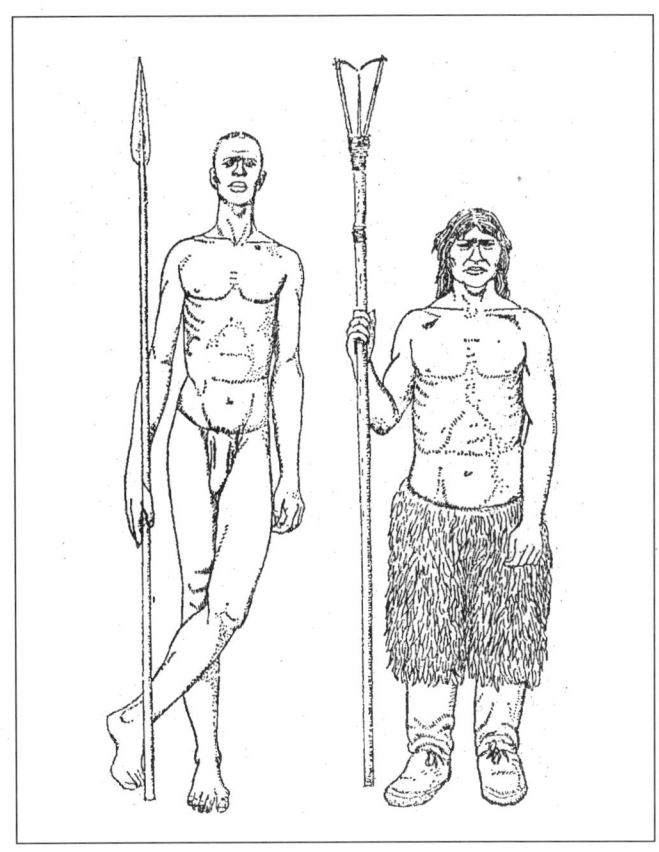

그림 V-3 기후에의 적응(왼쪽은 나이로틱, 오른쪽은 에스키모)

3) 습도

1923년 톰슨과 벅스톤은 150개의 개체군에 대해 비지수(鼻指數)와 고온다습(혹은 저온 건조)과의 사이에 상관 관계를 구하였다. 비지수란 코의 넓이(鼻幅)를 코의 높이(鼻高)로 나눈 값의 백분율이다. 세계 전체의 평균값은 0.60인데, 인도를 제외하면 0.71까지 높아지고, 각 지리적 범위내에서 상관 관계는 변하지 않는다. 데이비즈(1929)도 이 상관 관계를 써서 비지수를 구하였다. 즉 어떤 지역 개체군의 비지수를 주는 식을 결정하고, 코의 넓이를 계산하였는데, 의외로 산지에서 관찰된 값은 예측된 값보다 3이 낮고, 적도 우림에서의 값은 3~4 정도로 높은 값이 나타나는 등 습도가 코의 넓이에 작용하는 유일한 요인은 아니라는 것을 알수가 있다. 그런데 최근 이주를 한 개체군에서는 적응적 평형이 나타나지 않는다고 한다. 인디아가 세계의 상관지수를 끌어내리고 있는데, 그것은 아마 약 2,500년 전에 인도 북부에 침입한 아리아인들의 존재에 기인하는 것으로 보고 있다.[14]

(1) 코 점막의 역할

코 점막에는 2개의 다른 기능이 있다. 코 점막의 상부는 후각을 다스리고, 하부는 혈관이 많아서 호흡 기능을 맡고 있다. 이 호흡 기능도 2가지로 나뉘어 있다. 먼저 점막은 흡수된 공기가 폐에 도달하기 전에 그 공기를 따뜻하게 해서 습기를 공급한다. 저온 건조 기후에서 코 점막은 매일 1리터의 수분을 상실하고, 점막의 풍부한 혈관에 의해 찬 공기를 따뜻하게 한다. 숨을 내뿜을 때는 발한과 유사한 방법으로 수분을 잃고 열의 방출을 돕는다. 호흡기에 의한 열 방출은 체온 조절의 한 요소가 된다.

(2) 톰슨, 벅스톤 법칙의 확장

1954년 웨이너(J. S. Weiner)는 기온과 습도를 합친 것보다 상대 습도가 더 높은 상관 관계가 있다는 것을 보여 주었다. 또 옐르노(1968)는 사하라 사막 이남의 아프리카에서는 기후가 코의 높이보다는 코의 넓이에 상관 관계가 높다는 것을 증명하였다. 코의 넓이는 강우량과 직접 관계되고, 가장 더운 달의 기온과 부(負)의 상관관계를 갖는다고 하였다.

즉 건조 기후에서는 높고 좁은 코가 공기를 들여 마실 때 습하게 하고, 한랭 기후에서는 따뜻하게 하며, 반면에 열대 지역에서는 낮고 넓은 코가 수분 손실에 의한 열 방출을 쉽게 한다고 말할 수 있다.

14 권숙표 역, 앞의 책, p. 43~44.

4) 고도[15]

3,000m 이하에서의 기후는 기온의 높고 낮음, 강수량의 많고 적음, 태양 복사의 강도에 따라 특징지어지지만, 3,000m 이상에서는 모든 것이 지리적 고도에 좌우된다. 온대 지역에서는 높이가 올라갈수록 추위가 심해지고, 건조한 기후가 되며, 사람이 살지 못하는 장소가 된다. 그러나 열대 지역에서 100m 상승하는 것은 극 방향으로 150km 멀리 가는 것과 같다. 따라서 높아질수록 기온은 점점 더 낮아지지만, 경작이나 목축에 의해 인간이 거주하는 것이 가능하다. 안데스 산맥에서는 5,200m, 히말라야에서는 4,800m의 높이에 촌락이 발달되어 있다.

고산 기후는 춥고 태양 복사가 강하며, 무엇보다도 공기가 희박하다. 다시 말하면 공기 중 생명에 필요한 산소 농도가 떨어지고, 해발 3,000m까지 오르면 산소 분압은 21%에서 14%로 감소한다. 그 결과 혈중의 산소 부족 현상인 저산소증이 발생한다. 호흡이 빨라지기도 하고, 심장이 빨리 뛰는 것과 같은 일반적인 생리적 반응에 의해 산소 부족 현상이 촉진된다. 평지에 사는 사람이 고산병에 걸리면 불면증에 걸리고, 무력감이 엄습한다. 조금씩 순응하면 적혈구의 수가 증가하는데, 해면에서는 1㎣ 당 500만 개이지만 해발 4,000m에서는 600~800만 개가 된다. 적혈구 증가는 헤모글로빈의 비율을 높이고, 그 때문에 생체내에서 산소의 결합력 및 수송력이 증가한다. 그러나 혈장의 양은 증가하지 않으므로 혈액의 점성이 증가하고, 심근의 활동이 높아진다. 따라서 혈액 순환을 용이하게 하기 위하여 모세혈관 확장이 필요하게 된다.

안데스인의 흉곽은 폐가 활동하기 쉽도록 보다 넓고 특히 전후가 꽤 깊도록 형태적 변화가 있다고 알려져 있다. 그러나 생리적 적응이나 혈액의 흐름이 훨씬 중요하고, 티베트인과 마찬가지로 안데스인도 호흡의 리듬이나 맥박이 약간 빨라진다. 어느 정도의 적혈구 증가는 일어나지만, 헤모글로빈의 비율은 보통이다. 또 육체 노동에 대한 지구력, 즉 육체 노동의 능력이 높다는 것을 알 수 있다. 예를 들면 히말라야의 셰르파, 안데스산지의 인디오 등

---

15 여기서 고도는 기후 인자로서 취급한다.

이 이에 해당된다.

이와 반대로 산지 주민은 평지의 생활에 잘 적응하지 못한다. 안데스인이 해안에 내려오면 말라리아나 결핵에 잘 걸린다. 일찍이 쿠스코(3,600m)의 잉카 왕들은 군대를 해안에 파견하여 2개월 정도 주둔시킨 뒤 다른 군대로 교대시켰다고 한다.[16]

3. 온열 환경과 지수

인간의 더위와 추위에 대한 감각은 크게 4가지 인자인 기온, 습도, 기류, 복사 등과 의복의 착의량, 작업 강도에 의해 영향을 받는다. 최근에 이르러 생리기후학자들은 주관적이고 경험적 법칙에서 탈피하여 과학적이고 계량적 방법으로 이러한 요소들을 간결하고 수식화할 수 있는 기준을 설정하여 연구하게 되었다.[17] 이 장에서는 대표적인 온열지수를 소개한다.

1) 신유효온도(new effective temperature ; ET*)

신유효온도는 앉은 자세로 1.0 mets의 가벼운 일, 습도 평균 50%, 착의량 0.6clo, 기류 0.1m/sec를 표준 상태로 환산한 온도를 말한다. 강철성[18]의 고등학교 학생들을 대상으로 한, 한국인의 신유효온도 열감에 대한 연구에 의하면 응답자의 80% 이상이 신유효온도 22~26℃에서 쾌적감을 느끼고, 27~30℃에서는 72% 정도가 덥다고 하였다. 한랭감은 80% 이상이 18~21℃에서 서늘함, 0~17℃에서 쌀쌀함을 느낀다고 하였다. 이에 따라 한국인의 쾌적 범위에 맞는 열지수 계산도를 구하였다.

인간에 미치는 기후 긴장도(climatic stress)는 지역마다 다르기 때문에 1년간 기후 긴장

16 권숙표 역, 앞의 책, p. 47~50.
17 강철성, 「한국의 기후구분에 관한 연구 - 생리기후 지수에 의한 구분을 중심으로-」, 서울대학교 박사학위 논문, 1997, p. 11.
18 강철성, 위의 논문, p. 50.

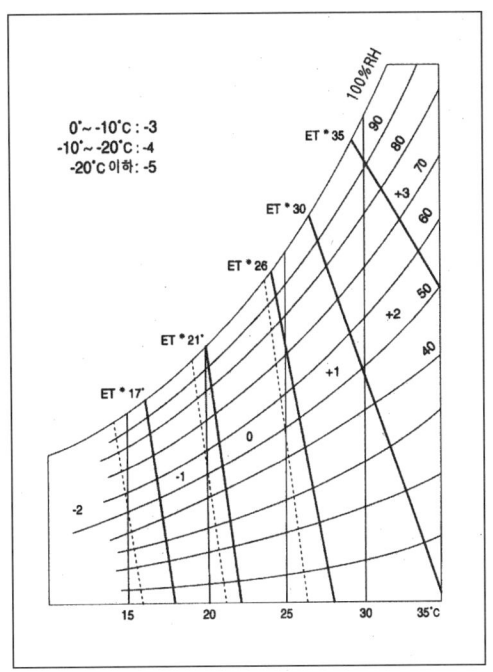

그림 V-4 열지수 계산도

(자료 : 강철성의 논문)

도의 정도를 측정하여 기후 특성을 살펴보는 것이 필요하다. 따라서 연누적 열지수(ACTI; Annual Cumulative Thermal Index)는 다음과 같이 구한다.

$$ACTI = \sum_{1}^{12} T^2$$

이 지수 값이 클수록 한랭 긴장도(cold stress)나 열 긴장도(heat stress)가 큰 것을 의미한다. 이 식에 의한 우리나라의 열 긴장도 분포는 그림 V-5와 같다.

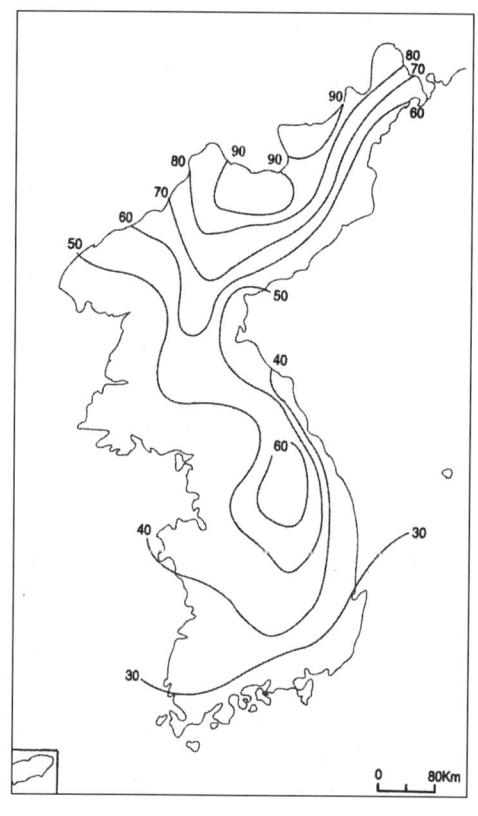

그림 V-5 한국의 열 긴장도 분포

(자료 : 강철성의 논문)

2) 수정 유효온도(corrected effective temperature ; CET)

베포드(Bedford)에 의해 개발된 지수로 열 복사를 고려하여, 유효 온도에서 사용한 건구
온도 대신에 흑구 온도를 사용하였다. 이는 복사열을 방출하는 물체가 있는 냉난방 환경에
사용할 수 있다. 흑구 온도를 구하는 방법은 흑구 온도계인데, 이 온도계는 직경이 6인치,
표면은 검으면서도 광택이 없는 두께 0.5mm의 속이 빈 구리공에 막대 모양의 유리 온도계
를 꽂아 그 구부(球部)를 구의 중심에 자리잡게 한 것이다.

따라서 평균 복사 온도(Tr)는 다음과 같이 구한다.

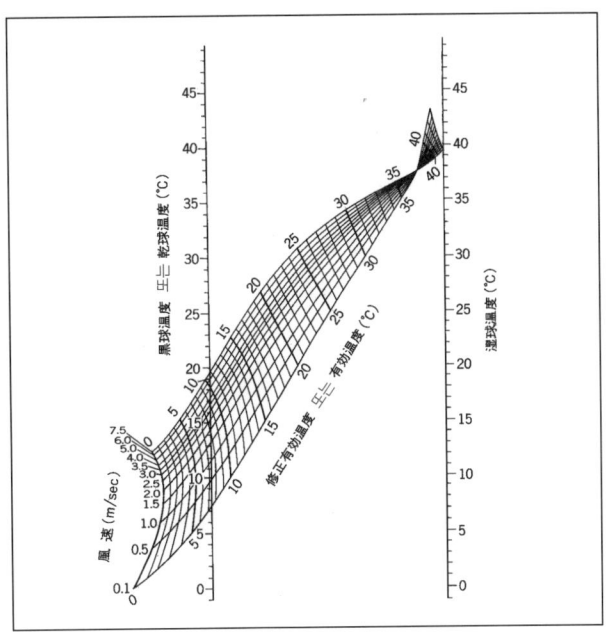

그림 V-6 수정 유효온도 노모그램

(자료 : 池田耕一 외, 『환경위생입문』)

$$Tr = Tg + 2.37\sqrt{v} \, (Tg\text{-}Ta)$$

(Tg는 흑구 온도, Ta는 기온, v는 기류 속도(m/sec))

3) 불쾌지수(Discomfort Index ; DI)

불쾌지수는 톰(Thom, 1957)이 제창한 것으로 기온과 습도의 조합으로 구성되어 있으며, 일반적으로 '온습도 지수'라고도 한다. 이 지수는 여름철 실내의 무더위 기준으로만 사용되고 있을 뿐, 복사나 바람 조건은 포함되어 있지 않기 때문에 사용에는 한계가 있다.

그 식은 다음과 같다.

DI=0.72(Td + Tw) + 40.6 (Td는 건구 온도, Tw는 습구 온도)

미국인은 불쾌 지수가 75일 때 50%가 불쾌하고, 79일 때 전원이 불쾌하다고 한다. 일본인의 경우에는 77일 때 50%가 불쾌, 85일 때 전원이 불쾌하다고 한다. 한국인의 경우는 80일 때 50% 정도가 불쾌하고, 83일 때 전원이 불쾌하다고 조사되었다.[19]

4) 바람냉각지수(Windchill Index ; WCI)

바람냉각지수는 시플과 파셀(Siple & Passel, 1945)이 발표한 것으로 기온과 풍속으로 산출되는 종합적인 냉각력이다. 이 때 피부 온도는 33℃라고 보고 구한다.

$$WCI = (10\sqrt{v} - v + 10.5) \times (33 - Ta), \quad (단위는 \ kcal \cdot m^{-2} \cdot h^{-1})$$

이에 따라 우리나라 바람냉각지수를 구한 분포도를 살펴보면 다음과 같은 특색이 나타난다.

우리나라 바람냉각지수의 특색은 서해안과 동해안 지역의 지수값이 비교적 낮게 나타나는데, 이는 지형적 장애가 거의 없는 해안 지역에 위치하고 있기 때문이다. 특히 중심축이 북동-남동 방향인 개마고원 일대와 태백산맥 지역의 지수값이 높게 나타나는데, 이것은 대류의 직접적인 영향과 고도가 높은 산지이기 때문이다. 이와 반대로 남서 내륙 지역은 낮게 나타나는데, 그 이유는 대류과 해양 사이에 위치하기 때문에 받는 열적 효과에 기인한다. 즉 겨울철 한랭한 대류성 한대 기단은 남동쪽으로 확장되고, 또 전선이 이동할 때 수반되는 하층풍은 라오뚱, 중국 방향의 산맥에 의한 약화로 냉각 강도가 약화되기 때문이다.

그러나 위의 바람냉각지수는 태양 복사 에너지가 공급되는 주간에는 적합한 모형이 되지 못하여 강철성[20]은 일사량과 일조 시간을 고려한 주간 바람냉각지수를 구하였다. 시플 - 파

---

19 홍성길, 『기상과 건강』, 교학연구사, 1991, p. 87.
　長田泰公 외, 『환경위생 입문』, オ스社, 1990, p. 72.
20 강철성, 최광용, 「남한의 겨울철 주야간 체감기온의 공간적 분포 특성」, 대한 지리학회 학술발표, 2001.

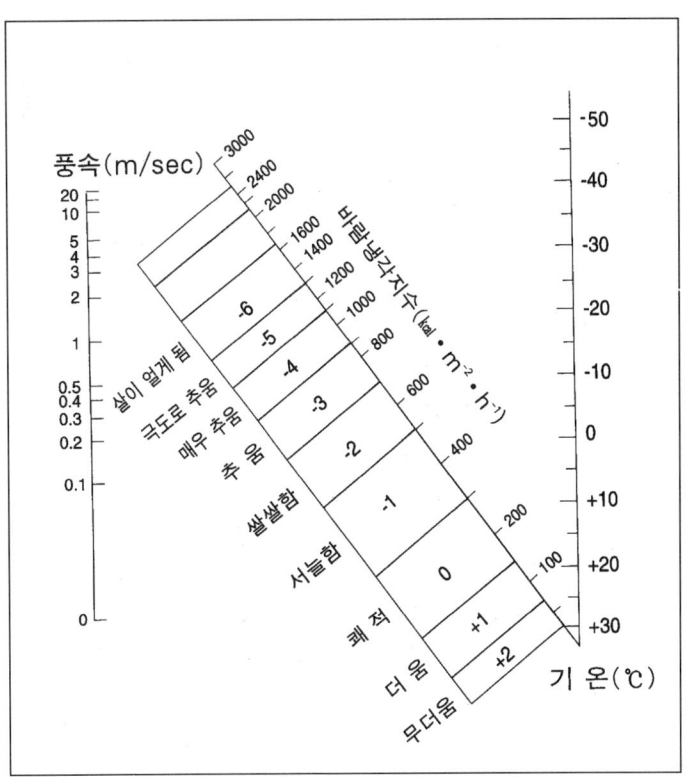

그림 V-7 바람냉각지수 계산 도표

(자료 : 강철성 논문)

셀 공식을 보정한 방정식은 다음과 같다.

$$Kd = \frac{Kn \times Hd\text{-}Hs \times 200}{Hd}$$

Kd : 주간 바람냉각지수(kcal/m² · h) / Kn : 태양 복사량을 고려하지 않은 바람냉각지수

Hd : 가조시간(일출과 일몰 사이의 시간) / Hs : 일조시간(실제 태양 복사가 있던 시간)

200 kcal/m² · h : 맑은 날의 평균 입사 복사량

5) 열스트레스 지수(Heat stress Index, HSI)

열스트레스 지수[21]는 열평형식을 기초로 하여 벨딩과 해치(Belding & Hatch, 1955)가 제안한 지수다. 어떤 임의 환경 조건 아래서 기대할 수 있는 최대 증산량에 대하여 신체를 열평형 상태로 유지하기 위한 필요 증산량을 백분율로 나타내어 고온 작업 환경의 평가나 내열 한계의 예측에 사용한다. 그 식은 다음과 같다.

$$HSI = Ereq/Emax \times 100$$

$$= \frac{(22+28\sqrt{v}) \times (Tg-35)+4M}{40V^{0.4} \times (42-e)} \times 100$$

Ereq : 필요 증산량

Emax : 최대 증산량

v : 풍속(m/sec),

Tg : 흑구 온도(℃), e : 환경의 수증기압(mmHg)

M : 작업 강도(kcal/m² · h)

이 식에 의해 구한 열 스트레스 지수의 값에 따라 고열 환경의 정도를 구분한다.

---

21 中橋美智子, 吉田敬一, 『新しい 衣服衛生』, 南江堂, 1994, p. 73~75.

표 V-2 열 스트레스 지수의 기본적 평가 단계

-20 ~ -10	가벼운 한랭 긴장, 고열 작업한 후 휴식에 양호함.
0	열긴장이 전혀 없음.
+10 ~ +30	가볍거나 보통의 열 긴장, 고도의 지적 기능과 민첩성을 요하는 직장에서는 작업 능력의 저하가 예상됨.
+40 ~ +60	심한 열 긴장, 건강에 위협, 휴식 시간 필요, 작업 능력의 심한 저하가 예상됨.
+70 ~ +100	매우 심한 열 긴장, 적당량의 수분과 염분 섭취가 필요함. 충분한 신체 검사와 건강 검진 필요함.

4. 기후와 체질

1) 날씨 민감형? 날씨 둔감형?

여러분은 날씨 민감형인가? 만일 이 질문에 '예'라고 대답한다면 날씨 민감형일 것이고, '아니요'라면 날씨 둔감형일 것이다. 우리는 일상 생활에서 날씨의 변화나 특정 기단의 출현에 의해 따른 심리 변화 현상을 신체적으로 뚜렷하게 반영하고 있다. 대개의 사람들은 날씨에 민감한 반응을 보인다고 스테판 로센(Stephen Rosen, 1979)은 말하고 있다. 따라서 그는 날씨 민감도를 측정하는 문항[22]을 개발, 점수화하여 날씨에 대한 반응도를 조사하였다.

설문에 대한 점수의 총계로 날씨 반응에 대한 체질을 구별하였다.

- 0~5점 : 비교적 날씨 둔감형에 속한다.

- 6~10점 : 날씨 변화에 어느 정도 반응하는 형이다.

---

22 Stephen Rosen, *Weathering*, M. Evans & Company, Inc., 1979, p.4~5.

❖ 다음 각 질문에 해당하는 점수에 표하시오.

• 체격 (physique)

　　당신은 마르고 호리호리합니까?　　　　　　　　　　　　　　　　3점

　　당신은 근육질의 몸매입니까?　　　　　　　　　　　　　　　　　2점

　　당신은 어깨가 넓고, 옹골차며 뚱뚱한 편입니까?　　　　　　　　1점

• 기질 (temperament)

　　당신은 상냥하고, 외향적이며 쾌활합니까?　　　　　　　　　　　1점

　　당신은 가끔 정서적으로 감정이 쉽게 변하고 흥분합니까?　　　　3점

　　당신은 쉽게 상대방의 의견에 동의합니까?　　　　　　　　　　　3점

　　당신은 가끔 화를 벌컥 냅니까? 혹은 변덕스럽습니까?　　　　　　1점

　　당신은 쉽게 의기소침합니까? 혹은 비관적입니까?　　　　　　　　2점

　　당신은 가끔 수줍음을 탑니까? 혹은 욕망을 억제하는 편입니까?　　3점

　　당신은 신경질을 잘 부립니까?　　　　　　　　　　　　　　　　4점

• 사회경제적 지위

　　당신은 전문직, 관리직에 종사합니까? 또는 상류 사회에 속한다고 생각합니까?　　3점

　　당신은 중간 관리직에 종사합니까? 또는 사무직 근로자입니까?　　0점

　　당신은 임금 노동자 혹은 공장 근로자입니까?　　　　　　　　　3점

• 나이 (age)

　　10~19세　　　　　　　　　　　　　　　　　　　　　　　　　3점

　　20~29세　　　　　　　　　　　　　　　　　　　　　　　　　2점

　　30~39세　　　　　　　　　　　　　　　　　　　　　　　　　1점

　　40~49세　　　　　　　　　　　　　　　　　　　　　　　　　2점

　　50~59세　　　　　　　　　　　　　　　　　　　　　　　　　3점

　　60세 이상　　　　　　　　　　　　　　　　　　　　　　　　4점

• 성별 (sex)

　　여성　　　　　　　　　　　　　　　　　　　　　　　　　　　3점

- 11~15점 : 결코 날씨에 무감각한 형은 아니며, 날씨 공감형이다.
- 16~20점 : 날씨 민감형에 속한다.
- 21~25점 : 날씨에 매우 민감한 형에 속한다. 신체, 기분, 행동에 영향을 준다.
- 25점 이상 : 날씨에 극도로 민감한 형에 속한다. 날씨 상태에 따라 심한 고통이나 기쁨이 뒤따른다.

2) 신체 체격, 기질에 따른 유형

내과 의사이며 심리학자인 윌리엄 셀던(William Sheldon)은 45,000명을 대상으로 연구한 결과를 내놓았다.[23]

그는 사람을 내배엽형(땅딸막한 체격), 중배엽형(근골(筋骨)형의 체격), 외배엽형(야위고, 허약한 체격형)의 3가지 유형으로 분류하였으며, 동시에 개성, 행동의 특성 등을 그의 논문에서 밝혔다. 또한 3가지 유형의 기질을 분류하였는데 다음과 같다.
- 내장형(viscerotonia) : 비만형이 흔하며 대범하고 사교적인 기질로 사회성이 높고, 자기 만족감과 감정이 풍부한 형이다.
- 신체형(somatotonia) : 근골이 발달한 사람에게 많은 활동적인 기질로 모험, 운동, 권력을 선호하며, 일을 밀어부치는 독단적인 형이다.
- 두뇌(긴장)형(cerebrotonia) : 여윈 사람에게 많은 비사교적이고 내성적인 기질로 자제력, 욕구 억제가 강하고, 정신적으로 긴장하며, 극히 매력적이고 이해심이 많은 형이 이에 속한다.

또한 그는 내장형 기질과 내배엽형의 체격인 사람, 신체형 기질과 중배엽형의 체격, 두뇌형 기질과 외배엽의 사람과의 상관 관계가 매우 높다고 밝혔다.

---

23 Stephen Rosen, 위의 책, pp. 169~170.

5. 건강과 날씨

날씨가 건강에 미치는 영향은 매우 크다. 열파와 한파에 의하여 사망자가 증가하고 있다는 최근의 연구는 매우 주목해 볼 필요가 있다. 예를 들면 미국 해양대기국(NOAA ; National Oceanic and Atmospheric Administration)의 발표에 의하면 미국에서는 1980년도의 열파로 인하여 1,327명 정도가 사망하였다고 한다. 1963년 동부 유럽에서는 혹서로 4,600명이 넘는 사망자를 냈다. 기상학적 현상은 사망자 수뿐만 아니라 출생률, 천식, 병원균, 정서적 안정, 심지어는 남성의 정자 수에까지 영향을 끼치고 있다. 날씨의 급작스러운 변화는 때로 해로운 병균을 옮기는 곤충들의 수를 늘리거나, 다른 지역으로 이동시킨다. 또한 오존의 감소는 인간을 자외선에 더 많이 노출시켜 건강상의 많은 문제를 드러낸다. 경작지와 식량 공급에도 영향을 끼쳐서 인간의 건강에 간접적으로 영향을 주기도 한다. 여기서는 인간의 건강-사망, 전염병, 오존층의 감소와 관련된 날씨의 영향에 대해 살펴본다.

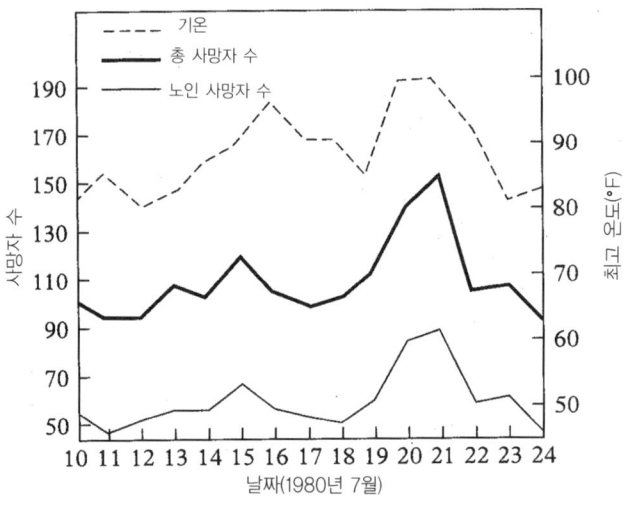

그림 V-8 미국 뉴욕의 1980년 열파에 의한 사망률

(자료 : Schneider, p. 387)

1) 날씨 변화로 인한 사망

최근 보고에 의하면 날씨가 인간의 사망에 큰 영향력을 미치고 있다고 한다. 기상 이변이 일어나면, 정상 때보다 사망자가 50% 정도 증가하는 것이다. 기상 변화와 관련하여 어떤 치명적인 질병들이 발병하는데, 특히 심장 혈관, 뇌혈관, 호흡기 계통에서 많이 발병한다. 예를 들면 급격한 기온 상승은 심장마비나 동맥 질환, 류마티스와 관련된 심장병을 증가시키며, 극도로 더운 날씨에는 스트레스가 증가하여 질병과 관련된 발작을 야기하는 원인이 되기도 한다. 또 혹독하게 추운 날씨에는 호흡기 질병에 걸리기 쉬운데 폐렴, 기관지염, 유행성 독감, 특정 호흡기질환 바이러스 감염 등이 있다. 또한 호흡기 질환인 천식은 여름철의 무덥고 정체되어 있는 대기오염과 크게 관련이 있다.

무더운 날씨는 추운 날씨에 비해 인간의 사망에 잠재적으로 더 많은 영향을 끼친다. 겨울의 1일 사망자 수가 여름보다 10% 정도 높지만, 이는 주로 실내에서 제한되어 전염되는 유행성 독감 등과 같은 질병에 의한 것이다. 그림 V-8에서 보면 급격한 기온 상승으로 사망자 수가 증가함을 알 수 있다. 이러한 현상은 겨울 중에서도 가장 추운 시기에는 나타나지 않는다. 흥미로운 것은 이러한 사망의 원인이 기온 상승에 의한 직접적인 원인보다는 간접적인 원인에 있다는 것이다. 이를테면 출산 후 합병증에서부터 심각한 사고에 이르기까지, 또 사

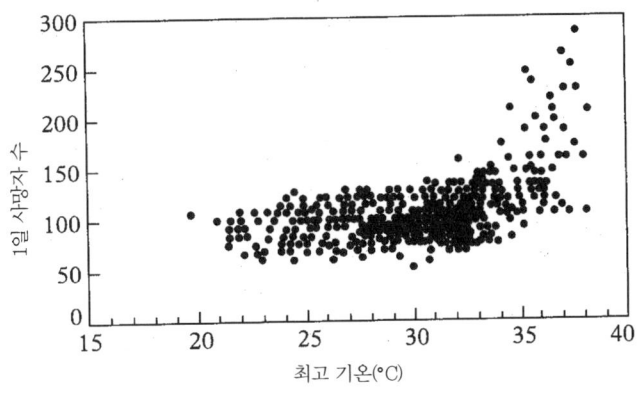

그림 V-9 중국, 상하이의 여름 최고 기온과 1일 사망률과의 상관 관계

망에 이르게 하는 요인이 매우 무더운 날씨에 더 악화되어 나타난다는 사실이다.

가장 더운 여름에는 사망자 수가 10~20% 증가한다. 즉 더운 날씨와 사망자 수와는 상관 관계가 매우 깊다. 그러나 지역에 따라서는 기온의 급격한 상승이 사망을 일으키는 요인과 크게 관련이 없는 곳도 있다. 즉 기온 상승에 따른 사망자가 모든 도시에서 더 많이 나타나는 것은 아니라는 것이다. 예를 들면 미국 플로리다주의 잭슨빌과 같은 도시는 매우 더운 지역임에도 사망자 수가 크게 증가하지 않는데, 이는 이 지역 주민들이 이미 기온에 적응했기 때문이라고 한다.

따라서 기온 상승과 사망자 수의 관계가 문제가 되는 것은 급격한 기온 변화에 주민들이 미처 적응치 못한 지역에 한정된다고 볼 수 있다.

기온과 관련된 사망의 문제는 늦여름보다는 초여름이 더 크게 영향을 미쳐 6월의 급격한 기온 상승은 8월에 갑작스런 열파가 올 때보다 더 많은 사망사를 발생시킨다. 8월의 사망자가 적은 이유는 사람들이 생리적으로 이상 현상을 유발하는 기상 요소에 대하여 서서히 적응되어 가는 과정으로 볼 수 있다. 그러나 그 과정에서 나타나는 인간의 행동적, 사회적 반응도 고려해야 할 것이다. 예를 들면 미국 남부 지역의 도시 건축물들은 기후에 잘 적응할

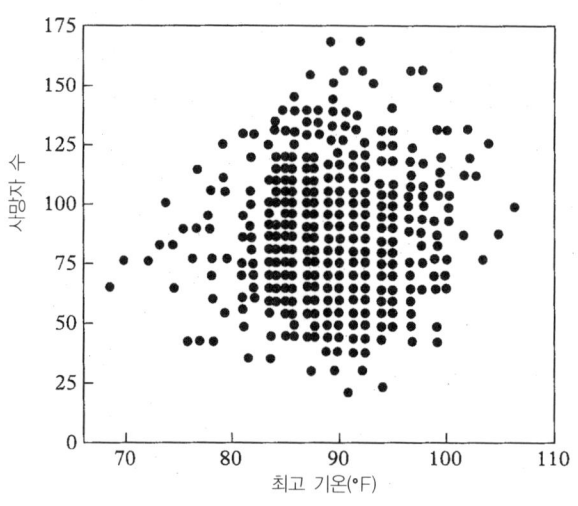

그림 V-10 플로리다, 잭슨빌의 여름 최고 기온과 1일 사망률과의 상관 관계

수 있도록 되어 있다. 대부분의 가옥은 밝은 색상의 구조물로 집을 짓고, 지붕은 금속으로 되어 있으며, 모든 방향으로 창문이 나 있다. 이들은 좋은 환경에 살고 있지는 않지만 이러한 가옥 구조로 태양 복사의 반사를 높이고 환기를 잘할 수 있도록 하여 남부의 여름 기후에 잘 적응하였다. 반면에 북부 빈민가 주택의 지붕은 검은색으로 칠해져 있으며, 붉은 벽돌로 지어졌다. 어두운 색 건물들은 태양 복사를 더 많이 흡수하여 건물이 받는 열의 양을 증가시킨다. 미국 도시의 사회간접자본 시설들은 어느 정도 기후에 의해 통제되고 있지만 북부의 주민들은 가끔씩 나타나는 강한 열파에 잘 적응하고 있지 못하다.

우리나라에서도 1991년부터 1995년까지 서울 지역에서 일별 사망자 수와 기온과의 관계를 연구한 결과에 따르면 20℃ 전후에서 가장 적은 일별 사망자 수를 나타내고, 그보다 기온이 낮거나 높아지면 사망자 수가 증가하는 것을 볼 수 있다(그림 V-11).

즉 일반적으로 겨울철에 많은 사망자 수가 발생하지만 혹서 현상(heat wave)[24]이 있는 여름철에 더욱 많은 사망자가 발생할 수 있다고 보고하고 있다.[25] 혹서 기간 중 사망자 수는 기

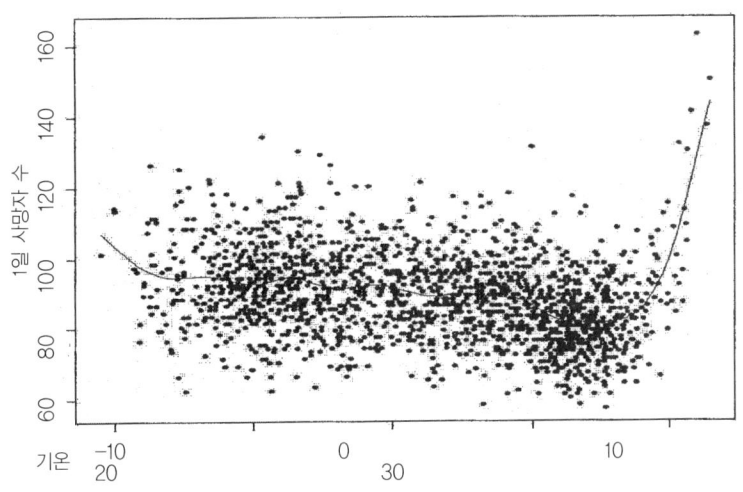

그림 V-11 기온과 일별 사망자 수와의 관계 (자료 : 권호장의 논문)

24 미국 기상청에서는 혹서의 정의를 32.2℃를 초과하는 날이 연속하여 3일 이상 지속되는 현상을 지칭한다.
25 권호장, 「혹서의 건강영향」, 세계 기상의 날 특별 기고 논문, 1999, pp. 34~35.

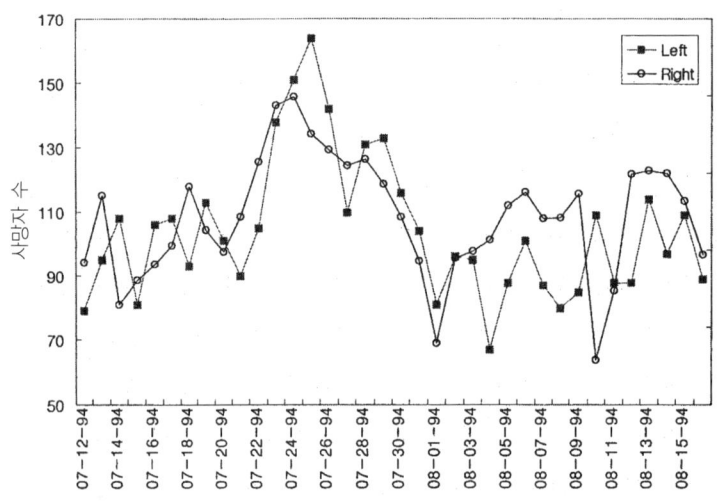

그림 V-12 1994년 서울에서 관찰된 기온과 일별 사망자 수와의 관계 (자료 : 권호장의 논문)

온이 정점에 이르고 1~2일이 지난 후에 최고조에 이르게 된다. 이러한 현상은 우리나라에서도 마찬가지로 관찰되었다. 1994년 여름에 서울 지역에서 일별 사망자 수와 기온과의 관계를 보면 기온이 최고점에 이른 다음 날 사망자 수가 가장 많은 것으로 볼 수 있다(그림 V-12).

2) 전염병과 날씨

전염병의 발생은 온도와 습도의 변화와 크게 관련되어 있다. 인간이나 동물들에게 전염병을 옮기는 주요 매개체로는 박테리아, 바이러스, 기생충 등이 있다. 이들은 날씨에 매우 민감하다. 또한 전형적 숙주인 모기, 진드기, 벼룩 등은 말라리아, 수면병(트리파노소마증), 사상충증(Onchocerciasis), 샤가스병(chagas diseases : 중남미의 수면증) 등을 옮기는 절지 동물류다. 기온이나 습도가 변하면 환경도 변한다. 만약 환경의 변화 방향이 숙주들의 번식에 알맞다면, 숙주들의 수는 눈에 띄게 증가할 것이고, 그만큼 인간에게 병을 감염시킬 가능성도 커지게 된다. 아프리카나 라틴아메리카의 많은 국가에서는 이러한 숙주에 의하여 감염되는 병으로 고통받고 있는 사람들의 비율이 50%에 이르고 있다. 미국에서 1~3%의 발병률을 보이는 것과는 상당한 대조를 보이고 있다.

　말라리아, 수면병, 사상충증, 샤가스병 등은 특히 문제가 되는 질병들인데, 이 병들을 옮기는 병원 숙주는 기후에 매우 강하게 영향을 받는다. 말라리아병의 주요 숙주는 말라리아모기 종류다. 이들 중 어떤 것은 미국에서도 나타난다. 보통 모기는 기온이 최소 16℃, 습도 60% 이상에서 잘 번식하는 데 비해, 말라리아 유충이 모기로 성장하는 데는 최소 15℃ 이상의 기온조건이 필요하다. 이 숙주는 더 높은 기온에서 잘 번식하는데, 30℃일 때의 번식률은 20℃일 때의 2배가 된다. 이처럼 병을 옮기는 숙주들의 수가 날씨에 따라 매우 민감하게 변하는 것을 알 수 있다.

　수면병은 아프리카에서 인간이나 가축들에게 주로 발생하는 질병 중 하나이다. 이 병을 옮기는 숙주는 '트리파노소마' 라는 체체파리다. 연구에 따르면 사망률과 체체파리의 관계는 주로 습도에 의한 것이며, 기온의 영향은 적다고 한다. 샤가스병도 이와 비슷한데, 중남

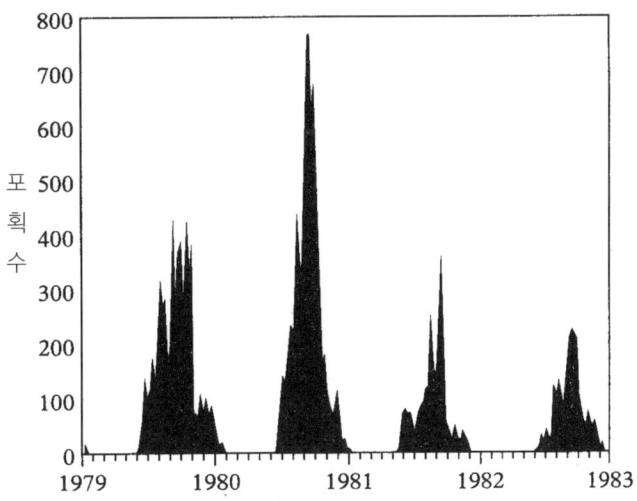

그림 V-13　서부아프리카의 부르키나파소 흑파리 포획 수(1979~1983)

(자료 : Schneider)

미 지역에 존재하는 '트리파노소마 크루지(Trypanosoma cruzi)' 라는 원생동물이 숙주이
다. 이 살인 벌레는 인간의 피를 빼는 동안 병을 옮기는데, 그 병균이 피부를 따라 몸으로 침
투하면서 장기간에 걸쳐 심장을 공격하여 심장마비를 초래한다. 불행하게도 이 벌레는 살
충제에도 면역이 되어 있다. 최근 따뜻한 기온으로 인하여 미국 남부 지역에서도 때때로 발
생하고 있다.

사상충증은 시력을 잃게 하는 무서운 병이다. 이 병균을 옮기는 숙주는 작은 벌레 혹은
마이크로필라리아(microfilaria : 사상충의 애벌레)인데, 서부아프리카에서 보통 발생하는
검은 파리의 일종이다. 이 검정 파리가 사람을 물면, 사상충의 애벌레는 인간의 몸 속으로
침투하여 성체(成體)로 성장하게 된다. 때로는 길이가 약 60cm에 이르기도 한다. 이 작은
유충은 인간의 몸 속에서 자라서 머리 부분으로 옮겨가 시각 장애를 일으킨다. 이 병은 현재
까지 아프리카에서 2,500만의 사람들에게 고통을 주었으며, 이 병으로 인하여 수백 개의 마
을이 황폐해졌다.

3) 오존 감소와 인간의 건강

자외선 복사(생물학적으로 활성 UV 혹은 UVB라고 부름)는 태양빛의 한 종류인데, 세포
의 단백질이나 유전물질에 영향을 주면서 피부를 햇빛에 타게 하는 등 여러 가지 피부 문제
를 일으킨다. 오존층이 얇아지면 UVB가 지표면으로 유입되는 양도 많아지게 된다. 대략 성
층권의 오존이 1% 감소될 때 지표면에 2% 정도의 UVB 증가를 가져온다. 자외선의 흡수가
인간의 피부에 끼치는 영향의 가장 중요한 변수는 멜라닌 색소이다. 이것은 인종에 따라 함
량이 다양한데, 일반적으로 켈트족들은 최소의 양을 가지고 있고, 아프리카 흑인들은 많이
가지고 있다.

자외선에 많이 노출되면 화학 물질의 유입으로 국소적 염증이나 면역 반응 억제 등 피부
에 여러 가지 좋지 않은 변화들이 나타난다. 또한 유기체가 살아가는 데 매우 중요한 DNA
의 유전적인 돌연변이나 암과 관련된 부분에 손상을 가져오게 된다. 피부가 태양빛에 계속
노출되면, 피부 세포 단백질이나 노화 과정과 관련된 생물학적인 반응에 구조적이고 기능

적인 손상이 발생한다. 흔히 볼 수 있는 것이 피부에 나타나는 주름이다. 이러한 현상은 특히 흰 피부에서 잘 나타난다.

일반적인 피부암의 2가지 형태는 과도한 자외선 노출과 관련되어 있다. 한 가지 형태는 비흑색 종양인데, 이러한 형태의 종양들은 일상적으로 햇빛에 노출된 부분에서 더 잘 발생하기 때문에 자외선에 가장 많이 영향을 받는다. 이 병들은 태양 복사를 많이 받는 지역에 사는 사람 중에서 밝은 피부를 가진 사람에게서 많이 나타난다.

두 번째 형태는 피부내의 멜라닌 생성 세포에서 나타나는 악성 종양 또는 흑색 피부암이다. 이에 의한 사망률은 주로 흰색 피부를 가진 사람에게서 많이 발생하는데, 지난 수십 년 동안 꾸준히 증가하였다. 오늘날은 1950년에 비해 3배 정도 더 증가하였으며 미국에서는 연중 약 6,000명이 흑색종(피부암)으로 사망한다. 흑색종은 신체에 자주 자외선을 받지 않은 사람들에게서도 흔하게 나타나는데, 이로 보아 흑색종을 일으키는 요인은 주말이나 휴가 중 급작스레 많은 양의 태양 빛에 노출되어 발생하는 것으로 생각할 수 있다.

다른 많은 질병들도 자외선에 노출되면 악화, 촉진된다. 예를 들어 자외선은 피부 면역 반응을 억제하는데, 간단한 형태의 유형 II 바이러스인 헤르페스의 경우, 이전에 감염된 헤르페스의 면역체계 반응 약화로 인하여 계속해서 피부 장애를 일으킨다. 임파선염이나 수면병 등도 역시 피부내의 면역 반응 약화와 관련되었다고 볼 수 있다. 피부를 통해 신체로 침투하려고 하는 외부 물질에 대한 첫 번째 방어를 할 수 있는 부분이 피부의 랑게르한 (Langerhans) 세포인데, 자외선에 노출된 피부는 면역의 감시 기능이 많이 약해졌다고 볼 수 있다.

자외선에 많이 노출되면, 눈의 수정체, 망막도 장애를 받게 된다. 토끼를 대상으로한 실험에서 백내장이나 수정체가 흐려지는 현상이 발견된 것이 그 예다. 이에 따라 최근에는 태양 빛에 대한 과도한 노출과 관련하여 눈에 나타나는 흑색종에 대한 연구도 진행되고 있다.

4) 지구 온난화에 의한 영향

지금까지 많은 과학자들에 의하여 예견되어 왔듯이, 지구 온난화가 더 진행된다면 인간의 건강에 끼치는 영향도 클 것이다. 물론 어떠한 예상도 불확실성을 동반하게 마련이다. 예를 들어 기후 변화를 예측하는 모델을 사용하여 지구 온난화를 예측해보면, 미국에서는 열과 관련하여 사망자가 7배 정도 증가할 것이며, 중국도 급속도로 사망자가 증가할 것이라고 보고 있다. 이러한 사망률은 오늘날 백혈병(leukemia)과 같은 보편적인 질병 때문에 발생하는 사망자 수와 비슷하다. 게다가 온화한 지역에서 기온이 상승하게 되면, 열대성 숙주들에게 현재보다 유리한 기후 조건을 제공함으로써, 수면병이나 사상충증과 같은 질병이 더 확산될 것이다. 최근 연구들에 따르면 기온이 4°F 증가하면 동부아프리카의 인구가 밀집된 지역에는 현재보다 체체파리가 훨씬 더 증가할 것으로 보고 있다. 또한 온화한 지역에서 농업에 필요한 관개 시설의 증가는 병을 옮기는 절지동물들에게 많은 새로운 서식처를 제공하게 될 것이다.

지구 온난화 혹은 오존의 감소에 따라 건강에 미치는 영향을 평가하는 것은 위험한 일이다. 그럼에도 환경보호기구는 오존 감소가 계속된다면 피부암이 증가할 것이라는 등 무서운 예측을 하고 있다. 세계 프레온가스의 방출이 1980년 수준으로 제한된다고 하더라도 성층권 오존층의 감소는 2025년까지 연간 142,000가지의 새로운 피부암을 발생시킬 것이다. 비록 모든 예측이 이론상에 불과한 것이라도, 기후와 건강과의 관련성에 대한 연구 및 잠재적으로 영향을 미칠 수 있는 부분에 대한 국가간의 정책 협조가 절실하다.

5) 기상병과 계절병

기관지 천식의 발작은 전선이 통과할 때 빈번하게 나타난다는 것은 잘 알려진 사실이다. 또 계절이 바뀌는 시기나 특정한 계절에 잘 발생하거나 증상이 더 악화되는 질병도 일반적으로 알려져 있다. 이와 같이 기상, 계절과의 관련성이 매우 높은 질환을 기상병 또는 계절병이라 한다.

기상병은 날씨와 같은 비교적 짧은 주기의 환경 변화에 따라서 생기는 질병을 일컬으며, 계절병은 계절 변화라는 긴 주기의 환경 변화에 의하여 생기는 질병을 말한다. 그러나 이들 2가지를 명확히 구분하는 것은 매우 어려운 일이다. 특정 날씨 현상이 어느 계절에 집중적으로 많이 발생하는 경우가 있기 때문이다. 예를 들면 관절 류머티즘이나 기관지 천식 등은 관점에 따라 계절병, 기상병으로 취급할 수가 있다.

(1) 기상병(meteological disease)

시시각각으로 변화하는 날씨와 관련해서 그 증상이 발생하거나 악화 또는 회복되는 질환군을 기상병이라 한다. 드 루더(De Rudder)의 n법[26]에 의해 확인된 기상병은 표 V-3과 같다.

기상 변화로 유발 혹은 악화하는 것으로 알려진 질환은 대체로 자율 신경계나 내분비 계통의 변화로 나타난 결과로 말초혈관의 수축, 감염 저항성 약화 등이 공통적 요인이다.

기상병의 발병에 대해서는 여러 가지 설이 있다.[27]

첫째로 기온, 습도, 바람, 기압 등 각각의 기상 요소가 단독으로 작용하는 것이 아니고, 이들이 어떠한 조합에 의해 기상 변화가 크거나 급격하면 그 변화가 자극이 되어 체내 환경의 평형이 깨진다고 생각된다. 예를 들면 한랭기단 안에서는 피부 혈관이 수축하고, 혈압은 올라가며, 혈액의 성질 중에서 콜레스테롤이나 포도당, 칼륨 등은 증가하고 칼슘, 인산염 등은 감소한다는 것이다.

---

26 기단의 교체나 전선 통과와 같은 변화가 나타난 날을 중심으로, 그 전후 수일간에 걸친 기간에 그 지역에 나타난 해당 질환의 발생 및 성쇠를 조사해서, 그 경과를 통계적으로 검토하여 기상 현상과의 관련 여부를 밝히는 방법이다.

27 홍성길, 앞의 책, pp. 233~235.

표 V-3 기상변화에 의해서 유발되는 질환

n법 등에 의해 확인된 것	어느 정도 확인된 것	확실하지 않은 것
1. 일기통 류머티즘, 외상, 신경질환 등의 만성 조직 장애에서 오는 동통 2. 심장, 순환기 장애 폐전색, 뇌출혈, 심근경색, 협심증, 급성심장사 3. 결석증 담석증, 요로 결석 4. 급성 유아 테타니* 5. 급성 녹내장 6. 감기 7. 징신징애(자실 포함) 8. 사망(모든 경우 포함)	인후 그룹, 폐렴, 어린이 간질, 외상성 간질, 급성 맹장염, 구협염, 각혈 등	진성간질, 디프레티아, 성홍열, 소아마비 등

* 테타니 : 부갑상선 기능 저하로 전신의 근육 특히 손, 발, 안면 근육의 수축, 경련이 일어나는 질환.　　　　　(자료 : 鳥居에 따름)

　　둘째로는 전선 접근 및 통과에 의한 기온과 습도의 급격한 변화로 체내에 아세틸콜린 (acetylcholine)[28]이 증가하고 히스타민(histamine)[29] 혹은 히스타민과 비슷한 물질이 동원되어, 부교감 신경을 자극하고 평활근을 수축시켜 여러 가지 발작을 일으킨다는 것이다. 또 이러한 물질은 혈관의 투과성을 증가시키는 작용이 있으므로 체내에 수분이 모여서 알레르기성 반응, 염증 반응 등이 증가된다고 보는 관점이다.

　　예를 들면 비가 오거나 날씨가 흐리면 관절염 환자들은 다리가 쑤시며 통증이 악화되는 것으로 알려지고 있다. 특히 여름 장마철에는 기온이 낮아지고 습도가 증가하여 관절염을 악화시키는 요인이 된다. 그래서 관절염 환자들은 비나 눈이 오거나 흐린 날씨에 관절 마디

---

28 신경 전달 물질, 강력한 혈압강하제.
29 평활근 수축, 혈관 확장 작용이 있음. 생선에 의한 식중독 원인 물질임.

가 더 부어오르고 통증을 더욱 느끼게 된다. 이러한 원인으로 흐린 날씨에는 기압이 낮아져 관절내의 압력이 상대적으로 증가하고 관절내의 활액막에 분포되어 있는 신경을 자극하여 관절염 증상이 악화되며, 기온이 낮아지면 관절면을 매끄럽게 움직이게 하는 관절액이 우무처럼 굳어져서 뻣뻣하게 느끼게 된다. 이러한 증상 완화를 위한 방법으로 관절 부위에 더운 물수건이나 따뜻한 목욕을 하면 도움이 될 것이다.

자율 신경에 미치는 영향으로는, 처음에는 부교감신경의 감수성이 높아지고 이어서 교감신경이 예민해진다. 또 기상 변화는 생체에 스트레스로 작용하여 뇌하수체 전엽 및 부신피질계의 내분비선을 자극하여 과민 반응이나 이상 반응이란 형태로 기상병을 일킨다.

(2) 계절병(seasonal disease)

겨울철의 감기나 여름철의 소화기 전염병처럼 특정한 계절에 많이 발생하거나 악화되는 질환군을 계절병이라 한다.

계절병을 그 원인에 따라 구분하면 다음과 같은 3종류가 있다.

- 날씨의 계절적인 변화 자체가 발병이나 질병 악화의 원인이 되는 것으로 뇌출혈, 뇌경색, 심장 질환 등이 이에 해당된다.
- 날씨의 계절적인 변화에 따라 나타나는 신체의 변화가 발병이나 질병 악화의 원인이 되는 것으로 천식, 각종 감염증 등이다.
- 발병의 원인이 되는 물질이나 병원체 혹은 그것을 매개하는 곤충 등이 날씨의 계절 변화에 영향을 받는 것으로 꽃가루 알레르기, 학질, 발진티푸스, 일본 뇌염 등이 있다.

계절 변화에 의한 환경조건 변화에 대응하는 인체 적응의 중요한 기능을 담당하는 것은 자율신경계와 내분비계다. 또 계절과 관련하여 소화기관이나 간장의 기능은 여름에 저하하는 경향을 보이고, 반대로 호흡기는 겨울에 기능이 크게 저하하는 경향을 보인다. 더욱이 병원체에 대한 저항력은 여름에 크게 감소한다.

(3) 성인병

심근경색, 뇌졸중 등의 성인병은 기상병·계절병의 영향을 많이 받는다. 이러한 질병의 위험한 인자로는 고혈압, 고지혈증, 흡연, 비만, 당뇨병, 스트레스 등의 징후를 가진 사람들에게 잘 발병된다. 이에 대한 예방 대책으로는 적당한 식사량과 운동이 필요하고, 과식은 피해야 한다. 혈청 콜레스테롤을 230mg/dl 이내, HDL[30] 콜레스테롤을 40mg/dl 이하로 유지하는 것이 필요하다. 동물성 지방을 제한하고, 식물성 지방의 음식을 주로 섭취하며, 운동으로는 걷기 또는 가벼운 조깅 등을 하여야 한다. 흡연과 과도한 술을 피하는 것이 매우 중요하다. 운동은 혈압을 내리는 효과가 있으며, 흡연은 혈소판 응집을 촉진시키고, 관상동맥 경련을 유발시켜 혈압 상승을 불러와 위험을 초래하게 된다. 질환의 발병 진행은 계절과 시간에 매우 밀접한 관계가 있다.

대표적 성인병인 뇌졸중과 심근경색은 겨울철에 높은 사망률을 나타내며, 최근의 연구에 의하면 심근경색, 급사, 심근허혈 등의 발병이 잘 일어나는 시간대는 오전 6시부터 12시경이다. 특히 이러한 질병을 가진 노인들은 몹시 추운 날이나 더운 날을 피하고, 의복과 주거에 주의를 기하고, 냉난방 시설 등을 정비하여 대비하여야 한다.

(4) 기후 요법(climatherapy)

기후 요법은 일상생활과 다른 기후 환경에 놓여 있는 전지(轉地)에서 질병 치료, 휴양, 보양을 행하는 자연 요법을 말한다. 기후 요법은 첫째, 전지에서 생체에 유해한 기후 환경으로부터 환자를 격리·보호하고(기후적 보호 작용) 둘째, 새로운 기후의 자극에 반응하여 생체 기능을 단련하여, 질병의 치유을 촉진시켜 건강 증진을 도모하기 위함이다(기후적 자극 작용). 이전에는 결핵이 장기 요양의 주 대상이었으나, 최근에는 운동 요법, 물리 요법, 식사 요법 등을 병행한 종합적인 보양지 요법을 행하고 있다.

기후 요법의 목적은 만성질환의 요양이나 사회 복귀를 위한 장애 치료의 효과 증진, 최근에는 피로, 스트레스의 해소, 성인병 예방, 휴양, 보양 등의 예방의학적 의의를 강조하고 있다.

전지요양 기후[31]로는 해안 기후, 저지 기후, 고원 기후, 고산 기후 등이 있다. 해안 기후는 기온의 변화가 작고 바람이 많다. 또한 일사 및 자외선도 풍부하며 일반적으로 먼지도 적다. 고원 기후는 대개 1,000m 정도의 높이로, 시원하고 공기가 맑아서 햇빛이 강하고 자외선도 많다. 고산 기후는 1,500m 이상의 고지로 기압과 기온이 낮은 것이 특징이고, 공기는 건조하며 바람은 강하다. 햇빛이 강하여 일반적으로 자극적이다.

기후 요법은 급성 질환의 회복기, 천식, 만성 기관지염, 폐기종, 폐결핵 등의 만성 호흡기 질환군, 고혈압 등의 심질환, 우울증, 만성 피부질환, 당뇨병, 갑상선기능 항진증, 만성 류머티즘성 질환 등에 많이 적용한다.

이와는 반대로 기후 요법을 해서는 안 되는 질병도 있다. 일반적으로 뇌졸중, 심근경색, 신부전, 호흡부전, 중증 폐기종, 기관지 확장증, 중증의 점액수종 등은 기후 요법이 금기 사항이다.

---

30 high density lipoprotein(고밀도 리포 단백질)
31 홍성길, 앞의 책, p.240.

VI. 기후와 문명·역사

1. 인종의 분화와 문명의 시작

1) 인종의 분화와 진화

현존하는 모든 인종이 언제부터 분화되었는지는 정확히 알 수 없으나, 적어도 채집·수렵 생활의 단계에서는 이미 분화가 되었을 것으로 추정된다. 왜냐하면 이후 농경생활로 들어가서 토지에 속박되고 내혼을 되풀이하여 집단의 동질성이 더욱 확고해졌기 때문이다. 1974년에 다이어(Dyer)는 인종 분리와 대이동 방향의 큰 틀을 생화학적 형질의 유전자 빈도의 해석으로 설명하였다. 그리고 이동 개시 시기를 약 15만년 전으로부터 5만년 전으로 보고 있다.[1]

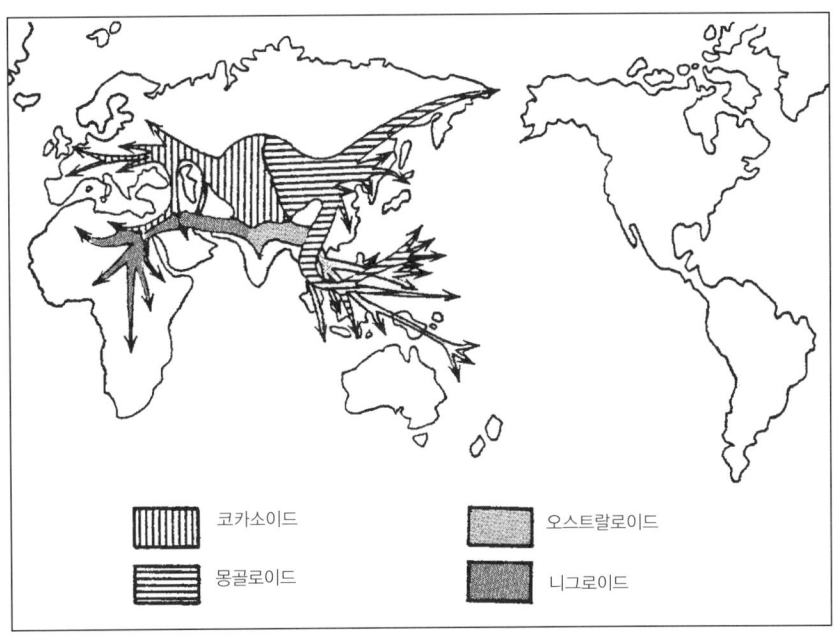

그림 VI-1 인종 형성과 이동의 모델(Dyer, 1974) (자료 : 홍성길)

---

1 홍성길, 앞의 책, p. 6.

15만년 전과 그보다 훨씬 이전인 50만년 전은 인간의 생활 양식이 상당히 달라진 시대라고 생각되므로 이를 고려하여 적응 문제를 생각해야 한다.

약 7만 5천년 전에 시작하여 약 1만년 전에 끝난 4번째 뷔름 빙기에, 우리와 별로 다르지 않은 '호모사피엔스'라는 명칭이 붙여진 인간이 구대륙에 널리 퍼져 있었다. 그들은 온난한 지역이 아닌 동굴로 후퇴함으로써 한층 가혹한 기후에서 생존할 수 있었다. 동굴에서는 불과 가죽옷을 사용함으로써 빙하와 하상(河床) 가까이에서 계속 생활할 수 있었다. 이들 초기 인종 중에서 가장 잘 알려진 것은 네안데르탈(Neanderthal)인인데, 이들은 현대인보다 뼈가 굵고 근육이 억세었다. 그들의 유골은 유럽과 중국 북부에서 발견되었다.

그러는 동안에 대다수 현생 인류의 조상에 해당하는 다른 인종들이 출현했다. 일부는 최후 빙기 중의 온난기에 지브롤터해협과 시칠리아해협을 이용하여 아프리카에서 유럽으로 건너갔다. 지금의 북아프리카와 서남아시아 사막에 해당하는 곳에서 돌을 아주 정교하게 다루는 기술이 습득되었으며, 그 중 일부가 화살촉과 창촉에 이용되었다. 지중해 남쪽과 동쪽의 땅은 스텝이었기 때문에, 이러한 무기로 큰 동물들을 사냥할 수가 있었다. 현재 프랑스와 스페인에서는 당시 생활 양식에 대한 유적이 많이 발견되었는데, 그 중에서도 뛰어난 동굴 벽화는 초기 인종에 대해 많은 것을 알려 주고 있다.[2]

이리하여 인간은 대체로 유라시아의 산악지대 남쪽에서 진화하였으며, 유럽으로 들어가기 전에 인도, 자바, 서부 및 남부아시아, 북아프리카에서 산 것으로 보인다. 이는 남동아시아와 아프리카에서 원시적 특징을 가진 다수의 두개골이 출토되었기 때문이다.

현생 인류는 서로 분리되어 있는 상태에서 진화하게 되었다. 따라서 제한된 범위내에서 잠정적으로, 주요 인종의 신체 특성은 최후 빙기 말경에 그들이 출현한 환경과 관련 지을 수 있다. 동부 중앙아시아는 기후가 매우 한랭했으며, 뷔름 빙상이 축소됨에 따라 점차 건조해졌다. 여기서 유럽에서보다 덜 특수화된 네안데르탈인의 여러 혈통이 남쪽과 남서쪽에서 유입된 새 유형과 혼합되어, 몽고 인종의 특색인 황색 피부를 취하게 되었다. 이런 피부가 추위와 가뭄에 대한 방어 기능을 한 것으로 보인다. 그리고 코와 입이 작아졌는데, 이것은

---

2 이현영 역(J. H. G. Lebon), 『인문지리학 입문』, 1976, pp. 71~72.

앞에서 기술한 바와 같이 호흡하는 공기가 허파에 닿기 전에 따뜻하고 습하게, 그리고 먼지를 적게 해주기 위해서이다. 가느다란 눈과 몽고 주름(epicanthic fold)[3]은 부분적으로 먼지와 아주 찬 공기로부터 눈을 보호하는 데 도움이 되는 것 같다. 이와 더불어 직모(直毛)와 광두(廣頭)가 나타난다.

남동아시아, 인도 및 동인도제도에서는 초기 유형의 현생 인류들 두개골에서 원시적인 특징을 찾을 수 있다. 이마는 좁고, 턱뼈는 크고 튀어 나왔으며, 코는 넓적하다. 피부는 흑갈색, 머리칼은 대체로 파상(波狀) 또는 와상(渦狀)인 채로 남아 있었다. 이 지역에서는 뷔름 빙기가 절정에 달했을 때 해수면이 낮아져 이동이 쉬웠다. 동인도제도의 적도 가까이 살던 다른 혈통들은 새까만 피부와 치밀한 와상모를 갖게 되었는데, 일부 생리학자들의 주장에 따르면, 이런 머리털은 강한 햇빛으로부터 머리를 보호하는 동시에 땀샘의 수분 증발을 돕는다고 한다.

서남아시아, 북아프리카, 유럽에서는 현생 인류의 혈통들이 네안데르탈인과 만나기 전에 이미 원시적인 특징을 많이 잃어버렸다. 높은 이마, 작아진 눈썹 두덩과 턱뼈, 작은 코, 밝은 색깔의 피부색, 파상모 등과 같은 신체 특징이 전체적으로 널리 퍼져 있었다.[4] 뷔름 빙기의 절정기에 북아프리카의 여러 집단들은 서로 혼합될 수 있었다. 그러나 사하라가 건조해짐에 따라 지중해 연안 사람들과 중앙아프리카 사람들 사이에는 하나의 장벽이 만들어졌고 기타 인종으로부터 고립된 니그로들은 피부색, 두꺼운 입술, 넓은 코, 치밀한 와상모 등을 보존하거나 강화되었다.

2) 현생 인류의 후기 분화

동아시아에서 몽고 인종은 기후가 온난해지자 분산되기 시작했다. 이들은 인도차이나를 향해 남쪽으로 이동하면서, 피부가 검어지고 키가 작아지면서 말레이인이 생겨났는데, 이

3 눈구석과 눈초리에서 윗 눈꺼풀이 아래 눈꺼풀에 겹친 부분.
4 이현영 역, 앞의 책, p. 77

들은 해안, 동남아시아의 하천 분지, 그리고 일부 섬을 따라 정착하였다. 또한 말레이인 및 중국인과 같은 계통의 사람들은 항해술을 습득하여 태평양제도(폴리네시아)까지 널리 분산되었다. 몽고 인종은 북쪽으로 이동하여 타이가를 지나 북극 해안으로 퍼지는 한편, 아시아 대륙의 중앙부인 초원과 반사막 지역으로도 분산되었다. 일부는 역사시대에 동부 및 북부 유럽으로 이주, 정착하였다. 또 일부는 베링해협이 형성되기 전에 북아메리카로 건너가 신대륙에 살기 시작하였다.

서아시아와 유럽에서는 여러 새로운 유형이 나타났다. 지중해 연안에서는 올리브색 피부에 검고 체구가 가냘픈 지중해 유형이 발달했으며, 이들은 특히 청동기시대에 서유럽 해안으로 이주하였다. 이들과 밀접한 관련이 있는 여러 혈통은 또한 동쪽으로 이동했는데, 여기서 그들의 자손은 역사시대의 아리안 이주민 및 니그리토(Negrito)[5]와 많이 혼합하여 인도 대륙의 다수인 집단을 형성하게 되었다. 아르메니아와 아나톨리아에서는 체구가 땅딸막하고, 두형이 넓어졌다. 서쪽의 유럽으로 이주한 사람들은 고산 인종이 되었는데, 이들은 러시아인의 선조에도 기여한 바가 크지만, 대체로 중부 및 서부 유럽의 산악 지대에 국한되어 있기 때문에 그렇게 불린다. 남부러시아에서는 흑해와 카스피해 북쪽에 스텝이 나타남에 따라서, 키가 크고 피부색이 밝은 장두형의 인종이 나타났다. 이들은 후에 발트해 연안으로 이주하여 북유럽 인종의 전형적 특징인 색이 아주 밝고 가느다란 머리털, 푸른 눈, 흰 피부를 갖게 되었다. 이런 특징은 오늘날 스웨덴, 북부 독일, 잉글랜드 동부 지방에서 널리 발견되고 있다.

3) 문명의 시작과 분포

인류는 분화와 적응을 거듭해 오면서 지구상의 넓은 범위에 분포하여 수십만 년 동안을 거의 횡적인 교류 없이 지내 왔다. 인간 사회가 오랜 역사에 비하면 지금으로부터 1만년 전에서부터 5천년 전이라는 극히 짧은 시간에 문명의 꽃을 피웠다는 것은 놀라운 일이다.

5 동남아시아, 오세아니아의 몸집이 작은 준 흑인종.

또 모든 인종이 똑같은 문명의 길을 걸어온 것은 아니다. 일찍이 문명의 꽃을 피운 그룹들의 공통적인 사항은 수렵생활에서 농경생활로 정착했다는 것이다. 고대의 4대 문명인 나일강 유역의 이집트 문명, 티그리스-유프라테스강 유역의 메소포타미아 문명, 인도의 인더스 문명, 중국의 황하 문명은 모두 대하천 유역의 비옥한 충적토에서 시작된 것이다.

동양 문명을 연구한 마크햄(Markham)은 이러한 고대 문명의 유적이 모두 21℃의 등온선 부근에 위치하고 있는 것으로 보았다.[6] 과거의 기후가 오늘날의 기후와 상당히 달랐다고 할 수 있지만, 황하 유역이나 페루의 잉카 문명 지역은 현재 연평균 기온이 약 15℃이므로, 이러한 설은 그대로 받아들이기에 문제가 있는 것으로 생각된다. 그러나 21℃ 라는 온도는 인체보온지수(clo) 값의 기준을 정하는 환경 온도로 채택될 만큼 기본적 의복만 입는다면 쾌적하게 지낼 수 있는 온도이므로 매우 의미있는 것으로 볼 수 있다.

헌팅톤(E. Huntington)은 그의 저서 『문명과 기후』에서 매월의 평균 기온이 4~18℃의 범위에서 변화하고, 습도는 70% 이하이며, 1년간에 저기압이 20회 내외로 통과하는 기후가 인간 활동에 바람직하여 이러한 기후가 인간의 정신 활동에 미치는 자극이 문명 향상의 원동력이라 보았다.[7] 또한 문명도를 계량화하기 위하여 기업력, 발명력, 철학적 구성력, 대사업력, 지배력, 교육 조직, 위생, 도덕, 생명 안정도, 공업적·미적 감각, 문예 감상력, 자연 감상력 등 12개 항목을 척도로 하여 문명지수를 산출하고, 이것을 5계급으로 구분하여 분포도를 작성하였다.

그러나 이에 대해 많은 비판이 행해졌다. 그 중 스즈끼(鈴木秀夫)는 '기후 → 문명'이라는 관계는 비과학적이며 '기후 → 생산관계 → 문명'의 관계로 해석을 시도해야 한다고 주장하였다.[8] 그는 헌팅톤의 생각에 근본적인 오류 사항들을 열거하였지만, 인간과 자연과의 관계를 고찰한 점, 인류에게 공통된 최적 온도가 있다는 점에서는 역사적으로 중요한 공헌을 하였다고 지적하였다.

---

6 홍성길, 앞의 책, p. 9.
7 홍성길, 앞의 책, p. 13.
8 鈴木秀夫·山本武夫, 『기후와 문명·기후와 역사』, 朝倉書店, 1978, pp. 3~11.

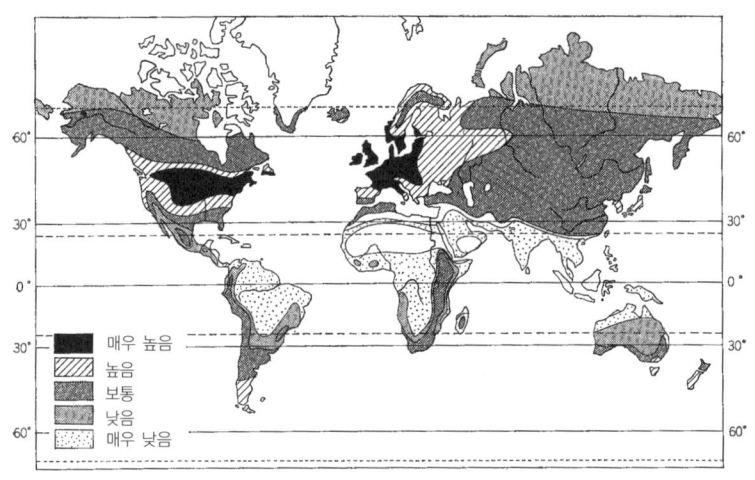

그림 VI-2 기후적 활동력의 분포 (자료 : 헌팅톤)[9]

또 그의 저서 『아시아의 맥박(*The pulse of Asia*)』(1909)[10]에 기술한 내용을 살펴보면 다음과 같다.

기후 변화의 증거는 아시아, 북아프리카, 북아메리카에도 있고, 이주(移住)·농업·기상에 관한 선사시대 및 역사시대의 기록에도 나타난다. 지구상에서 가장 오래 살아온 유기체인 캘리포니아주의 삼목(杉木)은 좋은 증거로 채택되는데, 나이테에 의하여 연강수량의 변동이 표시되며, 그 주기성이 추정되기 때문이다. 1900~1910년 기간에 아시아를 여행한 헌팅톤은 대륙의 심장부에 촌락과 도시의 폐허가 있는 것을 보고 깊은 인상을 받았다. 이곳에는 한때 관개농업에 의존하던 수많은 사람들이 거주하고 있었다. 훗날 그는 시리아 사막의 북쪽 변두리에 해당하는, 팔레스타인 남부, 시레나이카(Cyrenaica) 및 트리폴리타니아(Tripolitania)의 폐허 지역을 방문하고 이에 대하여 썼다. 이곳은 AD 272년에 로마인이 파괴하였다. 그러나 이곳의 강우량과 지하수 공급은 이미 감소하고 있는 중이었을 수도 있다. 헌팅톤은 서남 및 중앙아시아 전역의 강우량 감소는 하천과 샘과 우물을 고갈시켰다고 결론

9 Ellsworth, Huntington, *Civilization and Climate,* Yale Univ. Press, 1945, p. 295.
10 이현영 역, 앞의 책, pp. 101~106.

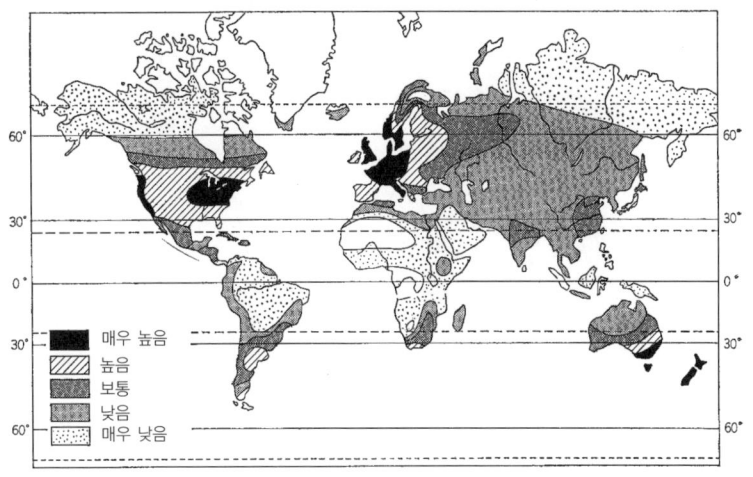

그림 VI-3 문명의 분포 (자료 : 헌팅톤)

지었다. 곳에 따라서는 과거에 하천에 유입되던 염호들이 증발되었고, 호안(湖岸)을 따라 우회하던 과거의 구도로(舊道路)는 호소 바닥을 가로지르는 새로운 대상로(隊商路)가 선택됨에 따라서 폐기되었다. 이들 지역에서는 모두 정착 농경생활 양식이 AD 200년경을 전후한 2~3세기 동안에 가장 번창한 것으로 보인다. 지중해 연안의 그리스, 로마 문명이 절정에 달한 시기도 이 때였다. 그 이래 기후는 AD 1000년 및 AD 1400년경에 매우 단기간 동안만 좋아졌다. 그 지속기간이 충분히 길지 않아서 그 전과 같은 규모로 농경생활이 회복될 수는 없었다.

그러나 오아시스 농경인들만이 여러 지방에 거주한 것은 아니다. 말, 양, 낙타가 처음 가축화된 곳은 이들 스텝과 반사막 지역이다. 그리고 아득히 먼 그 시대 이래, 유목민들은 한 목초지에서 다른 목초지로 가축 떼를 몰고 다녔으며, 천막 생활을 하면서 소량의 가정 및 개인 소유물을 갖고 다녔다. 강우량이 한동안 감소하면 목초는 없어지며, 통상적인 생활 범위를 넘어서 더 습윤한 지방으로 이동하지 않으면, 동물은 죽고 유목민은 굶주리게 된다.

건조 지방의 생활은 어려우며, 인내와 지혜가 요구된다. 인류 역사에는 건조 지방의 유목민 전사들이 평화로운 농경민들을 정복한 일화가 많다. BC 2000년대에 아리안족의 유럽 및

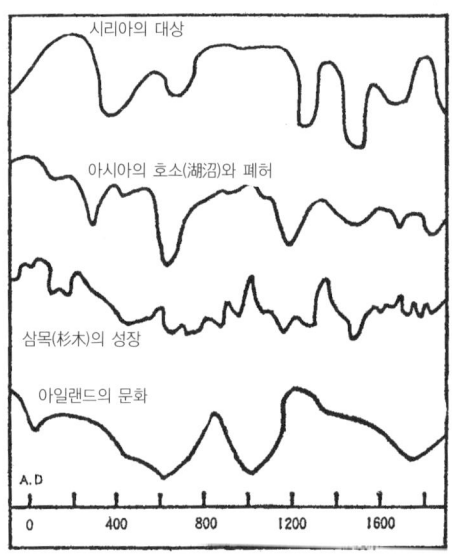

그림 VI-4 기후 변동, 시리아 대상의 통행, 아일랜드의 문명에 관한 지표 (자료 : 헌팅톤과 그랜트)

인도로의 이동 - 이것은 이집트에 대한 리비아인의 압력 및 아르메니아인의 시리아 침입과 같은 시대의 일이다. - 과 더불어 시작되는 이러한 정복은 스키타이족이 아나톨리아 지방에 난입했을 때와 아랍족이 북동쪽으로 쳐들어갔을 때인, BC 700년경에 재개되었다.

BC 200년경에는 흉노들이 중국을 침략하려고 시도했으며, 사르마티아인들이 돈강 서쪽의 유럽 스텝으로 침입했다. AD 4세기와 5세기에는 특히 광범위한 이주가 유럽과 아시아에서 진행되었다. 여진족이 북중국에 침입했고, 훈족이 이란을 넘어 유럽으로 침투해 들어갔으며, 아랍족이 다시 유프라테스강을 건너갔다. AD 7세기에는 아랍족의 이주 중 최대 규모의 것이 모하메드의 지휘로 본 궤도에 오르기 시작하였다. 다시 11세기에는 북서아프리카와 흑해 북쪽의 스텝에 대한 유목민의 침략과 때를 같이 하여, 셀주크족이 이란에 침입했다.

캘리포니아주의 삼목은 BC 200년 이래 성장이 불규칙하게 진행되었으며, 때때로 10여년에서 1세기 반에 걸치는 다양한 기간 동안 성장이 지연되었음을 보여준다. 캘리포니아주에서의 느린 성장률이 구 세계 건조지방의 연 강우량 감소와 관련이 되는 것이라고 가정한다면(자연과학은 이 가설을 지지하는 약간의 증거를 제공해 준다.), 대다수의 이주는 기후의 변동 경향에 하나의 기원을 두고 있는 것일 수 있다. 식생의 성장이 단속적이며 어려운 곳에서는 기후 변동에 대한 인간의 반응도 매우 예민한 것이다.

그렇지만 기후 변동과 역사적 조건은 명백하게 구별되어야 한다. 기후 변동은 증명된 바와 같다. 최근의 계기 관측으로 과거 2세기 동안의 정확한 변동 규모가 밝혀졌다. 그리고 하천, 호소, 우물의 변화에 대한 기록을 오랜 연대기에 나타나는 이상기후 변동에 관한 다수의 기록과 맞추어 볼 때, 과거에도 약간의 변동은 항상 진행되고 있었음을 알 수 있다. 그러나 기후 변동과 역사를 관련 지으려고 하면, 혼란을 불러일으키게 된다.

아시아에서 외부로 향한 유목민의 폭발 중 가장 컸던 것의 하나는 몽고인들이 세계의 반 이상을 휩쓴 13세기에 일어났다. 이 때, 캘리포니아주의 삼목은 보통 때보다 빨리 성장하였고, 유럽에서는 날씨가 이례적으로 습윤했으며 나빴다. 이런 현상이 중위도 편서풍의 강화에 의해 발생되었다면, 아시아의 중앙부에는 강우량이 더 많았을 것이며, 따라서 유목민들은 이주하려는 의욕이 꺾였을 것이다. 일부 학자들은 기후 변화가 구 세계 사람들의 이주를 조절했다는 이 같은 학설을 받아들이지 않는다. 오렐 스타인 경(Sir Aurel Stein)은 AD 3세기 이전의 중앙아시아에서의 농경 취락의 확장은 서쪽 지방을 정복하고 통치 수단과 자원 개발 수단을 지닌 중국 황제들의 힘 때문에 가능했다고 믿었다.

그랜트(C. P. Grant) 박사는 과거 2천년 동안 시리아 사막을 횡단하는 대상(隊商) 교통량의 변동을 나타내는 그래프를 그렸다. 무역량의 증감에 대한 그의 설명은 순전히 역사적인 것이다. 즉 지리상의 발견 시대가 오고, 육지에서 바다로 교통로가 이전되기 전, 근동에서는 안정된 정부가 대상 교통의 번창을 허용했다는 것이다. 그러나 헌팅톤은 대담하게 그 그래프를 삼목 그래프와 대비시켰으며, 대상 교통량은 기후에 의하여 조절되었다고 주장했다.

레번(Lebon)은, 이 두 학자는 모두 농경과 방목이 반건조 지역 및 건조 지역의 토양과 식생에 미치는 영향을 충분히 고려하지 않았다고 보았다. 1850년 이래, 건조한 미국 서부 지방에서 진행되던 정착은, 지나친 목축 활동으로 인한 식생의 파괴와 토양에 유해한 염분이 집적되면서 관개 농지의 폐기를 수반했다. 이와 동일한 정착, 이용, 파괴, 폐기 사이클은 서남 및 중앙아시아 여러 지역이 이전의 시대에도 겪은 운명이었을 것이라고 추정할 수 있다. 농경민은 유목민을 몰아내거나 또는 유목민이 되었으며, 유목민은 침략자가 되기도 했다. 또한 관개의 목적으로 조절되던 하천은 예기치 않은 홍수로 인해 시설이 파괴되기도 했다. 그리고 새로운 하도(물길)로 흐르게 됨으로써 파괴된 시설의 복구가 불가능해진 경우도 있다. 정착을 진작하거나 인구 감소를 가져오는 다양한 원인들을 여러 지역에서 주의 깊게 평가해야만 우리는 진실에 더 가까이 접근할 수 있을 것이다. 그리고 그러한 탐구로 단순한 일반론은 옳지 못하다는 사실이 충분히 입증될 것이다.[11]

2. 기후와 역사

인간의 역사에 있어서 몇 가지 중요한 사건의 전개는 기후나 날씨에 의하여 상당한 영향을 받았다. 장기간에 걸쳐 기후의 영향을 받은 예로는, BC 1,200~850년 사이에 유럽과 근동 지방에서 시작된 비교적 따뜻하고, 건조한 시기를 들 수 있다. 이러한 현상은 그 당시의 적절한 강수량과 유수(流水)에 의존하던 사회에 엄청난 영향을 미쳤다.

그 예로 앗시리아와 바빌로니아를 들 수 있다. 즉 강수량에 직접적으로 의존하던 이 두 나라의 번영은 메소포타미아의 거대한 하천인 티그리스-유프라테스강이 있어 가능한 것이었다. 이 나라들은 보다 냉량하고 다습한 시기인 BC 900~850년이 되어서야 비로서 그들의 영광과 번영을 회복할 수가 있었다.

단기간에 걸친 날씨의 영향을 받은 예로는 워털루(Waterloo) 전쟁을 들 수 있다. 1815년 6월 18일 나폴레옹 1세가 지휘한 프랑스 군대와 영국의 웰링톤 공작과 블뤼처가 이끈 연합군 사이에 발생한 워털루 전투에서 날씨는 승패의 결정적인 요소로 작용했다. 전투가 시작되기 하루 전에 내린 비로 인해 땅은 부드러워졌고, 나폴레옹은 대포 공격을 지연시켰다. 그

---

11 '아시아의 맥박' 내용은 이현영 역(레번 저), 『인문 지리학 입문』에 기록되어 있다. 필자는 이 내용을 간략히 요약하여 정리한 것이다.

로 인해 블뤼처는 곤궁에 직면한 웰링톤의 군대를 구원할 수 있었고 결국 프랑스는 패배하였다. 이 패배는 유럽에 역사적, 정치적 영향을 크게 미쳤다.

현존하는 기록들은 과거의 기후와 그것이 인구와 역사적 사건에 끼친 영향을 확인하는 데 있어서 매우 중요하다. 하지만 일반적으로 과거의 온도를 측정하는 방법은 최근에 와서야 비로소 개발되었다. 한 가지 방법으로 나무 화석(옛 대들보나 수목)에 나타난 나이테의 밀도나 둘레를 측정하여 과거의 기온을 추정하는 경우가 있다. 나무의 성장은 부분적으로 온도와 강수량에 의존한다. 즉 봄과 초여름에는 넓게, 늦여름과 가을에는 좁게 형성되고 겨울에는 성장이 멈춘다. 또 한 가지 방법으로 빙하의 전진과 후퇴에서도 유용한 정보를 얻을 수 있다. 그 밖에도 화분 분석 방법도 사용되지만, 이는 어려움이 따르기 때문에 가치가 없는 것으로 논의되고 있다. 가장 보편적으로 이용되는 측정 방법으로는 방사선 동위원소 측정법이 있는데, 이 측정법은 현재는 꽤 정확한 결과를 얻고 있지만, 오차가 생기기 쉽다.

1) 고대 그리스의 가뭄

아테네 남서쪽으로 약 96km를 가면 태양의 평원이라는 고대도시 미케네의 유적을 볼 수 있다. 예수가 탄생하기 훨씬 이전부터 미케네는 고도로 발달한 문명의 중심지였다. 특히 두 마리의 사자 석상으로 치장된 거대한 관문과 9m가 넘는 두께와 약 0.8km에 걸쳐 있는 거대한 벽(비석)의 유적은 과거 미케네 문명의 찬란한 영광을 짐작할 수 있다. 수세기에 걸쳐 에게해와 지중해 대부분 지역을 지배한 전사(戰士) 문명과 엄청난 부 그리고 광범위한 무역의 흔적들이 그 비석에 새겨진 것을 볼 수가 있다. 그러나 기원전 1200년에 미케네 문명은 쇠퇴하기 시작했다. 특히 기원전 1230년에는 주요 궁궐과 주요 곡물 창고들이 공격을 받아 타 버리고 말았다. 티린스(Tiryns)[12]와 필로스(Pylos)[13] 같은 다른 미케네의 중심 도시들도 쇠퇴의 길을 걸었다. 이 두 도시의 쇠퇴가 미케네의 몰락과 어떤 상관관계가 있는지 누구도

12 펠로폰네소스 반도 동부에 있는 뮤케나이 문화의 유적이 있는 도시.
13 펠로폰네소스 반도 남서쪽에 있는 항구 도시.

모른다. 600년 후에 호머(Homer)의 서사시인 오디세이(Odysseus)에 나오는 트로이의 몰락과 아가멤논(Agamemnon)[14]과 아킬레스(Achilles)[15] 전설에 나올 만큼 명백한 사건이었지만 이 문명의 갑작스러운 몰락을 완전히 설명할 수 있는 사람은 아무도 없다.

이 유적들은 1870년대에 아마추어 고고학자 하인리히 실리만(Heinlich Schliemann, 1822~1890)에 의해 발굴되었다.

(1) 침략자들에 의해 멸망한 것인가?

일반적으로 알려진 것은 도리아인의 침략설이다. 거대한 문명의 급속한 쇠퇴의 원인을 설명하는 데는 침략이 가장 가능성이 높기 때문이다. 그리고 도리아인들이 수백 년 후에 펠로폰네소스 같은 그리스 일부 지역을 차지했다는 것도 이를 말해 주고 있다.

그러나 이 침략설은 몇 가지 의문점을 내포하고 있다.[16] 논쟁을 제기한 카펜터(Rhys Carpen-ter)는 『그리스 문명의 단절(Discontinuity in Greek Civilization)』(1968)이라는 책에서 다음과 같이 지적하였다. 도리아인들은 적어도 미케네인들의 인구가 감소하기 시작한 후의 2~3세대까지는 미케네에 거주하지 않았다. 사실 도리안 시대(Dorian times)까지 거기서 거주한 소수의 사람들만이 미케네 문명의 영향하에 있었을 것이라고 보고 있다. 그러나 무엇보다도 지중해 동쪽으로부터의 침략이 남에게해의 섬들에게 방해받지 않고 침입할 수 있었겠느냐는 문제가 제기되었다. 이와 동시에 이탈리아(서쪽으로부터)와 아드리아해의 북쪽에서 침입하는 것도 문제가 되었다. 사실 세팔로니아(Cephalonia) 섬들은 그리스 동쪽 지역에서 피난 온 사람들의 피난처였고, 북동쪽에 있는 아테네인들은 침략을 받지 않은 상태에 있었다. 그리고 미케네의 북쪽 지역은 펠로폰네소스 지방의 그리스인들에게 또 다른 피난처로서 그곳의 인구는 세팔로니아 지역만큼 인구가 증가했기 때문이다.

이렇듯 간단히 말해서 미케네는 안전지대였다는 것이다. 역사가들은 이 문제에 대해 논쟁을 했고, 그 중 가장 유명한 역사가인 빈센트 데스보로우(Vicent Desborough)는 "침략자

---

14 트로이전쟁 당시 그리스 총사령관.
15 일리어드(Iliad) 중 그리스의 영웅 트로이의 헥토(Hector)를 쓰러뜨림.
16 기후와 역사의 내용 일부는 Bryson & Murray의 Climate of Hunger의 내용을 필자가 번역, 요약 정리한 것임을 밝혀 둔다.

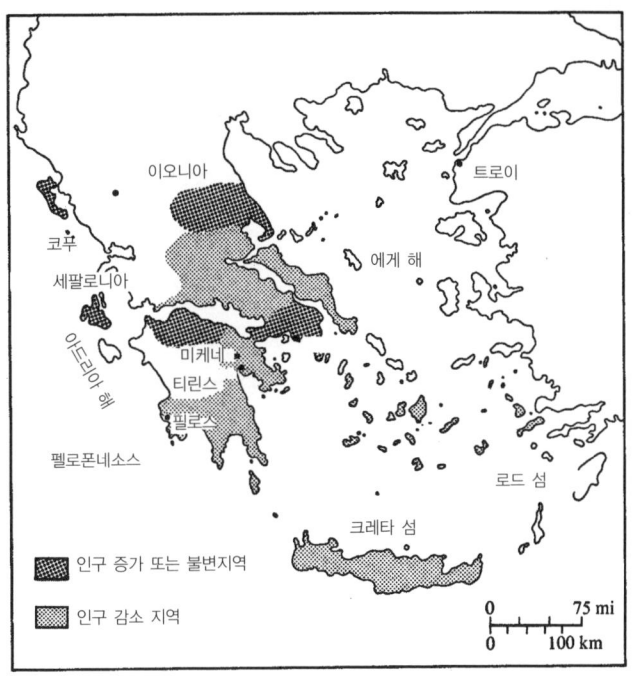

그림 VI-5 미케네 문명 멸망 시기의 인구 변화 (자료 : 카펜터)

들은 그들이 침입한 어떤 지역에도 거주하지 않았다."는 불충분한 결론을 내렸으나, 그의 주장은 빗나갔다.

　카펜터는 "침략자들은 없었다."는 명제하에 근본적인 설을 해결하기 위해 고심하였다. 그는 외부의 침입은 없었으나 내부의 펠로폰네소스 지역 미케네인들이 폭동을 일으켰다고 했다. 그러면 그 폭동의 원인은 무엇인가? 카펜터는 가뭄을 원인으로 보았다. 그 때 발생한 가뭄의 증거와 굶주린 사람들의 대규모 이동 그리고 기근을 못이긴 폭동이 그것을 말해 준다고 하였다. 따라서 미케네 문명의 몰락은 외부 침입자가 아닌 미케네인들의 소행으로 그들의 영지내에 있는 궁궐과 곡물 창고를 태웠다는 것이다.

(2) 기후 분포에 의한 영향

카펜터는 "아테네와 미케네 근처에서 가뭄이 일어나지 않았는가? 그곳의 인구는 감소하지 않았는가?"와 같은 문제의 진위 여부를 확인해야 했다. 기후 가능성을 가늠하기 위해서는 문학 작품의 기록을 초월하는 무엇인가가 있어야 했다. 그래서 그는 지중해 수위(水位)의 역사적 변화와 그리스에 비를 가져다 주는 편서풍과 대규모 구름의 진로를 조사하였다. 카펜터는 산지가 많은 나라에서는 지역 간에 강수량의 차이가 나타난다는 점을 지적하였다. 즉 비를 가진 구름이 바다에서 습기를 머금고 산지로 상승할 때에 산사면에 부딪쳐 비를 뿌리고, 산을 넘어가면 반대 지역에서는 건조한 공기가 하강하여 건조한 지역이 된다는 것이다. 그는 강수량이 그리스 모든 지역에 균형적으로 분포된 것은 아니라는 점을 지적하며, BC 1200년의 인구 분포는 건조한 미케네와 습윤한 아테네의 영향에 의한 것이라고 주장하였다.

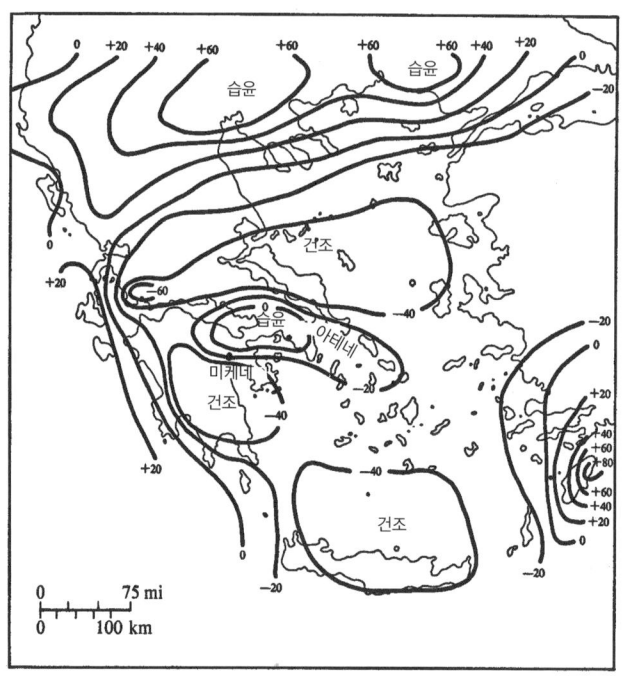

그림 VI-6 그리스 주변 지역의 강수량 분포 편차 : 1950~1966년 1월 평균값과 1955년 1월과의 비교. −부호는 1950~1966년 1월 평균값보다 40% 감소를 의미한다. (자료 : 브라슨 외)

따라서 "기후학이 어떻게 이런 문제에 접근할 수 있고, 기후학자들이 고대 그리스 가뭄에 대해 무슨 이야기를 할 수 있는가? 그리고 만약 기후학적인 방법으로 미케네 문명의 쇠퇴 원인을 규명할 수 있다면 미래의 전 지구적 기후를 예상할 수 있고, 기후가 인류에게 어떤 영향을 미칠 것인가?"를 알 수 있게 해줄 것이라고 하였다.

위스콘신대학의 기후학자 메디슨 박사는 하나의 연구 방법을 고안해 냈다. 그는 그리스 지형을 컴퓨터에 입력하여 적절한 프로그램으로 시뮬레이션을 하였다. 그리고 다양한 방향에서 그리스를 통과하는 폭풍의 진로를 예상하여, 강수가 있는 지역을 판별하는 것이다. 그러나 실제와는 차이가 있었다. 컴퓨터는 그리스에 어떤 시각, 어떤 지역에 가능한 강수 패턴을 적용할 수 있지만, 어떤 모형이 옳은 방법인지는 확신할 수 없었다. 따라서 과거의 강수 패턴을 살펴보았다.

그리스 17개 지역의 17년간(1950~1966)의 기후 자료로 아테네 특정 지역의 월별 강수 패턴의 변화와 강수 변화의 패턴을 알 수 있다. 일반적으로 그리스의 강수는 대부분 겨울에 집중 되기에 농업이 불리하다. 17년간 매월 강수량 평균과 1971년 돈리(Donley)의 강수량 평균을 비교하여 분포도를 작성할 수가 있다. 그림 VI-6에서 1955년 1월의 강수량은 그 당시 미케네의 인구 변화와 잘 들어맞는다. 미케네와 펠로폰네소스는 건조하고, 아테네는 평균 값 이상이다. 또 크레타섬과 아테네 북쪽도 건조하다. 그리스 서쪽 해안의 코푸(Corfu)섬과 세팔로니아섬은 습윤하거나 평균값이며 인구는 증가하였다.

그러나 한 달 동안의 날씨가 어떠했으며, 그 가뭄이 미케네 지역에 얼마 동안 영향을 주었을까하는 문제이다. 1955년 1월의 강수 패턴이 1950~1966년의 1월 강수 패턴과 일치하는 것은 아니다. 그것은 그해 1월 또는 그 겨울의 어느 특정 달에만 지속되었을 뿐이다. 17년이라는 기간에 걸쳐 3유형의 다른 패턴이 보다 중요할 수도 있다. 그러나 과거 1955년 강수 패턴이 그 당시 수십년, 수년에 걸쳐 우세하지 않았다는 증거는 없다. 사실 이상기후의 수많은 패턴은 현 시대에도 일어나고 있다.

그리스 강수 패턴은 지중해 지역을 통과하며 부는 대규모 풍계, 즉 대기대순환의 일부분으로 이해되어야 한다.

(3) 미케네는 가뭄에 의해 몰락했을까?

미케네 자체에 대한 정보가 많지 않기 때문에 이 질문에 대한 해답은 추정적일 수밖에 없다. 그러나 사실적인 자료가 전혀 없는 것은 아니다. 기후학자들에게는 현대 기후 패턴을 찾아내는 방법 외에도 다른 방법이 있다. 자연은 인류와 마찬가지로 우리가 해독할 수 있는 기록을 남기며, 이 기록의 일부는 기후를 반영하고 있다. 수만년 전에 호수 바닥에 쌓인 퇴적물은 초본과 부들, 올리브 나무 등 주변에 있던 식물들의 화분을 포함하고 있다. 화분이 풍부하게 들어 있는 퇴적층을 발견하는 것은 과거의 기후를 복원할 수 있는 계기가 된다. 화분은 매우 항구적이다. 현미경을 통해 고대의 화분을 보면 어떤 식물로부터 생성된 것인지를 알 수 있다. 나아가 식생은 기후를 반영하기 때문에 오랜 기간에 걸친 가뭄은 화분 기록에 나타나게 될 것이다. 예를 들어 올리브 나무들은 수목 성장에 필요한 수분 부족으로 적은 수분으로 살아갈 수 있는 식물들로 대체될 것이다.

미케네에서 직접 화분의 기록을 손에 넣을 수는 없지만, 미케네 시대의 것으로 추정되는 다른 지역의 호수 퇴적물로부터 화분 기록을 얻을 수 있다(Wright, 1968). 그 기록은 그리스에서 약 400km 북서쪽에 있는 남부 달마티안 해안 - 현재는 유고슬라비아 - 의 식생이 아무런 변화를 겪지 않았다는 것을 보여 주고 있다. 미케네에서 남서쪽으로 약 160km 떨어진 필로스 해안, 그리스 북서부의 이오아니아도 마찬가지였다.

라이트(1969)를 포함한 몇몇 연구자들은 미케네가 가뭄에 의해 멸망하지 않은 것에 대한 증거라고 믿었다. 물론 카펜터가 지중해 동부에 걸친 가뭄을 주장한 것은 아니다.

분명히 과거의 기후 기록을 읽어내는 것은 어려운 일이다. 심지어 한 장소에서 발견되는 신뢰할 만한 기후 기록조차 약 80km 가량 떨어져 있는 곳의 기후를 설명할 수는 없다. 한 도시에서 가뭄이 일어날 때, 다른 도시에서는 많은 양의 강수가 있거나 아무런 변화가 없을 수도 있다.

필로스, 이오아니아, 달마티안 해안의 어떤 지점도 강수량이 변하지 않았다는 사실은 다른 지역에서 일어나는 특정한 변화들의 증거가 될 수 있다. 여기서 지도를 보면 이들 지역이 아무런 변화가 없었다는 사실로 미루어 미케네에 가뭄을 초래했으리라는 것을 알 수 있다. 또 지도에서 필로스 동부까지 이르는 농경 지역이 건조했고, 이 사실은 미케네의 도시에 피

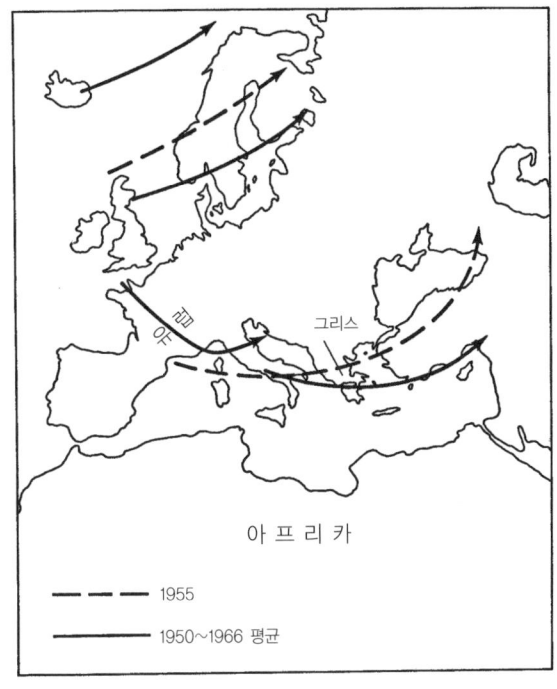

아 프 리 카

- - - - 1955
——— 1950~1966 평균

그림 VI-7 1955년 1월과 1950~1966년 평균적인 폭풍 진로 (자료 : 돈리)

해를 주었으리라는 것을 시사해 주고 있다. 따라서 이들 지역의 화분 기록은 미케네에서 가뭄에 대한 카펜터의 이론이 틀리지 않았다는 것을 보여 준다.

그러면 가뭄이 '미케네를 몰락시켰는가?' 에 대한 증거를 그림 VI-7을 보고, 그리스에 비를 가져오게 하는 지중해 동쪽을 통과하는 겨울 폭풍의 진로를 생각해 보자.

1955년의 폭풍 진로를 1950~1966년 평균적 진로와 비교해 볼 때, 대부분 폭풍은 미케네 지역을 곧바로 통과하고 있다. 그러나 1955년의 폭풍은 북쪽 약 160km 지역을 통과하고 있다. 기복이 심한 그리스의 지형은 국지적인 강수 현상을 보이기 때문에 모든 강수가 단순히 약 160km 정도 북쪽으로 이동하는 일은 없다. 이에 나타난 것이 앞의 지도에서 보이는 가뭄 패턴이다.

1955년과 같은 폭풍의 진로는 현저한 현상이라고는 할 수 없다. 미국의 경우, 이전에는 시카고를 통과하던 폭풍이 북쪽으로 이동하여 지금은 그린 베이, 위스콘신을 통과하는 경우도 있다. 물론 모든 폭풍이 이러한 진로를 따르는 것은 아니지만 대부분의 경우 이를 따르거나 유사한 것도 사실이다. 이와 같은 진로를 따를 때에 시카고의 강수량은 1개월 동안 약 65mm에서 약 25~50mm로 감소할 것이다. 이 새로운 패턴은 몇 주일간 영향을 미칠 수 있고, 수십 년에 걸쳐 지배적인 형태로 될 수도 있다. 만약 수십 년간에 걸쳐 지속된다면, 미국 중서부 지역의 광대한 영역을 뚜렷하게 변화시킬 것이다. 이와 같은 현상이 미케네에 일어났다고 카펜터는 주장하고 있다. 그리고 더 많은 증거를 찾기 위해 세계의 다른 지역에 눈을 돌려보기로 한다.

(4) 편서풍 : 전 세계적인 연결 고리

그리스를 통과하는 폭풍의 진로는 지구상의 다른 지역과 관계없이 일어나는 고립된 현상이 아니라 대기대순환의 한 형태다. 기후는 극 주위를 지속적으로 흐르고 있는 편서풍과 직접적으로 연관이 있다. 이 흐름의 가장자리에 폭풍의 진로가 놓여 있다는 것을 우리는 알 수 있다.

기후 현상은 동시에 같은 방향으로 작용하지는 않는다. 편서풍이 반드시 영국과 미국 아이오와에 동시에 추위를 몰고 온다든지, 앨버타와 인디아에 습윤한 봄을 초래하지는 않는다. 그리스라는 한정된 지역에서도 마찬가지다. 그러나 그리스의 경우처럼 날씨는 특정한 패턴을 지니며, 대기대순환도 특정 패턴이 있다. 만일 그리스의 1955년 1월이 BC 1200년경의 긴 기간과 비슷한 패턴을 보인다면, 1955년 1월은 그리스 뿐만 아니라 북반구 전체의 기원전 BC 1200년경의 기상 패턴과 유사할 것이다. 이와 같은 추론은 미케네나 기후 자료가 부족한 지역에 대한 이론을 검증해 볼 기회를 제공해 준다.

(5) 1955년 1월과 BC 1200년경, 전 세계적인 비교

1955년 1월과 BC 1200년에 대한 정보가 어느 정도 확보되어 있는 지역은 에게해를 가로질러 놓여 있는 지금의 터키 지역이다. 소아시아는 1955년 1월에 평년보다 건조했고, 평년

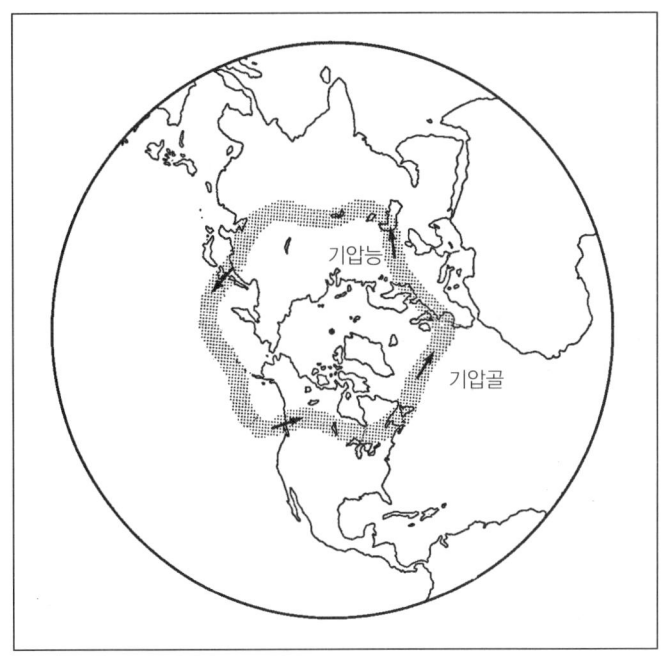

그림 VI-8 편서풍 흐름의 패턴(파형, 위치 등이 달라질 수 있음)

보다 20~40% 정도 비가 적게 왔다(Donley, 1971). 그러면 이 지역의 BC 1200년경 날씨도 건조했을까?

카펜터는 히타이트 제국을 지적한다. 히타이트 제국은 BC 14세기경부터 아나톨리아 고원을 지배했으며, 중동에서 강력한 이집트 제국의 통치에 맞설 만큼 강력한 국가였지만 BC 1200년경에 갑자기 쇠퇴하였다. 왜 그러했을까? 히타이트의 신화에는 주로 태양과 폭풍의 신들이 등장한다. 이것은 바로 아나톨리아 고원의 날씨가 불안정하였던 것으로 추측할 수 있다. 또 문자 기록을 보면 이 시기의 사람과 신들이 겪은 기근에 대해서도 나와 있다. BC 1200년경의 히타이트인들은 '굶어 죽지 않기 위해' 이집트에 긴급 식량 지원을 요청한 일이 있다(이때 이집트는 동맹 국가였다). 그리고 그 후 히타이트인들은 아나톨리아 고원을 포기하고 북부 시리아로 이주하였다(카펜터, 1968).

히타이트의 기근에 대해서는 역사적인 기록뿐만 아니라 기근과 사람들의 이주를 초래한 가뭄을 강하게 제시하는 고고학적 증거도 있다. 또 아나톨리아의 아반트(Abant)호수, 예니카가(Yenicaga)에서 입수된 화분 기록 등도 몇 가지 있다. 화분 분석을 행한 연구자는 "화분 분석에 나타난 ─ 기후 때문에 일어난 것일 수 있다."고 보고하고 있다. 그러나 샘플에 나타난 연대는 정확하지는 않다(Donley, 1971).

만약 앞에서 제시한 미케네의 가뭄 패턴이 존재했다면, 히타이트인들이 북부 시리아로 이주한 것은 상당한 의미가 있다고 보아야 하지 않을까? 또 다시 1955년의 겨울로 돌아가 보자. 타르수스(Tarsus) 부근의 북서 시리아와 남부 중앙 터키에서의 강수량은 평년보다 40% 많았고, 기온은 평년보다 0.4~1.2℃ 정도 높았다.

이와 같은 사실로 볼 때 그 당시의 히타이트인들은 안식처를 찾았다는 사실에 대해 그들의 신들을 찬미하였을 것이다. 이와 같이 BC 1200년경과 1955년 1월의 기후 사이에는 또 다른 연관이 있으며, 미케네에서의 가뭄에 관한 이론은 좀더 설득력을 갖게 되었다.

현재 사용 가능한 3,000년 전의 기후 증거를 전세계적 차원에서 검토하는 과정에서 우리가 찾고 있던 1955년의 자료와 일종의 상관 관계가 있음이 드러났다. 그 증거는 기후학과 관련된 여러 학자들(고생물학자, 고고학자 등)에 의해 수집되고, 연구되었다. 여기서도 일관된 패턴을 형성하고 있다는 것을 알 수 있다. 그 중의 일부를 소개하면 다음과 같다.

헝가리 문명은 BC 1200년경에 홍수로 붕괴하였다. 1955년 겨울, 헝가리 평원의 강수량은 평년보다 5~15% 정도 많았다. 더 중요한 것은 겨울철에 주변 산지에 내린 강수량이 20% 이상 많았고, 눈 녹은 물로 인하여 봄에 하천 범람(홍수)이 일어난 사실이다.

캘리포니아의 오웬스(Owens) 계곡은 서쪽의 시에라네바다 산맥과 동쪽의 화이트 인요(White and Inyo)산맥 사이에 놓여 있다. 이 계곡의 남쪽 끝에는 오웬호가 있는데, 지금은 말라 있다. 그러나 BC 1200년경에는 넘칠 정도로 물이 가득 차 있었던 것 같다. 1955년 겨울 캘리포니아 지역의 강수량은 평균 이상이었고, 기온은 평균 이하였다.

BC 1200년경의 노르웨이는 만년설의 설선(snowline)이 낮아졌었다. 1955년 노르웨이의 기온은 평년보다 낮았고, 강수량은 평년과 같거나 많았다. 설선에는 여름의 날씨 상황이 중요한 요인이 되나, 1954년부터 1955년 중반까지 관측한 결과로는 설선이 아래로 내려왔다는 것이다(Donley, 1971; Bryson, Lamb & Donley, 1974).

우리는 3,000년 전에 미케네의 기후가 어떠했는지 결코 확신할 수는 없다. 그러나 고대 이집트 승려들의 기록과 또 이에 얽힌 신화라는 형태의 이야기를 어느 정도 신뢰할 수 있을 것이다. 우리는 기후 변화가 하나의 도시나 문명을 파괴할 수도 있고, 발전시킬 수도 있다는 사실을 깨닫는다. 따라서 우리 인류는 수세기에 걸쳐 기후 변화에 매우 약한 존재였다는 것과, 앞으로 여전히 기후의 영향을 받으며 삶을 영위해 갈 것이다.

2) 사라진 농부들

아이오와에서 콜로라도에 이르는 넓은 대평원에는 수백 년의 세월동안 쌓인 토양과 수천 개의 작은 마을 흔적이 남아 있다. 이곳은 일부 고고학자들 이외의 사람들에게는 관심이 멀어졌지만, 한때 이곳도 사냥을 하고 땅을 경작하여 옥수수를 재배하는 등 생명의 활기로 가득 찬 시기가 있었다. 수 세대가 흐르는 동안에 계절이 바뀌었으며, 경작과 사냥이 번갈아 이루어졌다. 마을 주변에 쌓여 있는 사냥과 일상 생활 중에 허드레 일들의 흔적들이 때때로 사라지긴 했지만, 세대가 계속됨에 따라 도자기 파편, 괭이, 뼛조각, 탄화된 옥수수 낟알 등이 퇴적층 속에 쌓이게 되었다.

16세기에 코로나도(Coronado)가 7개의 도시를 찾기 위해서 평원을 헤매었지만, 도시는 간 데 없고 작은 농촌만이 있을 뿐이었다. 19세기에 탐험가들이 평원을 횡단했을 때도 그들은 곡물을 재배하는 어떤 마을도 찾아볼 수 없었다. 그들이 초원을 이동하면서 록키의 남부 푸에블로 지역에 이르기까지 만난 농경 인디언이라고는 미주리 지역의 아리카라(Arikara)족과 만단(Mandan)족, 그리고 캔사스 동부의 포니(Pawnee)족 뿐이었다. 이들 인디언 부족들은 그 지역에 수백 년 동안 거주해 오던 유목민, 수렵인들과 물물 교환을 하며 생활하고 있었다.

20세기에 들어서서도 이러한 흔적들은 바람에 날려 온 토양[17]에 의해 뒤덮여졌다지만, 마을의 잔재는 여전히 남아 있었다. 농부들은 다 어디로 갔을까? 그 마을들은 언제, 그리고 왜 버려져 있을까?

(1) 성 안토니(St. Anthony)의 불

코로나도나 탐험가들보다도 수백 년 이전인 9~14세기에, 지독한 고통을 수반하는 이상한 정신병이 서유럽 지방에 주기적으로 발생하였다. 마을 전체가 발작, 환각에 시달렸고, 팔, 다리가 썩는다든지 때로는 죽음에까지 이르기도 하였다. 임산부는 유산을 하고, 심지어는 가축이나 애완 동물까지도 같은 증세를 일으키며 죽어나가기도 하였다. 이 병이 급성일 경우 격렬한 고통과 잔혹한 환각에 시달리다 곧 죽음에 이르기도 한다. 만성일 경우 손, 발 등의 사지에 영향을 주는데, 얼어붙는 듯한 오한이 돌다가, 다시 타는 듯한 느낌이 들게 된다. 팔, 다리는 거무스름해지고 오그라들다가 떨어져나가게 된다. 이 병은 너무 넓게 퍼져서, 이 병에 걸리고도 금방 사망하지 않는 사람들을 위해 수도원에서 환자들을 돌보게 되었다. 1096년 이 병에 걸린 환자들을 돌보기 위해 성 안토니 병원이 세워졌다. 피부가 까맣게 변하고, 썩은 팔다리의 모습이 마치 불에 탄 듯하다 하여, 이 병을 종종 '성 안토니의 불'이라 불렀다.

1596년, 이 병의 발생 빈도는 현저히 감소하였지만, 마부르크(Marburg)의 의료진이 대재앙을 가져온 이 독성 물질의 정체를 밝혀 내었다(Haggard, 1929). 그 물질은 맥각병[18]의 작용을 받은 호밀의 낟알 속에 들어있는 균류로서, 'Claviceps purpurea'라고 알려진 물질이었다. 이 병에 걸리면 낟알이 검어지고 크기가 커지며, 한 곡물 부대 안에 조금만 섞여 들어가도 전체가 영향을 받아, 이것으로 빵을 만들어 먹으면 사람이 이 병에 걸리게 된다. 이 병이 마지막으로 나타난 것은 1951년 프랑스 남부에서였다. 이곳을 조사한 결과 마침내 이 질병의 가장 복잡한 현상을 해결할 수가 있었는데, 전에는 종교적 의미로 해석되던 환각 증세가 다름 아닌 맥각병에 의해 호밀에 생성된 리세르그산 디에틸아미드(lysergic acid diethylamide, LSD)라는 환각 물질에 의한 것임을 밝혀 냈다.

그렇다면 왜 이와 같은 균류가 9~14세기에 유럽, 그 중에서도 프랑스 동부에서 그렇게 널리 창궐했을까? 그리고 소멸되었을까? 맥각병은 서늘하고 습윤한 날씨에 잘 발생한다. 이

---

17 뢰스(loess)는 황토라 불리며, 바람에 의하여 운반되는 토양 먼지가 쌓여서 형성되는 것이다. 뢰스는 황하, 미시시피 강, 다뉴브 강, 라인 강, 라플라타 강 등의 유역 분지나 하곡에 널리 분포한다.

18 식물 병으로서 곡류, 특히 쌀보리(나맥)에 잘 걸리는 병, 식물을 말라죽게 한다.

는 곧 9~14세기의 서부 유럽에 이러한 날씨가 두드러 졌음을 말해 주는 것이다.

이러한 날씨에 대한 자료도 남아 있다. 문서나 연대기 등을 통해 지난 천년의 날씨 변화의 정보를 얻을 수 있다. 물론 중세의 자료에는 습윤한 날씨에 대한 언급은 비교적 많지 않지만, 곡물을 재배할 수 있을 정도로 경작지가 여름에 건조하지 않았다는 증거는 있다. 1300년경의 농부들은 영국, 덴마크, 그리고 서부 유럽과 북부 유럽의 토지를 버려 두고 사라졌다. 이것은 화분 분석을 통해 살펴볼 때, 당시 이 지역이 보다 습윤했다는 것을 보여 주고 있다(Steensberg, 1951).

16세기 후반까지의 겨울 날씨는 대체로 온화한 편이었다. 오늘날 유럽인들에게는 이러한 온화하고 습윤한 유형의 날씨가 잘 알려져 있으나, 대부분 이러한 유형의 날씨를 몹시 싫어한다. 독일에서는 이러한 날씨를 '서풍날씨(Westwetter)' 라고 하는데, 이는 대서양에서 습기를 몰고와 대륙 깊숙이 지속적으로 불어오는 서풍 때문에 하늘이 음침한 구름으로 깔려 있어 붙여진 것이다. 겨울에 우크라이나 지방에 이러한 바람이 불면 눈이 거의 내리지 않는다. 또 주, 야간의 기온차에 의해 서리가 발생하면 밀 등의 농작물이 얼어죽게 된다. 좀더 서쪽으로 가면, 포도나무나 과일나무는 싹이 텄다가도 심한 서리가 단 한 번이라도 내리면 다 죽게 된다. 여름의 '서풍날씨'로 식물들의 푸르름은 더해 가지만, 곡물을 수확하기 위한 충분한 일조량과 건조한 날씨는 거의 나타나지 않는다.

이러한 현상이 평원의 사라진 농부들과 어떤 관계가 있을까?

(2) 북부 한대 수림(The boreal forest)

북아메리카의 북쪽에 위치한 가문비나무숲은 명확하게 기후 지역을 잘 반영하고 있다. 가문비나무숲은 겨울에 극 기단, 여름에는 서부 산지로부터 내려오는 태평양의 건조한 기단의 영향을 받고 있다. 더 북쪽으로 가면 연중 극지방의 찬 공기 영향을 받아 툰드라가 분포하고 있다. 또 가문비나무숲의 남쪽에는, 여름에 습윤한 열대 기단의 영향을 받는 지역에는 혼합림이 분포하고, 서풍이 탁월한 건조 기단의 영향을 받는 지역에서는 초지가 분포하고 있다.

삼림의 경계를 이루는 로키산맥의 동부는 비교적 완만한 기복을 보인다. 그 이유 중의 하나로 편서풍이 해발 고도가 높은 로키산맥에 부딪쳐 기류의 흐름에 영향을 주기 때문이다. 즉 이 기류의 흐름은 삼림의 경계를 이루는 동쪽으로 흘러가게 된다. 따라서 기후의 경계(삼림의 경계)는 세계 여러 지역에서 나타나고 있는 기후 패턴과는 다른 양상을 보인다. 예를 들면 산지가 많은 그리스와 비교해 보면 알 수가 있다.

극 기단의 영향권이 변하게 되면 삼림의 경계도 역시 이동하게 된다. 이러한 이동에 대한 증거는 삼림과 툰드라 아래에서 생성된 토양에 남아 있다. 툰드라나 침엽수림 지역과 같은 환경에서는 침엽이나 솔방울 떨어진 것, 그 지역에서만 일어날 수 있는 독특한 물리·화학적 반응 등에 의하여 특수한 토양이 생성되는데, 이를 포드졸 토(podzolic soils)라고 한다. 현재의 삼림 북쪽에 동서로 1,600km에 이르는 지역에는 포드졸 토와 나무가 자랄 수 없는 회길색의 툰드라 토가 교대로 나타나는 토양층이 분포하고 있다. 이러한 북극 기단의 영향권이 확대 축소됨에 따라 삼림 경계가 이동하는 양상을 토양층에서 찾아볼 수 있다. 1,000년 전에는 삼림의 경계가 현재 불모지인 툰드라 지역 북쪽까지 확대되어 있었다. 그러다 무언가에 의해 이 확대는 역전이 되었다. 북극 기단의 세력이 다시 확대되어 대평원의 북쪽 지역까지 이르게 되었다. 이 북극 기단의 세력이 마지막으로 확대된 13세기 초의 흔적이 토양에 남아 있다(Bryson, Irving, Larson, 1965 ; Bryson, 1966).

(3) 과학적인 추론

위에서 살펴본 것과 같이 겉보기로는 아무 관련이 없어 보이던 사실들에 대해 1960년대 초에 새로이 문제를 제기하게 되었다. 왜 농부들이 사라지게 되었을까? 마을이 텅 비게 된 시기가 '성 안토니의 불'이 유럽 전 지역에 퍼져 많은 사람들의 생명을 앗아간 시기와 일치할까? 캐나다에 분포하고 있는 토양에 그 단서가 있을까? 정확한 날짜는 모르지만 세계 일부 지역의 기후는 대략 농부들이 사라진 시기에 변화한 것으로 보인다. 따라서 아마 기후 변화가 농부들이 몰락한 원인인 것으로 추정된다.

당시에는 아무도 그러한 의문을 제기하지 않았다. 누구도 '성 안토니의 불'과 마을, 과거의 기후를 관련시켜 생각하지 않았기 때문이다. '성 안토니의 불'은 역사상의 한 흔적에 불과하고, 11~14세기 대평원의 인디언에 대한 관심은 일부 고고학자나 열정적인 향토사 연구가들에게만 한정된 것이었다. 그러나 사라진 농부나 그와 관련된 단서는 기후학자들의 관심을 끌었다.

과학자들의 분석적 접근 방법은 때때로 언급했듯이, 탐정들의 수사 방법과 유사하다.

두 가지 모두 관찰된 사실을 설명하기 위해 가설을 세우고, 더 많은 사실을 수집하여 이론을 확립해 가는 과정을 거친다. 그러나 과학자들은 반드시 거쳐야 할 단계가 하나 더 있다. 신뢰성 있는 결론을 위해 사건을 예측하고, 그 예측을 검증하기 위한 실험을 통해 자연이나 사람들의 행동(작용)을 얼마나 잘 나타내고 있는지를 보여야 한다.

이 예측은 '과거'에 대한 예측이기도 하다. 게다가 그 실험은 반복해서 행하여지거나 아니면 입증하기 위해 필요한 추가적 실험을 하여야 한다. 만약 입증이 실패로 돌아가면, 과학자는 다시 처음으로 돌아가야 한다.

이러한 예측-실험-결론 형태의 과학적 방법은 매우 중요하다. 물론 모든 것이 이런 방법으로 조사되는 것은 아니다. 또 다른 접근 방법은 예측 없이 사건을 설명하거나 또는 합리화하려는 경향이다. 사실상 이러한 접근 방법은 '만약…… 하게 되면 어떻게 될까?'를 보기위해 실험을 한 다음, 결과를 설명하고 합리화시킨다.

앞의 방법, 즉 다양한 원인으로부터 결과를 이끌어 내는 방법은 사라진 농부들을 추적하는 작업에 반드시 포함시켜야 할 것이다. 만약 이 사례가 일반적으로 이용할 수 있는 지식이나 이론을 만들어 낼 수 있다면 말이다.

(4) 사례 연구[19]

위스콘신대학의 인류학자 대비드 배리스(David Baerreis)와 기후학자 브리슨(Bryson)은 공동으로 '사라진 농부들'에 대한 조사를 시작하였다. 이들의 연구 목적은 먼저 일반적인 기후에 대한 아이디어를 실험하고, '사라진 농부들'에 대한 미스터리를 푸는 것이었다. 그래서 전세계에 걸친 데이터를 분석하고, 특징적인 대기 유형을 알아보기 위한 연구를 진행

19 R. A. Bryson & T. J. Murray, 앞의 책, pp. 24~25.

하였다. 이어서 가정한 유형을 검증하여

　① 1,000~1,200년 사이의 특정 시기동안 대평원의 기후를 예측하고,

　② 사라진 농부들이 거주하던 지역의 기후적 증거를 찾아내기로 하였다.

　우선 편서풍의 유형을 알아보기 위해 유럽 기후에 대한 정확한 자료가 필요했다. '성 안토니의 불'에 관한 이야기는 과학적이라고 볼 수 없고, 또 이 당시의 관측 기후 자료는 미케네에 대한 자료에 비해 거의 남아 있지 않았다. 그러나 중세 유럽의 역사는 우연하게도 기후에 대한 자료를 남겨 놓았다. 전설, 국가와 가족 연대기, 포도주 양조업자들의 포도 수확 기록, 교회의 기우제에 대한 기록 등이 그것이다. 과거의 어떤 기록 - 시나 그림까지도 포함해서 - 이라도 기후에 관한 정보의 원천이 된다. 물론 이러한 기록들에는 기후를 묘사하는 내용이 극히 적다는 한계는 있다. 그러나 이러한 자료들을 잘 편집해 조사해 본다면 의미를 부여할 수 있다.

　1300년경 영국과 덴마크에서 곡물 수확기에 경지가 너무 습윤하여 땅을 포기한 농부들에 관한 자료, 또는 더 상세한 자료들도 있는데, 가장 유용한 정보 중의 일부는 영국의 두 기후학자 램(H. H. Lamb)과 맨리(Gordon Manley)로부터 나온 것들이다. 램과 맨리의 연구는 역사적 기록을 강조하고 있다. 날씨에 관해 쓰여진 문서, 꽃가루 기록, 나무 성장에 의한 나이테, 여타 과거의 기후에 관한 추적이 가능한 모든 방법이 유용한 자료가 된다. 맨리는 초기의 온도계 기록을 이용하여 과거의 기후를 복원하였다.

　램은 수세기 동안 많은 지역에서 복잡한 기후 패턴을 보여 주는 수많은 증거를 제시하였다. 그의 연구 결과는 뒤에서 살펴보겠지만, 북아메리카에서 인디언들이 땅과 마을을 버리고 떠난 시기인 1400년경 서부 유럽의 겨울이 온화했음을 밝히고 있다(그림 VI-9).

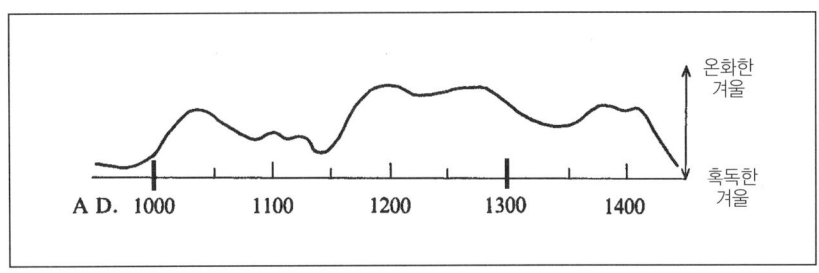

그림 VI-9　AD 950~1450. 서부 유럽의 온화한 겨울과 혹독한 겨울 (자료 : 브리슨 외)

(5) 언제, 무엇을 변화시켰는가?

그러나 관심의 대상인 몇 백 년의 기간 중, 우리는 어떤 특정한 시간대에 초점을 맞춰야 할까? 예측의 초점을 잡기 위하여 유럽과 캐나다 북부의 삼림에 관한 2개의 증거를 들었다. 두 장소 모두 1200년 전후 100년 동안 뚜렷한 기후의 변화를 보였다. 캐나다에서는 삼림이 남쪽으로 이동하였고, 유럽의 기후는 1150년에 시작하여 200여 년간 따뜻한 겨울을 나타내었다(Lamb).

이러한 관점에서 '성 안토니의 불'의 돌발적 출현은 필수적인 것으로 보기는 어렵다. 사실 이 질병은 수세기에 걸쳐 때때로 발병했다. 따라서 이러한 질병으로는 사라진 농부에 대한 설명이 되지 않으며, 더 근본적인 증거가 필요하게 된다.

(6) 편서풍 흐름 – 습윤한 공기와 건조한 공기의 영향

제트류가 흐르고 있는 편서풍은 대기대순환의 일부로서 기본적으로 고도 10~12km 상공의 중위도 지역에서 구불구불 흐르고 있는 공기의 흐름이다. 따라서 AD 1200년대의 유럽과 북아메리카의 기후를 알기 위해서 그 당시의 편서풍 흐름을 살펴보자.

습윤한 공기의 원천, 서부 유럽의 습윤한 날씨의 원인은 북대서양이다. 즉 서쪽에서 불어오는 바람은 바다로부터 수분을 머금고 오는 것이다. 유럽에서 북위 40~50°에 편서풍이 집중되면 흐린 여름 날씨와 싹이 너무 일찍 돋아나는 따뜻하고 습윤한 겨울이 되어 농부들이 농토를 떠나지 않을 수 없는 것이다. 이러한 요인들이 '서풍날씨'를 가져오고, '성 안토니의 불'을 촉진시키게 된다.

이러한 편서풍의 확장은 북아메리카에서 나타나게 되었다. 즉 로키산맥으로부터 대평원으로 불어오는 건조한 바람이 800년 전에 평원에 거주하던 인디언들이 사라지게 된 원인을 제공했으리라고 믿고 있다(Bryson).

3) 아이슬란드의 기후

AD 12~13세기경 북극 주변의 편서풍이 확장하면서 북아메리카에는 가뭄을, 서유럽에는 습윤한 겨울을 초래하였다. 그러면 북반구 대서양에선 어떠한 일이 일어났을까? 아이슬란드는 북극권 바로 아래에 위치하고 있으며, 어업과 농업, 가축 사육과 양모산업이 주요 산물이다. 고위도 지방임에도 멕시코 만류의 영향으로 감자, 순무, 건초 그리고 어떤 때에는 보리와 다른 작물들도 자랄 수 있었다. 동쪽으로 약 1,200km 떨어진 곳에 노르웨이가 위치하고 있고, 같은 거리만큼의 서쪽엔 그린란드가 자리잡고 있다.

아이슬란드는 1,000년이 넘는 세월의 역사가 기록된 글이 남아 있어 특별히 우리들에게 관심을 불러일으킨다. 이 기록문은 특유의 아이슬란드인과 가족의 삶을 담고 있다.

(1) 사가(sagas) 이야기

'사가'는 어떤 긴 이야기체의 문학을 뜻하지만, 원문 사가는 12~13세기 아이슬란드의 산문체 이야기이다. 오늘날 이것들이 그 시대 기후에 관한 정보의 출처가 된다. 그 시대와 관련되어, '바이킹', '노스맨(Norseman)'이라는 용어가 번갈아 사용되었다. '노스(Norse)'란 고대 스칸디나비아 사람, 즉 노르웨이, 스웨덴, 덴마크 출신의 사람이나 아이슬란드와 그린란드에 정착한 스칸디나비아 혈통을 지닌 사람들을 일컫는다. 바이킹은 비교적 좁은 의미를 지니고 있다. 바이킹은 서기 8세기부터 11세기에 걸쳐 북유럽과 북대서양 지역에서 활동하던 해적, 침략자, 약탈자를 일컫는다. 이 시대 초기에 바이킹은 '긴 배(longboats)'를 이용하여 활동하였다. 후에 그들은 노르선(Norse knorr : 중세에 북유럽에 쓰인 화물용 외대박이 돛단배)을 사용하였다. 이 배는 바람이 불 때나 안 불 때나 뛰어난 성능을 발휘하였다. 아이슬란드와 그린란드를 포함한 북대서양의 육지에는 아일랜드인, 노르웨이인, 바이

그림 VI-10 (a) 정상적인 편서풍의 순환 패턴(여름)

그림 VI-10 (b) 남북 순환이 강한 편서풍 순환(이상현상)

킹으로부터 피해 온 유럽인 그리고 바이킹 자신들도 이주하여 살고 있었다.

1914년, 오토 패터슨은 「선사시대와 역사시대의 기후 변화」라는 논문을 발표하였다. 그는 바이킹 시대부터 그가 살던 시대까지의 기후에 관한 기록물과 사가에 관해 다음과 같이 말하고 있다.

아이슬란드의 기후에 관해 우리가 가지고 있는 초기의 정보는 825년 아일랜드의 수도승 디킬 (Dicuil)의 기록에서 추론해 낸 것이다. 그는 대략 그보다 먼저 30년 전쯤 아일랜드인 어느 성직자의 아이슬란드 방문에 관한 내용을 기술하였다. 노르웨이에 의해 식민지화되기 약 100년 전인 그 당시 아이슬란드에는 아일랜드인들이 왕래하였고 거주하기도 했다. 사가(sagas)에는 그들을 '파파(Papar)' 라고 불렀으며, 이 말은 수도승이나 은둔자를 의미한다고 하였다. 디킬은 그곳에 2월부터 8월까지 머문 동료 수도승들이 전해준 섬에 관한 내용을 묘사한 것을 이야기하고 있다.

패터슨이 인용한 디킬의 보고서에 나타난 아이슬란드는 얼음으로 둘러싸여 있지 않았다. 심지어 혹독하게 추운 겨울과 이른 봄에도 얼음으로 둘러싸여 있지 않았다. 하지만 "그들은 북쪽으로 하루 동안의 여정 끝에 얼어 있는 바다를 발견하였다."고 적혀 있다. 스칸디나비아인들이 9세기 후반 경에 아이슬란드를 점령했을 때는 기후가 온화했다. 패터슨은 '사가' 엔 "노르웨이인들이 아이슬란드섬을 왕래하는 데 유빙(流氷)이 방해되었다" 는 기록이 없다고 기술하였다. 바다가 얼지 않은 기간이 수백년간 지속되었다. 또 패터슨은 다음과 같이 말하고 있다.

비록 옛 연대기, 전설에서 기후환경에 대한 언급이 종종 있었지만, 나는 아이슬란드 섬 해안의 유빙에 관해 언급하고 있는 13세기 이전의 자료를 찾을 수 없었다. 13세기부터 아이슬란드는 그린란드로부터 흘러 들어온 유빙에 의해 봉쇄되기 시작하였다. 지금도 북부 해안은 종종 유빙에 의해 봉쇄되지만 그 당시는 지금(1914년)보다 훨씬 심하게 봉쇄되었다.

그린란드의 빙하 환경은 아이슬란드의 빙하 환경과 직접적인 관계가 있다. 바드선

(Bardsson)이 말한 12~13세기 노드본(Nordbotn)으로부터 나온 빙하의 발달은 그린란드를 지배하던 고대 스칸디나비아인들에게 있어선 치명적이었다. 그것이 본국과의 연락을 두절시켰기 때문이다.

(2) 유빙과 해류

날씨에 관한 자료로 기근에 시달린 년도에 관한 자료보다 더 가치 있는 자료는 없을 것이다. 기근은 아이슬란드의 추위와 빙하와 아주 밀접한 관련을 맺고 있다.

봄과 여름은 추웠고 종종 건초 만들기에 실패하였다. 그리고 나서 혹독한 겨울이 다가와 상당 부분의 양과 말, 가축을 몰살시켰다. 이 사건은 아마도, 음식과 건초의 조달이 수월한 부농에게는 그리 심각한 일이 아닐 수도 있다. 그러나 매우 한정된 물품만을 소유한 빈농에게는 엄청난 손실을 가져왔을 것이다. 유일한 희망은 거리에 나가 구걸하는 것이었다. 그 무렵 떠돌아다니는 거지의 숫자가 엄청나게 증가하였고, 동시에 관용과 자선을 베푸는 사람들의 숫자는 감소하게 되었다.

기아로 인해 최하층민 사람들은 직접적인 굶주림이나 배고품과 관련된 질병으로 농장을 오가던 도중에 쓰러져 죽곤 하였다. 설상가상으로 이러한 추운 기간에 어업도 실패하고 말았다. 추위가 심해짐에 따라 혹독한 기근의 빈도 역시 비율이 증가하였다.

베르그토르슨(Bergthorsson)은 혹독하게 추운 해와 관련된 역사적인 자료를 사용하여 기온을 추정하였다. 그는 아이슬란드의 남서해안으로부터 떨어져 나온 유빙에 관한 1591년 이전 자료는 조금밖에 갖고 있지 않았다. 빙하가 그곳에 나타난 때는 단지 가뭄이 심하게 들던 해 뿐이었다. 유빙의 주요 흐름은 섬의 동해안을 따라가는 길이었다. 어업과 관련된 산업 때문에 인구가 남서쪽 지방에 집중되었는데, 유빙은 그다지 가뭄이 들지 않았을 때도 나타났다고 보고되고 있다.

베르그토르슨은 이 모든 연구를 그림 VI-11과 같이 그래프로 나타내었다. 실선 부분이 실제 온도계 기록으로 얻은 자료이고, 19세기 중반 이전의 점선 부분은 추정 값이다. 15세기 초반은 충분한 자료가 없어 표시하고 있지 않다. 이 그래프를 보면 아이슬란드에 정착할 무렵인 AD 900년대부터 12세기 후반까지는 기후가 비록 변화는 있었지만 따뜻하였다. 그러

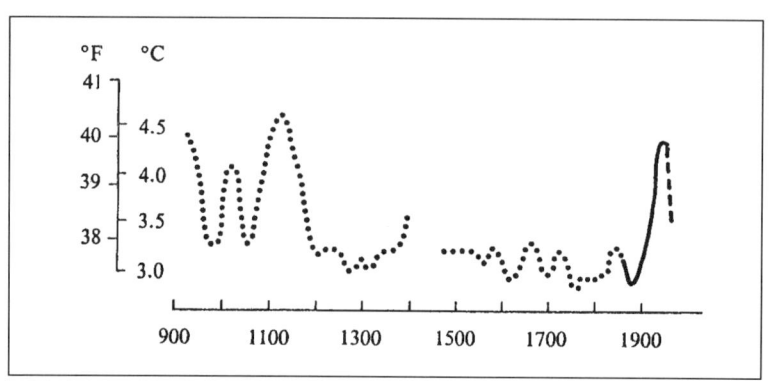

그림 VI-11 **아이슬란드의 100년 동안의 기온 분포** (자료 : 브리슨 1974a.)

고 나서 200년 동안 혹독한 추위가 찾아왔다. 비록 15세기 초반이 다소 불확실하지만 14세기 이후론 유빙도 감소하였고 걸인들도 감소하였다. 16세기 후반부터 19세기까지는 가장 추웠던 시기인 것 같고, 근세기에 들어서서는 비교적 따뜻한 시기에 들어선 것 같다.

(3) 기후 자료의 정밀성과 시가(詩歌)

과학 기술이 발달한 시대에 살고 있는 우리들은 베르그토르슨의 자료에 대해 많은 비판을 가할 것이다. 그러나 그 당시 관측 기기가 없던 시대의 기온과 강수량을 추정하는 데는 이러한 기록물이나 유빙과 기근 자료 등으로 재구성할 수 있는 것이다. 이러한 점에서 베르그토르슨의 연구 결과에 대해 높이 평가할 수 있다. 또한 그는 아이슬란드의 목사 올라퍼 아이나르슨(Olafur Einarsson, 1573~1659)에 의해 쓰여진 시를 소개하고 있다. 이 시는 그 당시의 기후가 어떠한 지를 생생하게 전달해 주고 있다.

이전에는 땅에서 모든 종류의 과일과 식물, 초목들을 생산했다.
그러나 지금은 아무 것도 자라지 않는다.
그 때는 강의 범람과 호수, 푸른 파도가 풍부한 물고기들을 가져다 주었지만
지금은 한 마리도 좀처럼 눈에 띄지 않는다.
고통받는 사람들이 점점 늘어간다.

다른 것들도 사정은 마찬가지……

서리와 추위가 사람을 고통스럽게 하며
날씨가 좋은 해는 드물다.
극히 소수의 사람만이 비참한 자들을 돌볼 것이다.

4) 포도 수확과 빙하의 성장과 쇠퇴

(1) 포도 수확기

생물계절학(phenology)은 생물체들이 기후 변화에 어떻게 반응하는지에 대한 연구를 하는 학문이다. 유럽에서는 더 오랜 과거의 기후를 연구하는 데 이 생물계절학을 기반으로 한다. 늦겨울과 봄날이 따뜻함은 튤립의 개화와 종달새의 지저귐을 앞당긴다. 식물이 꽃을 피우고 열매를 맺는 것은 그 식물의 생육 기간의 기온과 밀접한 관계가 있다.

이러한 종류의 기후 증거들은 나이테나 화분층처럼 자동적으로 남겨지는 것이 아니다. 아이슬란드의 유빙의 경우와 같이 생물계절학은 인간에 의해 쓰여진 기록에 의존한다.

유럽 도시와 지방의 기록들, 즉 포도원의 포도 수확 시기 및 포도주 생산 날짜들을 보면 그 시기의 기후 상황을 추정할 수 있다. 로드리(Emmanuel Le Roy Ladurie)의 저서, 『축제 시기, 기근 시기(Times of Feast, Times of Famine)』(1971)는 서기 1000년 이후의 나무, 포도, 빙하와 같은 기록들을 많이 포함하고 있다.

포도의 수확 날짜는 인간의 주관적 판단에 의해 결정될 수 있다. 따라서 그것을 순수한 기후의 반영으로 볼 수는 없을 것이다. 예를 들면 잘못된 판단으로 포도를 너무 늦게 수확해서 일정한 포도 수확량의 손실을 입는 경우도 있을 것이고, 반대로 너무 일찍 수확해서 품질이 떨어지는 경우도 있을 것이다. 또 그 해의 포도주 시장 상황이나 지방 정부의 개입도 수확 날짜 결정에 영향을 미칠 수 있다. 그러나 많은 양의 기록들이 함께 검토된다면, 그러한 영향은 무시될 수도 있다. 결과적으로 말해 포도주의 수확 날짜는 그림 VI-12와 같이 포도 성장 시기의 기온과 밀접한 관계를 가진다고 말할 수 있다.

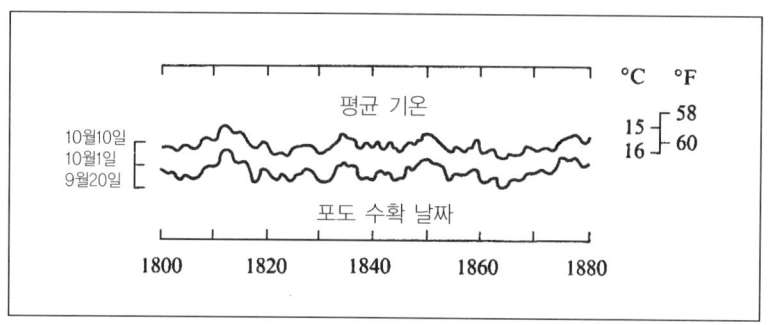

그림 VI-12 프랑스 포도 수확 날짜와 생육 기간의 평균 온도와의 비교 (자료 : 로드리, 1971, 재인용)

작은 기온의 변화가 큰 영향을 미침을 확인할 수 있다. 만일 여름 평균 기온이 1℃ 올라간 다면, 포도주 수확 날짜는 10일 빨라진다. 물론 포도 수확 날짜도 한계를 갖는다. 그것은 1세기나 그 이상의 시기 동안에 발생하는 기후 경향성을 반영하지는 못한다. 포도 생산자는 무엇이 그들에게 가장 생산적이냐에 따라 포도의 품종과 특성을 변화시키기 때문이다. 만 일 생육 기간의 기온이 약간만 낮아진다면, 단순히 수확 날짜가 약간 늦춰지는 선에서 끝날 것이다. 포도의 품질이 우수하지는 못하겠지만, 어쨌든 수확은 진행될 것이다. 그러나 그렇 게 여름 기온이 낮은 시기에는 가을 서리도 빨리 온다. 만일 그러한 불리한 상황이 몇 십 년 간 계속된다면 포도 생산자들은 거기에 적합한 종자를 개량할 것이다. 그리고 2세대나 3세 대가 지난 후에는 새로운 표준이 채택될 것이다.

어쨌든 포도 수확 날짜는 단기간의 기후 변화를 반영하고, 또한 장기간의 변화에 대해서 도 단서를 제공한다.

(2) 빙하의 확장과 수축

북아메리카와 유럽은 10,000년 동안 빙하기의 대륙 빙하에 뒤덮이지 않았다. 그러나 스 칸디나비아 반도나 알프스 등지에서는 빙하의 흔적이 남아 있다. 기온과 강설량의 변화에 의해 산악 빙하는 계곡을 따라 흘러내리기도 하고, 인간의 거주지에까지 확대되기도 한다.

인간이 거주하는 지역에서 지난 몇백 년간 빙하의 이동이 관심이 되었고, 그 이동의 양도 기록되어 왔다. 빙하가 계곡을 통해 전진하는 극단적인 경우에는 그 시대의 세금 기록표에 잘 반영되어 있다. 또한 교회의 기록물에도 찾아볼 수 있는데, 목사나 가톨릭 주교가 빙하의 전진이 멈추기를 하느님께 기원했다는 내용이 그것이다.

나이테든 포도 수확 시기이든 장기간의 기후 경향을 정확히 설명하기에는 부족하지만, 빙하는 다르다. 빙하는 날씨 상황의 큰 변화에도 단지 소규모의 수준에서만 변화한다. 빙하의 발달과 후퇴를 결정하는 것은 몇십 년이나 몇백 년의 평균 기후인 것이다.

1만 년 전에 끝난 빙하기의 온도는 지금과 비교했을 때, 단지 5℃ 정도가 낮았을 뿐이다. 그리고 빙하기의 겨울 역시 현재보다 혹한은 아니었고, 오히려 지금보다 더 따뜻했을 가능성도 많다(Bryson, 1974a ; Moran, 1976). 몇 일이나 몇 주에서 생각해 보면, 그러한 변화는 아주 작은 것일지도 모른다. 그러나 캐나다나 미국 북부의 산지에 존재하는 거대한 빙하지대는 엄청난 눈보라에 의해 형성된 것이 아니라, 그러한 작은 변화들에 의해 형성된 것이라고 볼 수 있다.

오늘날 알프스 빙하의 발달과 후퇴는 단지 1~2℃의 온도 변화에 이루어진다. 이러한 변화는 빙산을 움직이기에 충분하고, 인간의 삶을 변화시키기에 충분한 것이다.

5) 바이킹의 활동 시기(900~1130)

해적, 항해자 그리고 개척자 등의 별명으로 불리는 스칸디나비아 반도의 정복자들이 이 시기에 활동하고 있었다. 북대서양, 북해 지역은 봄날과 같이 생기가 넘쳐나게 되었다. 아일랜드에 있는 켈틱교[20]에서는 아이슬란드와 아프리카에 선교사들을 보냈고, 11세기 후반 영국에는 수십 개의 포도 농장들이 포도주를 생산했으나, 오늘날은 하나도 남아 있지 않다.

이 당시 스칸디나비아 사람들은 전 세계를 항해하였으며, 아이슬란드와 그린란드에 정착하였다. 즉 10세기 후반에 에릭(Eric the Red)의 식민지가 건설되었다. 또한 이들은 북아메리카로 항해를 하였으며, 이탈리아인, 아랍인들과 무역을 하고 러시아의 강을 거슬러 올라갔다(Herrmann, 1954, p. 174). 그들의 고향에서도 거주지가 확대되었고, 숲과 삼림이 제

---

20 597년에 영국에 건너간 캔터베리의 아우구스틴이 포교를 시작하기 이전에 존재한 각지의 교회의 범칭.

기되고, 농경지는 계곡과 구릉지에까지 확대되었다(Lamb, 1966).

이러한 모든 활동에 대해서는 다양한 설명이 가능할 것이다. 아마도 이러한 활동들은 철과 다른 금속의 이용 확산에 따른 기술의 진보로 가능했을 것이란 설명과, 늘어나는 인구를 부양할 수 있는 토지와 자원에 대한 욕구에 의해 이루어진 것이라는 설명 등이 있다.

그러나 이들 개척자들의 일부는 바이킹의 습격과 난폭한 지배자들을 피하기 위해 무척 애를 써야만 했다. 그 예로 9세기경 아이슬란드의 이주 뒤에 숨겨진 또 하나의 원인은 노르웨이 왕 헤랄드 페어헤어(Harald Fairhair)의 포악한 통치 때문이었다.

스칸디나비아 반도 사람들을 그들의 고향으로부터 몰아낸 원인이 무엇이든지 간에 그들이 이주하기에 좋은 날씨였다. 베르그토르슨이 제시한 바와 같이 당시의 기후는 지난 1,000년 동안 중에서 가장 좋았다. 그러나 다양한 요인들이 사람들의 삶과 국가를 형성하는 데 작용하게 마련이다. 그린란드로의 이주는 온화한 날씨로 북대서양에서의 항해가 가능하여 발생하였지만, 일련의 전투에 대한 사회의 거부가 그 지배적 요인이 되었다고 볼 수 있다(Herrmann, 1954).

960년에 노르웨이의 토르발드 아발드슨(Thorvald Asvaldsson)이라는 폭력적이고 싸우기를 좋아하는 사람이 한 남자를 죽였다. 그는 이 나라를 떠나야만 했다. 그는 가족을 데리고 아이슬란드로 갔다. 살기에 여건이 좋은 지역은 이미 다른 사람들이 차지하고 있었으므로 그들은 섬의 북부 지역으로 가야만 했다. 그에게는 에릭(후에 에릭 뢰데, 또는 에릭 레드)이라는 10살 난 아들이 있었는데, 에릭은 성장하여 좋은 가문의 여자와 결혼을 해서 훌륭한 농부가 되었다. 그러나 에릭 또한 폭력적인 기질로 인하여 2명을 죽이게 되어 982년에 3년 동안 아이슬란드에서 추방당했다.

에릭은 아이슬란드 사람들이 수년 전에 발견했지만 거의 알지 못하는 그린란드라는 땅을 찾기 위해 서쪽으로 항해를 하였다. 그는 험한 해안선을 정찰하며 관찰하였고, 살기에 가장 쾌적한 남서 해안의 깊은 피오르드 지역을 찾아냈다. 따뜻한 대서양 해류가 그 곳에서 섬과 만나고, 주변 환경도 아이슬란드와 거의 비슷하였다.

에릭은 단지 탐험가가 아니었다. 그는 부동산 개발자였고, 또한 아이슬란드의 기록에 의하면, 그곳에 아름다운 이름을 붙인다면 더 많은 사람이 이곳으로 올 것이라고 믿었다

(Herrrmann, 1954). 그러나 그린란드는 결코 푸르지 않았다. 그린란드는 너무 먼 서쪽에 있어서 멕시코 만류의 영향권에 들지 못해 아이슬란드와는 달리 나무가 거의 없었고, 가난한 농업국에 불과했다. 그럼에도 에릭은 정착민을 끌어들였고, 이들은 야채나 건초 등을 재배하면서 주로 목축으로 생활을 해 나갔다. 아마도 한때 에릭의 식민지에는 3,000명 이상의 사람들이 280여 개의 농장에 살고 있었다고 보고 있다.

지난 100년 동안 에릭의 탐험에 의해 드러난 자신의 토지와 건물을 살펴보면 그는 40여 개의 마구간과 4개의 외양간을 소유하고 있었다. 그리고 현재 지난 1,000년 기간보다 기후가 더 따뜻했다 해도, 그곳은 황량한 툰드라 지역이며, 많은 피오르드들이 내륙 빙하의 발달에 의해 차단되어 있었다.

따뜻한 대서양은 유럽에 있어서 이전에는 가능하지 않던 농업의 변화를 초래했다. 영국의 포도원이 대표적 예다. 둠스데이 북(Domesday Book)[21]에 의하면 왕의 소유를 제외하고 영국 내에 38개의 포도 농장이 있다고 기술하고 있다. 이것은 10에이커(41ha)에 달하는 큰 규모였고 그것 중 5개는 100년 이상 운영되었다고 한다. 그리고 그곳에서 생산하는 포도주 또한 프랑스와 비교할 만하다고 적고 있다(Lamb, 1966).

영국에 포도원이 확산되고 바이킹이 북대서양을 지배하던 따뜻한 시기에, 에릭의 식민지 사람들이 그린란드에서 멋진 삶을 살았다는 것은 인간 생활이 기후의 영향을 받고 있음을 직·간접으로 암시하고 있다.

6) 그린란드의 냉량기(1130~1380)

아이슬란드에서 그린란드까지의 항해 루트의 변화에 대한 기록은 이 시기의 기후에 대한 증거를 보여 주고 있다. 1341년부터 1364년까지 그린란드에 거주한 바르드슨(Ivar Bardsson)이라는 성직자는 다음과 같은 기록을 남겼다. "아이슬란드의 스네펠스네스(Snefelsness)에서 그린란드까지의 최단 거리는 2박 3일이 걸리는 항해였다. 바다에는

---

21 1086년 윌리엄 1세가 만들도록 한 토지대장

'Gunbiernershier' 라 불리는 암초가 있었다. 그것은 아주 오래된 항해 루트였다. 그러나 지금은 빙하가 북쪽으로부터 암초에 너무 접근해서 내려와서, 그 누구도 생명의 위협을 감수하지 않고서는 이 해로를 이용할 수 없다(Ladurie, 1971)."

선원들에 의해 사용된 그린란드의 지표(landmark)에 관한 기록들로는 그것이 '검은 산'이었는지 '흰 산'이었는지는 매우 혼란스러웠다. 후에 가장 많이 언급된 블라세르크(Blaserk, 영어의 black shirt의 의미)와 히비세르크(Hvitserk, 영어의 white shirt의 의미)를 설명하는 것은 더 어려운 일일 것이다. 이 두 지명은 종종 서로 혼돈하여 쓰여 왔으나, 블라세르크(Blaserk)가 주로 고대 기록에서 언급되고, 히비세르크(Hvitserk)는 보다 후대 기록에서 나타난다. 즉 블라세르크는 어두운 빙하와 산꼭대기를 나타내고, 히비세르크는 밝은 빙하와 산꼭대기를 나타내는 말이다.

패터슨은 그의 연구에서 블라세르크는 소위 '에릭의 시대' 라고 불리는 매우 따뜻한 시기에 사용되었고, 몇 세기 후 빙하와 눈으로 덮였을 때는 명칭이 히비세르크로 바뀌었다고 밝히고 있다. 시간이 지난 후, 그것이 '검은 산' 이든 '흰 산' 이든 선박들이 더 이상 그린란드로 항해하지 않았기 때문에 이러한 지표는 무의미해졌다. 악화된 기후 조건하에서 항해는 어려워졌으며, 이익이 줄어들었고, 내부에 더 큰 문제를 안고 있던 아이슬란드인과 노르웨이인들은 더 이상 항해 시도를 하지 않았다.

그린란드의 유적과 유물을 발굴한 결과를 보면, 그곳에 거주하던 사람들이 살아 남기 위해 무척이나 애를 쓴 흔적을 볼 수 있다. 예를 들면, 초기의 정착민들은 키가 5피트 7인치 이상인 데 비하여 1400년경, 그린란드인들의 평균적인 키는 5피트 이하인 것으로 보아 혹독한 추위와 부족한 영양으로 이러한 신체적 변화가 일어났음을 알 수 있다.

또한 제1차 세계대전이 끝난 후 덴마크는 그린란드에 초기의 거주지 유적을 발굴하기 위한 조사팀을 보냈다. 그 결과 그린란드인들은 몹시 수족이 부자유스럽고, 키가 작은 난쟁이 같았으며, 비틀려 있었고, 질병에 시달린 것으로 보였다(Herrmann, 1954). 일부의 역사가들은 아마도 훨씬 더 추웠던 시기에 북으로부터 내려온 에스키모들이 정착민들을 공격하고, 그들 중 일부를 죽였다고 믿고 있다. 어쨌든 에릭의 식민지는 500여 년 동안 지속되었고, 느리지만 고통스러운 종말을 맞았다. 그 땅에 묻혀져 있던 사람들은 영원히 얼어 있고, 에릭의 그린란드에 살 수 있던 나무들의 뿌리도 땅 속에 얼어 있을 것이다(Lamb, 1966).

7) 소빙기(1550~1850)

16세기에 들어서서는 편서풍이 확장되고, 남북 순환의 패턴이 지배적이 되었다. 물론 그 시기와 혹독함의 정도는 장소에 따라 달라질 수 있다. 소빙기가 언제부터 시작되었는지 명백한 것은 아니지만, 확실히 1590년대에는 그 변화의 특성이 뚜렷해졌다. 눈이 많이 내리는 겨울과 여름이 서늘한 날씨를 보였고, 그 결과 알프스 산지에서는 거대한 빙하가 마을 쪽으로 내려오게 되었다. 심지어 빙하가 환경에 있어서 돌발적인 변화들을 반영하는 데 걸리는 시간을 감안하더라도 1550년은 기후가 변화하기 시작한 시점으로 볼 수 있다(Bryson, 1977). 심지어 16세기 중반 유럽에 존재하는 일부의 빙하는 오늘날의 위치보다 훨씬 전진해 있었다. 이러한 한 예가 바로 론(Rhone)강의 상류에 있는 빙하였다.

론강은 스위스의 알프스 서쪽에서 남쪽으로 흘러 동부 프랑스를 지나 지중해에 이른다. 론 빙하(Rhonegletscher)가 용솟음치며 흘러내리는 모습을 1546년, 세바스천 뮌스터라는 독일의 지도 제작자이자 지리학자가 서술하였다(Ladurie, 1971). 뮌스터는 "거대한 빙하에 다다를 때까지 말을 타고 갔다. 내가 판단하건대, 그것은 대략 창 2, 3개 길이 정도의 두께에, 아주 넓은 범위에 걸쳐 펼쳐져 있었다. (중략) 거대한 빙하로부터 물이 흘러내리고 있으며, 또 그 아래로 물과 얼음이 혼합되어 있었다. 말을 타고서는 도저히 그곳을 지나 갈 수 없었다."고 기록하였다.

로드리는 1962년에 직접 뮌스터의 여행길을 답사하여 관찰해 보았다. 현재 빙하의 말단부는 두께가 매우 얇고, 또 빙하가 가파르며, 미끄러운 산의 절벽 쪽으로 후퇴해 있었다. 오늘날 론강이 시작되는 지점에서 말을 타고 건너는 것은 불가능하다는 사실을 발견하였다. 강의 상류 지점이 바로 가파른 화강암 골짜기와 맞닿아 있기 때문이다.

(1) 십일조의 감소
약 1600년경에 제네바 호수 남쪽, 프랑스 알프스 산지의 샤모니 마을에 빙하가 엄습하였다. 이러한 변화는 이곳에 거주하는 사람들에게 뿐만 아니라 세금을 징수하는 사람들에게도 중요한 사건이었다. 기록은 어떠한 일들이 벌어졌는지에 관해 다음과 같이 묘사하고 있다.

> 토지 사용료를 개정할 시기에(이 세금은 1600년에 개정되었음), 아비(Arve)와 그 밖의 여러 하천의 빙하가 내습함에 따라 샤모니 교구의 여러 지역에 있는 195개의 토지를 황폐화시켰다. 레 보아 마을은 빙하 때문에 사람이 살 수 없는 지역으로 변했고, 빙하로 인한 마을의 파괴는 십일조를 크게 감소시켰다(ladurie, 1971).

1600년대의 관료들은 그들이 세금을 거둘 수 있는 기반이 파괴되었다고 보았지만, 마을 사람들에게 있어 그 파괴의 결과는 훨씬 더 심각했다. 알프스 전 지역에 걸쳐 16세기 후반과 17세기 전반에 빙하는 계속 전진해 왔다. 샤모니 계곡은 1640년대에 더 심각한 상황을 맞게 되었다. 이에 관해 관리들은 다음과 같이 보고하였다.

> 레 보아 마을의 빙하는 매일 소총 사정거리 이상으로 앞으로 전진해 왔으며, 심지어 8월 한 달 동안에……. 우리는 이러한 일련의 사건들이 악마의 활동으로 일어난다는 것과 이러한 위험에 대하여 자신들을 보호해 줄 것을 신에게 간절히 기원하는 행사를 가졌다는 말을 들었다. 사람들은 단지 귀리와 약간의 보리를 심었지만, 그 해 대부분의 기간에 그 작물들은 눈에 파묻히게 되었다. 그래서 사람들은 3년에 걸쳐 수확을 하지 못했으며, 씨를 뿌리기 위해 점차 이주하지 않을 수 없었다. 그들은 영양 상태가 좋지 않아 생활이 아주 비참하였다. 우리는 단지 반쯤은 죽은 상태와 같았다(Ladurie, 1971).

19세기까지 지속된 빙하의 절정기에, 또 다른 빙하의 전진이 1810년대와 1850년대에 있었다. 셸리(Percy Bysshe Shelly)[22]는 1816년의 여름을 샤모니 계곡에서 보냈고, 그의 시 「몽블랑」에서 다음과 같이 표현하고 있다.

---

22 셸리(1792~1822)는 영국의 낭만파 서정시인이다.

빙하가 먹이를 응시하는 뱀처럼, 그들의 먼 근원지에서 느릿느릿 나아간다.

서서히 흘러내린다. 거기에 있는 수많은 절벽에서,

불멸의 힘을 조롱하듯이 서리와 태양이 존재한다.

돔, 피라미드, 그리고 작은 뾰족탑을 쌓아올렸다.

난공불락의 밝게 빛나는 빙하의 벽,

한 인간 종족이 두려움에 밀려 멀리 날아간다. 그의 일터와 집으로부터.

한 차례의 거대한 폭풍전의 한줄기 연기처럼 사라진다.

그리고 그들이 머무는 장소는 알려지지 않았다.

로드리는 1960년대 초 한때, 빙하에 의해 둘려 쌓인 샤모니 마을이 지금은 빙하와의 거리가 적어도 1km 정도 떨어져서 삼림 지역, 빙퇴석, 협곡, 암석 등으로 형성되어 있다는 사실을 관찰하였다.

콜로라도 주립대학의 엘마 라이터 교수는 그가 개인적으로 잘 알고 있는, 오늘날 찰츠부르크 지역의 남쪽에 위치한 오스트리아 알프스 지역의 호에 타우에른(Hohe Tauern) 산지에 있는 금광에 관한 이야기를 하고 있다.

광산은 제국 내의 가장 부유한 영주 중의 하나인 대주교에 의해 운영되었다. 따뜻한 기간 동안에 빙하가 후퇴한 이후, 광산에서 발견된 각종 도구들은 16세기 후반 돌발적인 기후 변화로 예기치 못한 상황으로 몰고 가게 되었다. 최근까지 광산의 입구는 빙하로 덮여, 광산 채굴에 필요한 도구들이 잘 보존되어 있었다. 이 도구들은 다음해 여름에 사용하기로 되어 있었다. 그런데 2~3년 동안 계속적으로 여름의 날씨가 좋지 않아, 작업을 할 수 없던 광부들은 경제적 어려움으로 인하여 다른 직업을 찾아 떠날 수밖에 없었다. 사실 광산이 빙하로 덮히기 이전에는 광산 경기가 좋았던 오랜 기간이 있었지만, 환경이 열악하던 연속적인 몇 년 동안에 야기된 경제적 붕괴는 광산 운영이 뜻밖에 실패를 가져오게 되었던 것이다.

(2) 소빙기의 온난기와 한랭기

다른 시기와 마찬가지로 소빙기에도 추위와 더위가 교대로 나타났다. 예를 들어

1650~1686년 사이의 여름은 매우 더웠다. 1666년 프랑스 북부 지방의 포도 수확이 17, 18세기보다 평균 9일 정도 빨랐다. 그해 여름 채널 지방의 여름은 몹시 건조하고 더웠다. 9월 초경에 런던에서는 큰 화재가 발생하였는데, 이 화재는 도시를 잿더미로 만들었다. 5일 동안 도시를 태우던 이 불을 사무엘 페피스(1633~1703)는 "탈 수 있는 모든 것들, 심지어 교회의 돌조차 다 타버리고 난 후에 긴 가뭄이 왔다."고 그의 일기에 적고 있다. 그리고 이 불로 14,000개의 건물과 200,000명의 이재민을 발생시켰다.

그러나 추운 시기는 더 큰 피해를 가져왔다. 18세기에 끔찍한 겨울이 찾아 들었다. 1709년 겨울, 프랑스 이외의 다른 지역에서는 전쟁에서 죽은 사람들의 숫자만큼 프랑스에서 사람들이 죽었다고 로드리는 말하고 있다. 중서부 프랑스의 앵거 지방의 한 목사는 이렇게 적고 있다.

1709년 1월 6일 추위가 찾아와서 24일까지 혹독한 추위가 계속되었다. 들에 뿌려놓은 곡식은 완전히 파괴되었으며, 많은 닭들과 우리 안의 짐승들이 얼어죽었다. 가금류가 살아남았을 경우에도 그들의 볏은 얼어 있거나 혹은 떨어져 나갔다. 길가나 두꺼운 얼음, 눈 위에서 많은 새들과 오리, 자고새(꿩과에 속하는 새), 야생 닭, 지빠귀 등이 죽은 채로 발견되었다. 호두나무와 포도나무의 약 2/3가 얼어죽었고, 앙주 지방에서는 포도 수확이 전혀 이루어지지 않았다. 나 역시 내 포도농장에서 충분히 수확을 할 수가 없었다. 다행히 신의 무한한 자비심으로 1709년 노르망디에서 사과술을 풍부하게 얻을 수 있어, 그것을 이곳에 가져와서 팔았다(Ladurie, 1971).

3월에 가난한 사람들은 몇몇 도시에서 상인들이 얼마 되지 않은 밀을 판매하는 것을 막기 위해 폭동을 일으켰다. 풍부한 사과술은 많은 사람들에게 안정을 가져다 주었지만, 기아와 추위에 죽음을 다투는 사람들 모두에게 충분한 것은 아니었다.

특히 1739~1740년 벨기에에는 끔찍한 겨울 추위가 있었다. 봄이 없었고, 4월 중순까지 악천후가 계속되었으며 때늦은 밀 수확은 비 때문에 망치게 되었고, 포도와 과일 수확은 서리가 빨리 오는 바람에 망쳐 버렸다. 그래서 가난한 사람들은 반란을 일으켰다. 지도자인 리에즈는 부자들에게 그들을 향해 사격하라고 말했다. 그것이 빵과 약탈품 이외에는 어떤 것도 원하지 않는 가난한 하층민들을 해산시킬 수 있는 유일한 방법이라고 생각했기 때문이다(Ladurie, 1971).

1709년과 1740년 같은 해는 그 기간 동안의 평균 온도보다 훨씬 더 낮았다. 어느 세기의 평균적인 추위보다도 이 시기의 추위는 대단했다고 말하고 있다.

8) 1850~1950 : 정상적인가?

기온의 평년 값은 30년 동안의 평균 값이다. 평년 값은 10년마다 변하게 된다. 예를 들면 1971~2000년 기간의 평균 값이 바로 평년 값이 된다.

1850~1950년 기간에는 약 0.6~1.1℃ 평균 기온이 증가했다는 것을 알 수 있다. 다음의 예를 보자.

① 맨리(Manley)는 영국 중부의 기온이 1850년 이후 100년 동안 지속적으로 증가했다고 하였다. 처음은 겨울에 기온이 올라가고, 후에 봄과 여름의 기온이 올라갔다. 1925~1954년에는 25년 전보다 0.9℃ 상승하였다고 보고하였다.
② 램(Lamb)은 1930년대와 1940년대 옥스퍼드에 평균 식물 생육기간이 19세기에 비해 2~3주 길어지고 있다고 발표하였다.
③ 유럽의 빙하가 후퇴하였다는 사실과 코펜하겐의 연평균 기온이 100년 동안 약 1.4℃ 상승하였다(Ladurie).
④ 아이슬란드는 19세기 후반과 20세기 중반 사이에 1.4℃ 상승하였다. 19세기 후반의 기온 하강은 크라카토아 화산 폭발로 인한 대기 중의 먼지막 형성에 기인한 것으로 보인다(Bergthorsson).

어느 시기가 과연 평균적 기후인가? 평균적 기후란 이러한 임의의 기준으로 설정할 수 있는지? 기후의 안정성, 즉 정상적(Normal)인 기후 자료를 추출해 내는 작업이 앞으로 가능한 것인지? 이러한 과제는 앞으로도 더 연구하고 발전시켜야 할 내용들이다. **END**

찾아보기